清 华 电 脑 学 堂

局域网 组建、管理与维护 标准教程

全彩微课版

梁树军 殷知磊◎编著

清華大学出版社
北 京

内 容 简 介

在物联网及大数据被广泛应用的时代背景下，计算机网络在人们的日常生产生活中的应用比重越来越大，并潜移默化地改变着人们的生产生活方式。在计算机网络中，应用最广泛的是局域网。本书对局域网的组建、管理与维护进行全面剖析，向读者揭开局域网的神秘面纱，在熟悉局域网知识要点的同时，重点培养读者的动手能力和专业思维能力。

全书共9章，内容包括局域网概述、局域网基础技术、局域网网络设备、无线局域网的组建、局域网规划与施工、局域网设备的配置、局域网服务的搭建、局域网安全防范、局域网的管理与维护等。除了必备的理论知识外，重要章节还穿插了“知识延伸”“注意事项”“动手练”等板块，可以让读者拓展知识体系、巩固所学知识。

本书结构紧凑、覆盖面广、逻辑性强、易教易学，适合作为计算机网络从业人员、计算机软硬件工程师、计算机网络爱好者、系统管理人员、运维人员的参考用书，也可作为高等院校相关专业师生的教学用书。

图书在版编目（CIP）数据

局域网组建、管理与维护标准教程：全彩微课版 / 梁树军，殷知磊编著. —北京：清华大学出版社，2023.9

（清华电脑学堂）

ISBN 978-7-302-64469-9

Ⅰ. ①局…　Ⅱ. ①梁…　②殷…　Ⅲ. ①局域网－教材　Ⅳ. ①TP393.1

中国国家版本馆CIP数据核字（2023）第153790号

责任编辑： 袁金敏
封面设计： 杨玉兰
责任校对： 胡伟民
责任印制： 宋　林

出版发行： 清华大学出版社
　　网　　址： http://www.tup.com.cn，http://www.wqbook.com
　　地　　址： 北京清华大学学研大厦A座　　**邮　　编：** 100084
　　社 总 机： 010-83470000　　**邮　　购：** 010-62786544
　　投稿与读者服务： 010-62776969，c-service@tup.tsinghua.edu.cn
　　质 量 反 馈： 010-62772015，zhiliang@tup.tsinghua.edu.cn
　　课 件 下 载： http://www.tup.com.cn，010-83470236
印 装 者： 涿州汇美亿浓印刷有限公司
经　　销： 全国新华书店
开　　本： 170mm×240mm　　**印　　张：** 15　　**字　　数：** 350千字
版　　次： 2023年9月第1版　　**印　　次：** 2023年9月第1次印刷
定　　价： 69.80元

产品编号：102108-01

前言

首先，感谢您选择并阅读本书。

计算机网络发展到现在不到百年的时间，已经让人们的生产生活发生了翻天覆地的变化，网络已经融入到社会生活的方方面面。计算机网络在物联网、大数据、人工智能、AR技术、云计算、云存储、人工智能领域将继续扮演重要的角色。未来计算机网络还将继续成为推动社会生产力高速发展的动力之一。

作为计算机网络中使用量最大的局域网，是人们接触及使用最多的一种网络。本书紧紧围绕局域网各方面的知识、结合最流行的局域网技术和设备，针对入门读者的特点，有针对性地调整知识体系的介绍方式，做到理论适度、立足当下，让读者可以在短时间内全面掌握局域网的各种知识，并可以应用到实际的工作和生活中。重点培养读者分析问题、解决问题的能力，提升读者的学习兴趣、自学能力、发散思维、专业思想和实际动手能力。为读者在计算机网络领域的进一步学习与发展打下坚实的基础。

本书特色

党的二十大报告提出，加快建设网络强国、数字中国。建设网络强国是“加快构建新发展格局，着力推动高质量发展”的必然要求，也是新一轮科技革命和产业变革的必然结果。本课程对组网、管网、用网进行了统筹，以构建科学完备、协同高效的网络综合治理体系，确保网络基础设施和重要信息系统安全可靠运行。

- **全面翔实**。本书系统完整、逻辑严谨、涵盖面广，从网络及分层结构开始讲解，涵盖局域网所能涉及的各个方面，力求从基础层面将网络体系结构和各种基础知识介绍得更加完整、全面，为以后的深入学习打下良好的基础。
- **联系实际**。将与理论知识密切相关的实际应用融入到知识点中，如大、中、小型局域网的组建、网络设备的连接和配置、服务器的搭建等，生动灵活，即学即用。
- **精准定位**。本书知识体系的介绍，结合入门级用户的特点，语言更加简练，知识点也进行了浓缩，描述更符合新手用户的接受能力。对于有一定基础的读者，还会通过“知识延伸”和“注意事项”板块，拓宽视野、查漏补缺。

内容概述

全书共9章，各章内容安排如下。

章	内容导读	难度指数
第1章	介绍计算机网络的功能、组成、发展、性能指标，局域网的概念、分类、组成，网络体系，OSI参考模型，TCP/IP及参考模型，TCP/IP五层原理参考模型，等等	★☆☆

（续表）

章	内 容 导 读	难度指数
第2章	介绍数据交换技术、信道复用技术、MAC地址、MAC帧、共享式以太网与交换式以太网、IP、IP地址、子网掩码、子网划分、IP数据报格式、UDP、TCP、可靠传输的实现、流量与拥塞控制等	★★★
第3章	介绍局域网传输介质、网卡、集线器、网桥、交换机的工作原理，交换机功能与高级技术，路由器工作原理，路由器作用和种类，防火墙的作用与分类，等等	★★★
第4章	介绍无线局域网概念、常见的无线技术、无线局域网的标准、拓扑结构、无线安全技术、无线路由器、无线AP、无线AC、无线网桥、无线对等网及共享上网的配置、Mesh路由器的配置等	★★☆
第5章	介绍小型局域网的规划准备、需求分析、总体规划，大、中型局域网的需求分析、设计原则、实施步骤，综合布线系统与施工注意事项，小型局域网的设备连接及选型，大、中型企业局域网的方案及设备选型，等等	★★☆
第6章	介绍企业级网络设备的配置：VLAN的配置、生成树协议配置、静态路由及默认路由的配置、RIP的配置、OSPF的配置、消费级无线路由器的配置等	★★★
第7章	介绍DHCP服务的原理、安装及配置，DNS服务的原理、安装及配置，FTP服务的原理、安装及配置，Web服务的原理、安装及配置等	★★★
第8章	介绍局域网的安全特性、主要威胁、安全体系模型、安全体系建设、加密技术、数字签名技术、访问控制技术、入侵检测技术、常见的局域网安全处理措施等	★★☆
第9章	介绍局域网的管理体系、功能、协议、命令，局域网日常维护的内容与方法，常见故障及产生原因、排查方法、排查工具、灾难恢复等	★★☆

本书由梁树军、殷知磊编著，在编写过程中得到了郑州轻工业大学教务处的大力支持，对此表示衷心的感谢。

作者在编写过程中虽力求严谨细致，但由于时间与精力有限，疏漏之处在所难免，望广大读者批评指正。

编　者

2023年3月

目录

第1章

局域网概述

局域网基础技术

局域网网络设备

无线局域网的组建

局域网规划与施工

局域网设备的配置

网络服务的搭建

局域网安全防范

局域网的管理与维护

第1章 局域网概述

计算机网络随着计算机技术的发展而出现，并与其相辅相成，迅猛发展。计算机网络技术已经影响了现代社会的每个方面，成为了社会生产力的一个重要代表，极大地改变了社交、商业和文化方式，成为人们生活中不可或缺的一部分。在各种网络中使用最多。与我们最为密切的就是局域网，本章将着重阐述计算机网络及局域网的相关知识。

重点难点

- 网络及网络功能
- 局域网的分类及组成
- 网络体系结构

1.1 初识网络

计算机网络为人们提供便捷的信息获取、快速可靠的通信和全面的数据共享方式，使人们可以更容易地跨越地域和文化的障碍，实现全球性的交流与合作。下面介绍网络的基础知识。

1.1.1 网络简介

网络即计算机网络，主要指利用线缆、无线技术、网络设备等，将不同位置的计算机连接起来，如图1-1所示，通过共同遵守的协议、网络操作系统、管理系统等，实现硬件、软件、资源、数据信息的传递、共享的一整套功能完备的系统。

图 1-1

现在的网络所连接的终端设备已经不仅仅局限于计算机，而是包括一切可以连接到网络上，并可以相互通信的设备。例如常见的智能手机、智能电视、智能门禁系统、智能冰箱、网络打印机、网络摄像机、各种智能穿戴设备等，如图1-2所示，它们都可以通过有线或无线的方式与网络相连，用户可以在任意位置获取设备状态并控制它们。

图 1-2

1.1.2 网络的功能

网络的基本功能是让设备之间可以相互通信并共享资源。共享资源可以是数据、文件或硬件设备。此外，网络还为用户提供了许多其他功能，例如社交媒体、在线购物和娱乐等重要的应用程序。下面介绍网络的主要功能。

1. 数据传输

数据传输即数据通信或数据交换。数据传输功能是网络的基本功能。数据按照设计好的通信协议和预设的目的地址，利用网络，在多个设备终端之间或者设备与服务器之间进行数据的传输，将数据安全、准确、快速地传递到指定终端，这也是衡量网络质量好坏的基本参数。现在使用的电子邮件、即时通信软件、各种App等，只要是需要联网使用的，都必须进行数据传递，如图1-3所示。

图 1-3

2. 资源共享

网络建立的初衷是为了资源共享。在资源的共享中包括硬件的共享，例如打印机、专业设备和超级计算机，如图1-4所示。软件的共享包括各种大型的、专业级别的处理、分析软件；还有最重要的数据共享，如各种数据库、文件、文档，如图1-5所示。这些软、硬件以及数据，不可能为每个用户配备，而是需要专业的机构进行管理。资源的共享可以提高资源利用率、平摊成本、减少重复浪费、便于维护和开发等。尤其是现在的大数据时代，数据的共享和综合利用，可以获取到更加专业、准确的信息，成为决策支持的重要技术手段。

图 1-4

图 1-5

3. 提高系统的可靠性与访问质量

大型门户网站、数据中心、关键部门，如银行、金融业等，它们所需要的不仅仅是传输速度，更需要可靠的稳定性。由于网络不能像个人计算机一样，随时断电并进行数据备份与恢复，所以更需要一个可靠的冗余备份渠道。

依靠强大的互联网，企业在不同的地理位置的数据中心，部署了许多冗余服务器。这些服务器平时进行数据的同步工作，一旦主服务器崩溃，备用服务器立即接手；一旦某区域网络出现瘫痪，则利用其他区域数据中心的冗余服务器继续提供服务。

随着网络技术的发展，网络主干的承载能力也变得越来越强大。但是在某些特定区域的特定时间段内，某服务器的访问量非常高，而有些区域访问量则非常少，服务器过于空闲。这时，可以将大量的访问数据按照某种策略进行分流，指定某个区域访问某个数据中心的服务器，这样可以做到服务器的负载均衡，达到服务器的最大利用率，并保证访问质量。

现在的服务器负载均衡和冗余备份可以同时使用，如图1-6所示。

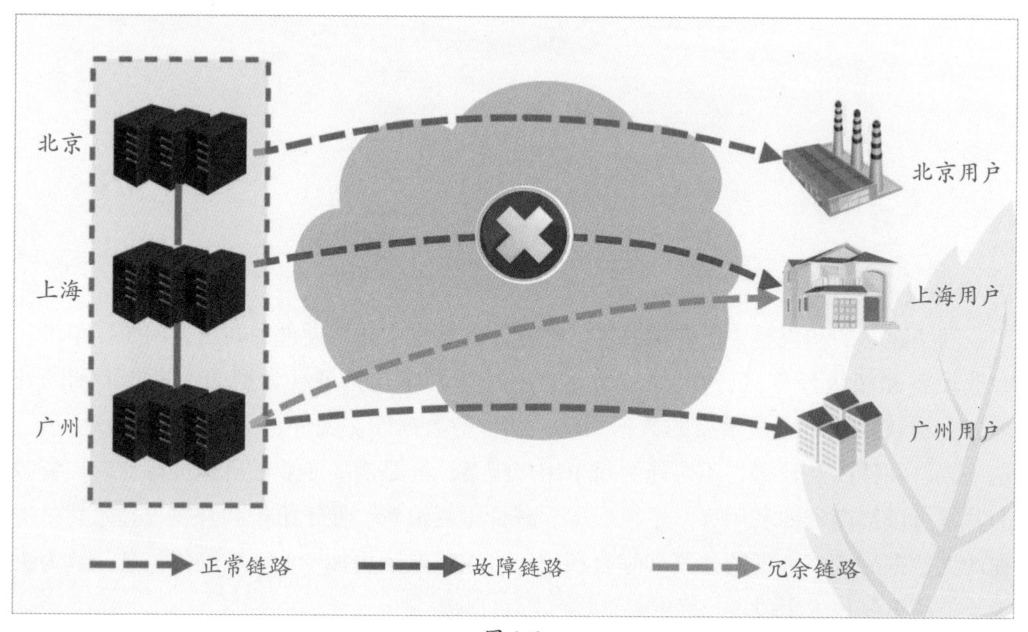

图 1-6

CDN

其实在访问某些网页时，所访问到的不全是主服务器，而是内容分发网络（Content Delivery Network，CDN）。CDN是构建在现有网络基础上的智能虚拟网络，依靠部署在各地的边缘服务器，通过中心平台的负载均衡、内容分发、调度等功能模块，使用户就近获取所需内容，降低网络拥塞程度，提高用户访问的响应速度和命中率。CDN的关键技术主要有内容存储和分发技术。整个访问过程如图1-7所示。现在大部分门户网站应用的都是CDN技术。

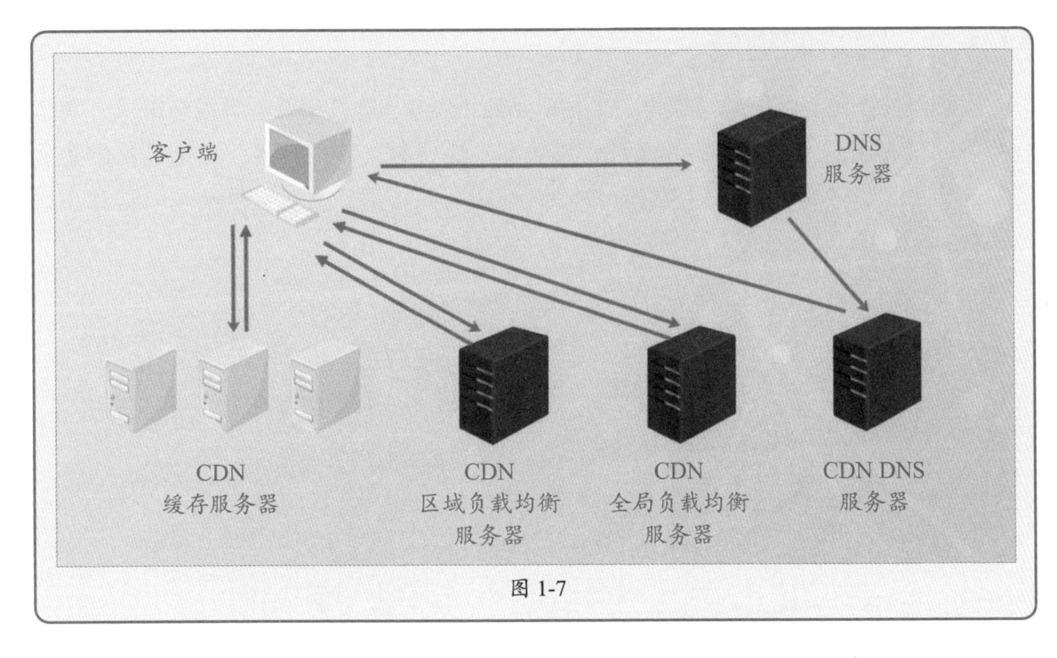

图 1-7

4. 分布式处理及存储

有些大型或者超大型的数据计算或处理任务，使用单独的服务器无法完成，而是要借助网络，或者说，通过网络中的多种计算资源和一定的算法将任务分拆，共同完成。通过这种分布式的处理方式可以提高处理的效率并降低成本。而且通过网络存储，可以确保数据的防篡改以及安全性。最经典的案例就是区块链技术，如图1-8所示。

5. 综合信息服务

在网络广泛应用的基础上，使得依托于网络的应用日趋多元化，包括提供多媒体服务的应用，以及新兴应用，如网上交易、远程监控、视频会议、网络直播、微信、各种小程序等。

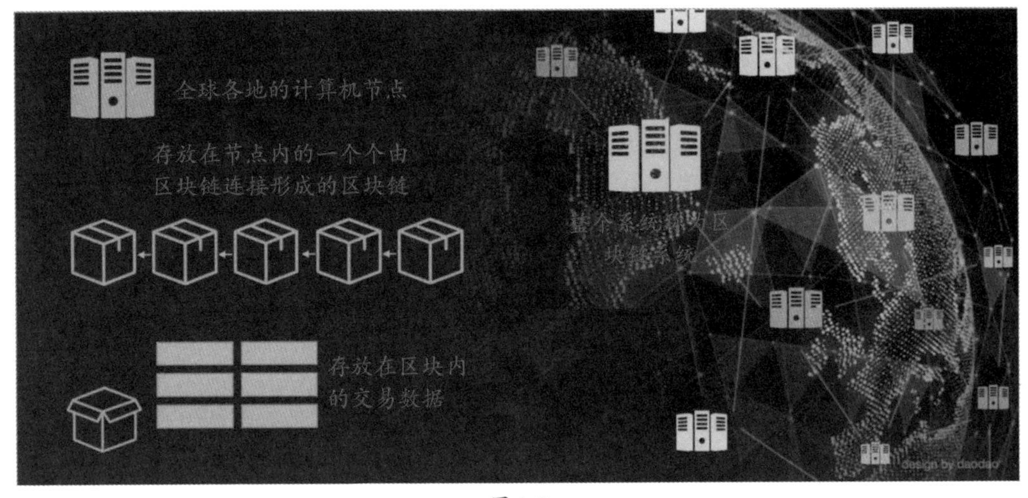

图 1-8

1.1.3 网络的组成

网络由处于核心的网络通信设备（主要是路由器）、软件以及各种线缆组成，其结构叫作通信子网，主要目的是传输及转发数据；而所有互联的设备，无论是提供共享资源的服务器，还是各种访问资源的终端，都叫资源子网，负责提供及获取资源，如图1-9所示。

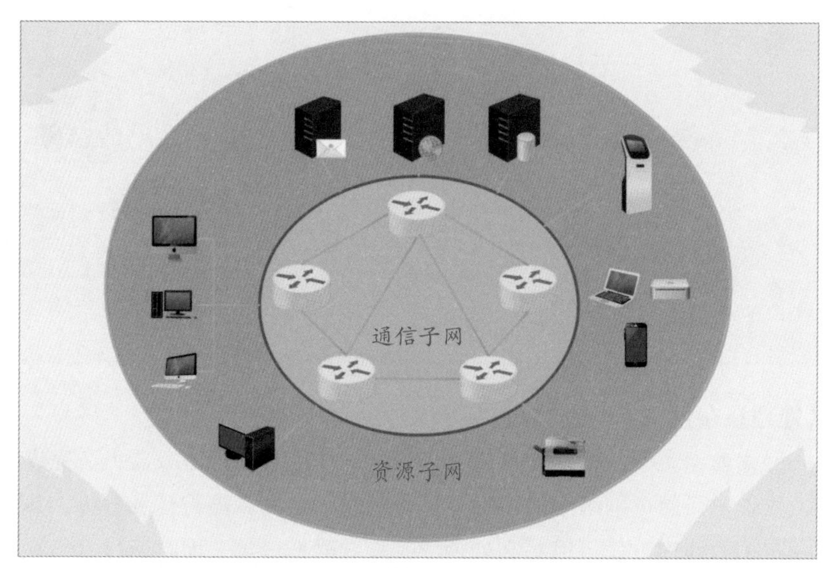

图 1-9

1. 通信子网

通信子网由网络结点和通信链路组成。通信设备、网络通信协议、通信控制软件等属于通信子网，是网络的内层，负责信息的传输。通信子网功能：为用户提供数据的传输、转接、加工、变换等。通信子网的任务是在端结点之间传送报文。

2. 资源子网

资源子网由计算机系统、终端、终端控制器、连网外设、各种软件资源与信息资源组成。资源子网功能：主要负责全网的信息处理及数据处理业务、向网络用户提供各种网络资源和网络服务。

1.1.4 网络的发展

网络的发展大致经历了四个阶段，分别对应着不同的网络拓扑结构。

1. 终端远程联机阶段

在20世纪50年代中后期，出现了由一台中央主机作为数据信息存储和处理中心，通过通信线路将多个地点的终端连接起来，构成以单个计算机为中心的远程联机系统，也就是第一代计算机网络，其以批处理和分时系统为基础，构成一个最简单的网络体系。

其中终端分时访问中心计算机的资源，而中心计算机将处理结果返回终端，终端没有数据的存储和处理能力。该拓扑结构如图1-10所示。

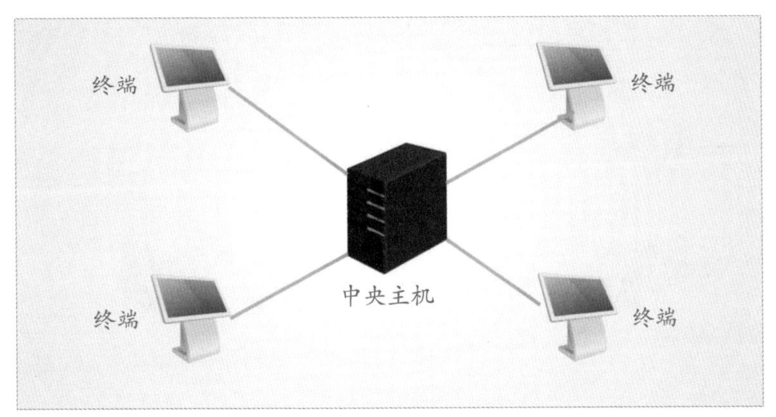

图 1-10

知识点拨

云计算机

从某种角度上来说，随着计算机网络的发展，这种服务器/客户端模式又再次重现，而且可能是未来发展的趋势。当然，网络内部的结构要比这种原始网络复杂、稳定、高效得多。比较常见的应用案例是云计算机，如图1-11所示。服务器根据客户需求，调配好软、硬件资源，客户端无须高端配置，只要支持网络服务，使用软件连接服务器，即可远程使用云计算机。

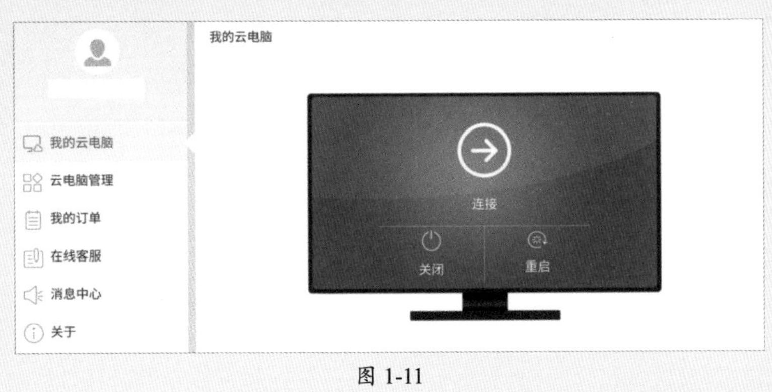

图 1-11

2. 计算机互联阶段

随着大型主机、程控交换技术的出现与发展，出现了对大型主机资源远程共享的需求。该阶段的网络已经摆脱了中心计算机的束缚，多台独立的计算机通过通信线路互联，任意两台主机间通过约定好的“协议”传输信息，如图1-12所示。这时的网络也称为分组交换网络，网络多以电话线路以及少量的专用线路为基础，目标是“以能够相互共享资源为目的，互联起来的具有独立功能的计算机的集合体”。

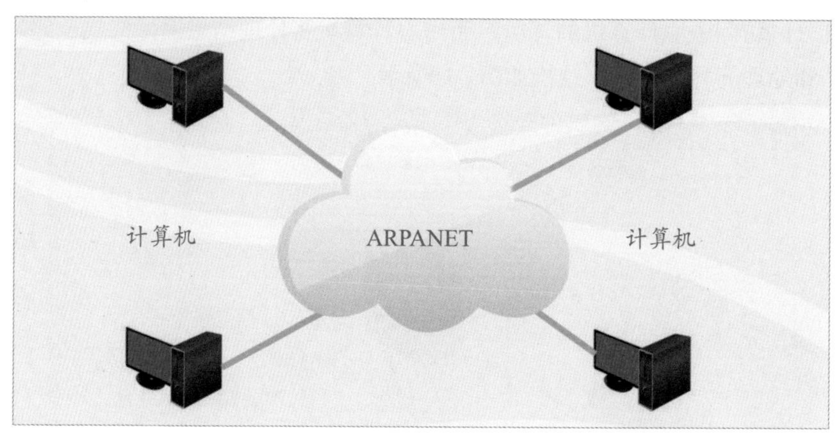

图 1-12

ARPANET

20世纪60年代，ARPA（美国国防部高级研究计划局）为了防止在战争时中心计算机被摧毁，依托于中心计算机的网络全部瘫痪，于是提出了分散性指挥系统，此系统是网络间互相独立，作用级别相同，彼此之间可以互相通信的架构。为了尽快实现和测试，其资助并建立的ARPANET将加州大学洛杉矶分校、加州大学圣芭芭拉分校、斯坦福研究院，以及20世纪犹他州州立大学的计算机主机连接起来，如图1-13所示。此后ARPANET的规模不断扩大，到70年代节点超过60个，主机有100多台。连通了美国东、西部的许多大学和科研机构，并通过卫星与夏威夷和欧洲地区的计算机网络互联互通。

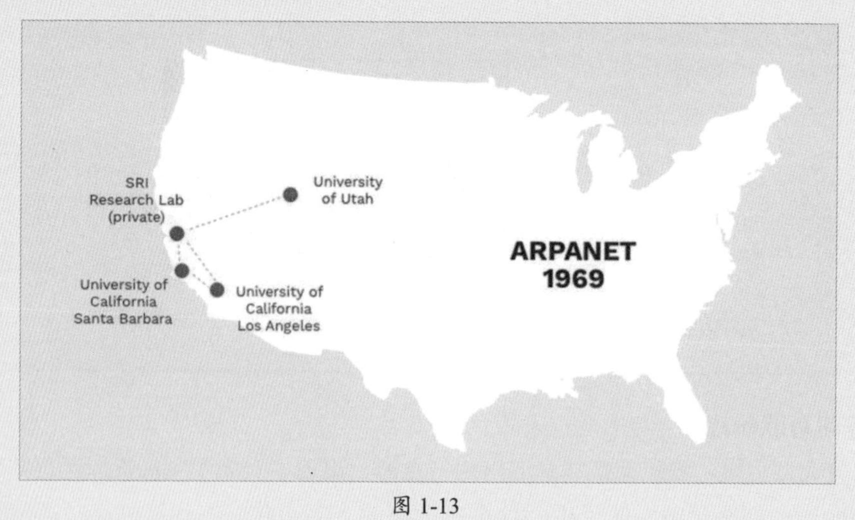

图 1-13

3. 网络标准化阶段

随着计算机的价格降低，越来越多的计算机使用者加入到网络中，网络的规模变得越来越大，通信协议也越来越复杂。各个计算机厂商以及通信厂商各自为政，自有产品都使用自有协议，所以在网络互访方面给用户造成了很大的困扰。1984年，由国际标准化组织ISO制定了一种统一的网络分层结构——OSI参考模型，将网络分为七层结构。在OSI七层模型中，规定了设备之间必须在对应层之间才能够沟通。网络的标准化大大简化了网络通信原理，让异构网络互联成为可能，如图1-14所示。

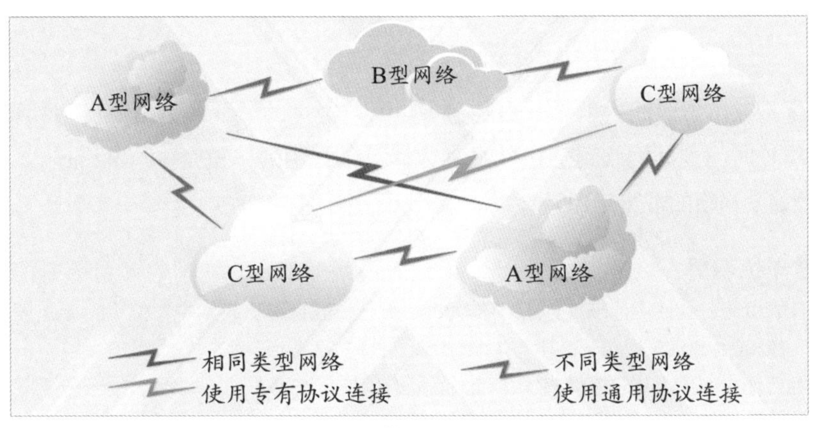

图 1-14

4. 信息高速公路建设

由于OSI参考模型及TCP/IP的广泛应用，在ARPANET的基础上形成了最早的Internet骨干网。而后被美国国家科学基金会规划建立的13个国家超级计算机中心及国家教育科技网所代替，后者变成了Internet的骨干。20世纪80年代末开始，局域网技术发展成熟，并出现了光纤及高速网络技术。20世纪90年代中期开始，互联网进入高速发展的阶段，出现以Internet为代表的第四代计算机网络。第四代计算机网络也可以称为信息高速公路（高速、多业务、大数据量），包括网上直播、网上购物、网上会议、订票、挂号、点餐、游戏、网上视频、网上银行等，都彰显着网络的重大作用，如图1-15及图1-16所示。所以有必要、也必须学习网络的相关知识。

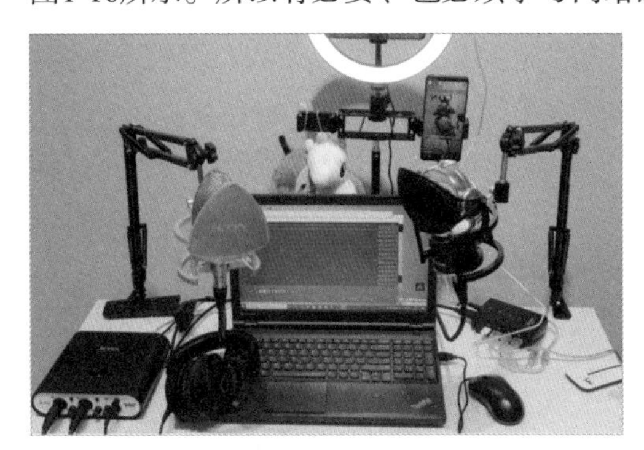

图 1-15

图 1-16

新一代的互联网应用

新一代互联网应用包括人工智能、AR技术、物联网、云计算、云存储等。

1.1.5 网络的性能指标

网络的性能指标反映了网络的快慢和质量的高低，一般会通过以下四个方面进行评估。

1. 带宽

带宽是指在单位时间内从某一点到另一点所能通过的“最高数据率”。计算机网络的带宽是指单位时间内某网络可通过的最高数据量，常用的单位是b/s（bit per second，比特每秒）。例如某网络的带宽是100Mb/s。

注意事项 单位换算

使用计算机时，会使用字节（Byte）作为存储单位。在计算机科学中，位（bit）是表示信息的最小单位。由8位（8bit）组成一个字节（1Byte），此时1Byte=8bit。

在实际应用中，因为ISP提供的线路带宽使用的单位是比特每秒（b/s），而一般下载软件显示的是字节每秒（B/s），所以要通过换算，才能得到实际值。如100Mb/s的理论下载速度，或者显示的速度应该在12.5MB/s左右。

带宽越大，单位时间内经过的数据会越多，下载速度也越快。在计算机的网卡属性中，可以看到当前网络速度为1.0 Gb/s（1000Mb/s），如图1-17所示。

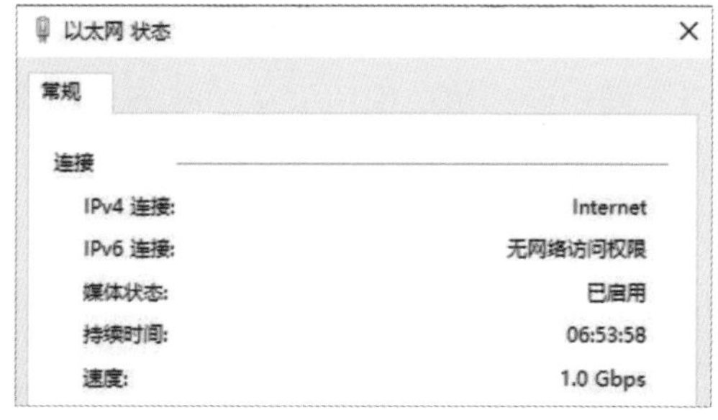

图 1-17

2. 时延

时延指一个数据包从用户的设备发送到测速点，然后再立即从测速点返回用户设备的来回时间，以毫秒（ms）计算。一般时延在0～100ms都是正常的速度，不会有较为明显的卡顿。时延包括发送时延、传播时延、处理时延、排队时延。在实际应用中时延也被称为网络延时。如使用ping命令，可以查看到当前的时延为11ms，如图1-18所示。时延越小，网络应用就越顺畅，尤其是实时游戏，对时延非常敏感。

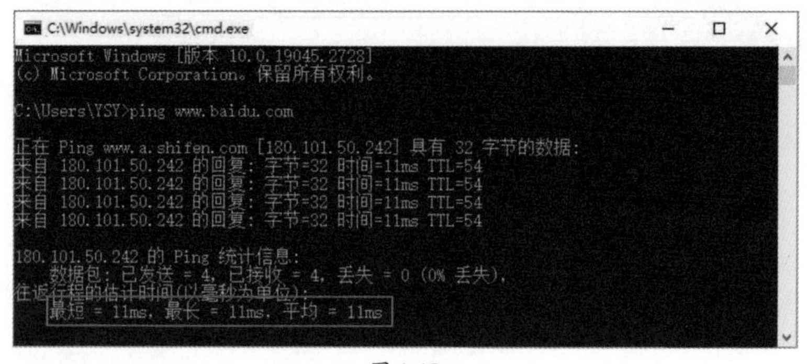

图 1-18

3. 抖动

抖动指最大延迟与最小延迟的时间差，例如访问一个网站的最大延迟是10ms，最小延迟为5ms，那么网络抖动就是5ms，抖动可以用来评价网络的稳定性，抖动越小，网络越稳定。可以使用测速网来查看抖动和其他指标，如图1-19所示。

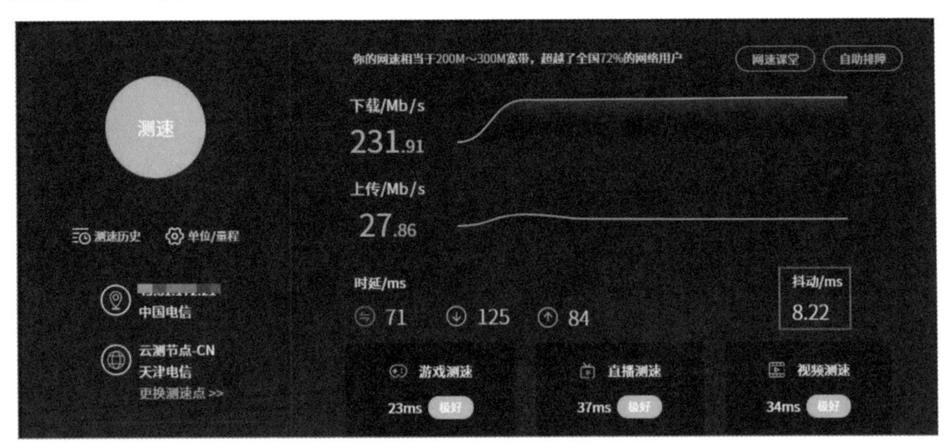

图 1-19

4. 丢包

丢包是指一个或多个数据包的数据无法通过网络到达目的地，接收端如果发现数据丢失，会根据队列序号向发送端发出请求，进行丢包重传。丢包的原因比较多，最常见的原因是网络发生拥塞、数据流量太大、网络设备处理不过来等。

丢包率是指测试中所丢失数据包数量占所发送数据包的比率。例如发送100个数据包，丢失一个数据包，那么丢包率就是1%。

丢包率也可以通过ping命令查看，丢包率越高，应用、游戏会发生明显的掉线、卡顿的情况。

1.2 局域网简介

了解了网络后，接下来介绍使用范围最广的局域网。

1.2.1 局域网的概念

局域网（LAN）指在小范围内，一般不超过10km，将各种计算机终端及网络终端设备，通过有线或者无线的传输方式组合成的网络，用来实现文件共享、远程控制、打印共享、电子邮件服务等功能。局域网私有性较强。因为范围较小，所以传输速度更快，性能也更稳定，组建成本相对较低，技术难度不高。现在很多局域网加入了无线技术，组建而成的就是无线局域网。如果用户现在使用有线连接的计算机或者使用手机

WiFi连接了互联网，现在所在的网络就是局域网。完整的家庭或小型公司的无线局域网的拓扑图如图1-20所示。而大、中型企业的局域网技术相对要复杂一点，本书后面章节会有相关介绍。

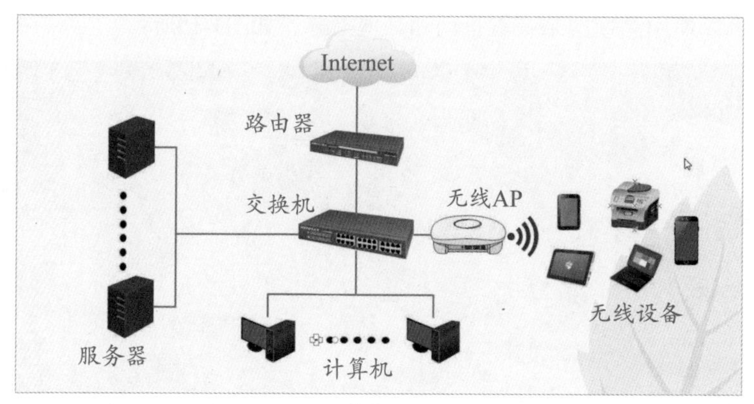

图 1-20

城域网与广域网

与局域网相对的还有范围更大的城域网（Metropolitan Area Network）和广域网（Wide Area Network，WAN）。

城域网采用的技术和局域网类似，传输介质为光纤，距离从10～100km，可以是几栋办公楼，也可以是一座城市。城域网的特点是传输距离稍长，覆盖范围更广，传输效率更高。而广域网，距离从几十公里到几千公里，可以连接多个城市或者国家，甚至跨洲连接。广域网的通信子网可以利用公用分组交换网、卫星通信网和无线分组交换网达到资源共享的目的。广域网的特点是覆盖范围最广、通信距离最远、技术最复杂，当然，建设费用也最高。Internet就是广域网的一种。

1.2.2 局域网的分类

局域网按照拓扑结构，从逻辑上来划分，可以分为星形拓扑、总线型拓扑、环形拓扑、树形拓扑。当然，总线型和环型拓扑现在不是特别常见。

拓扑图

在不考虑远近、线缆长度、设备大小等物理问题，通过简单的示意图形绘制出整个网络所使用的设备、连接方式以及结构，叫作拓扑图。通过拓扑图来对网络进行规划、设计、分析，方便交流以及排错。学习及研究网络，必须要会看、会画网络拓扑图。

1. 总线型拓扑

总线型网络拓扑现在很少见到了，总线型网络拓扑使用单根传输线作为传输介质，所有的节点都直接连接到传输介质上，如图1-21所示。总线型网络采用广播的方式，一台节点设备开始传输数据时，会向总线上所有的设备发送数据包，其他设备接收后，校验包的目的地址是否和自己的地址一致，如果相同，则保留，如果不一致，则丢弃。带宽共享，每台设备只能获取1/N的带宽。

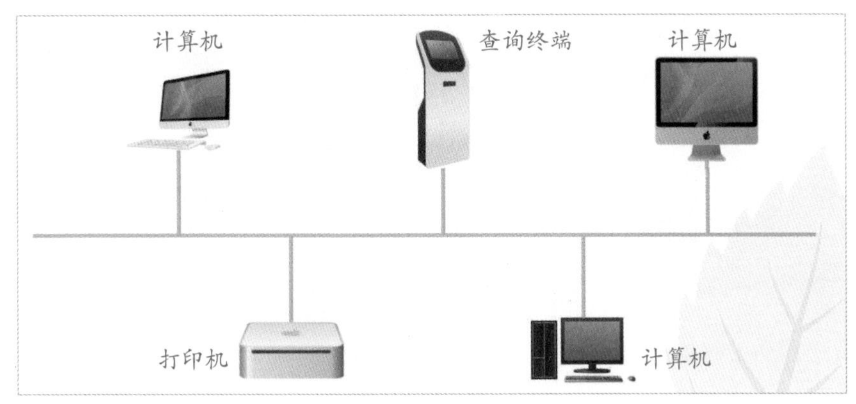

图 1-21

总线型拓扑的优点：网络成本低。仅需要铺设一条线路，不需要专门的网络设备。总线型拓扑的缺点：随着设备增多，每台设备的带宽逐渐降低，线路故障排查困难。

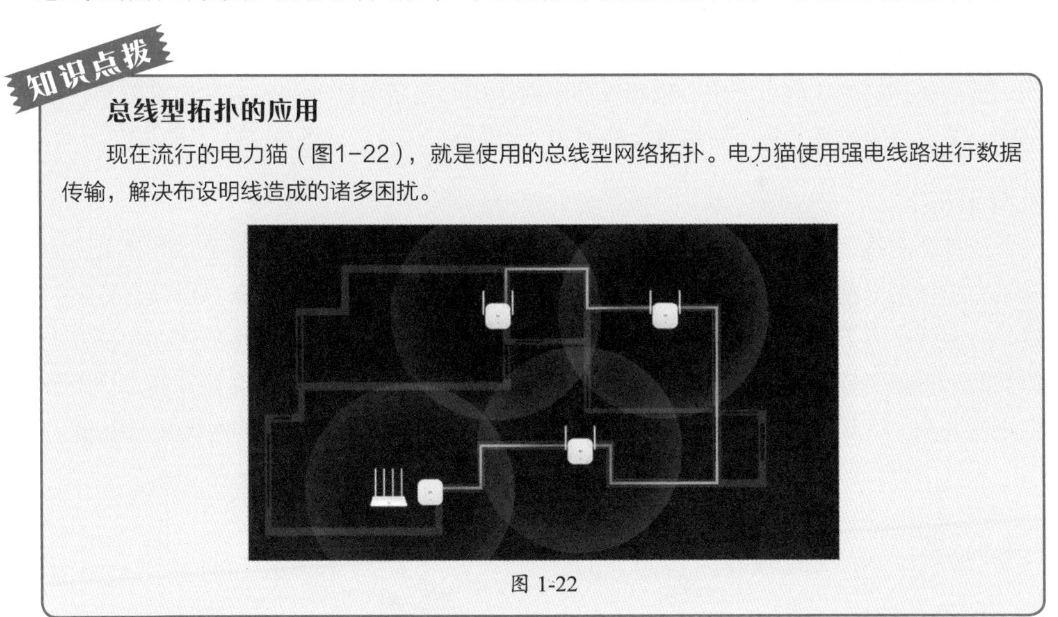

知识点拨

总线型拓扑的应用

现在流行的电力猫（图1–22），就是使用的总线型网络拓扑。电力猫使用强电线路进行数据传输，解决布设明线造成的诸多困扰。

图 1-22

2. 星形拓扑

星形拓扑结构网络由中心节点和其他从节点组成，中心节点可直接与从节点通信，而从节点间必须通过中心节点才能通信，中心节点执行集中式通信控制策略。在星形网络中，中心节点通常由集线器设备（如交换机）充当，如图1-23所示。

当前很多局域网使用了小型无线路由器作为中心设备，从拓扑角度来说，这种结构也属于星形拓扑，只是传输介质从网线变成了电磁波。

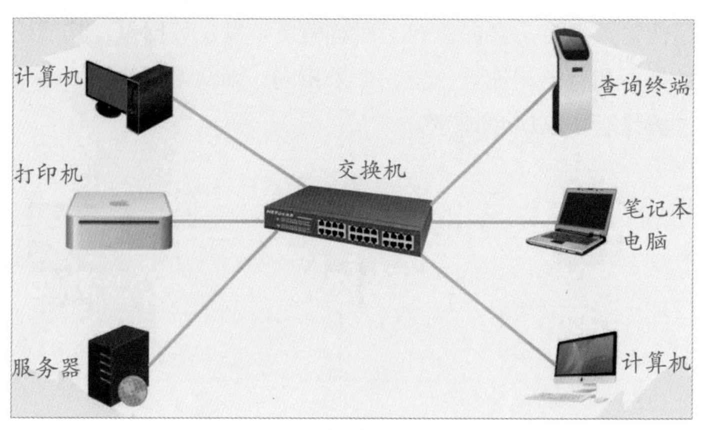

图 1-23

星形拓扑的主要优点如下。

- **结构简单：** 使用网线直接连接。
- **添加删除节点方便：** 扩充节点，只要用网线连接中心设备即可，删除设备只要拔掉网线即可。
- **容易维护：** 一个节点坏掉，不影响其他节点的使用，故障排查较简单。
- **升级方便：** 只要对中心设备进行更新即可，一般不需要更换传输介质。

星形拓扑的主要缺点：中心依赖度高，对于中心设备的性能和稳定性要求较高，如果中心节点发生故障，整个网络将会瘫痪。

3. 环形拓扑

如果把总线型网络首尾相连，就是一种环形拓扑结构，如图1-24所示，其典型代表就是令牌环局域网。在通信过程中，同一时间只有拥有“令牌”的设备可以发送数据，然后将令牌交给下游的节点设备，从而开始新一轮的令牌传输。该结构的优点和总线型的类似，不需要特别的网络设备，实现简单，投资小。但是缺点也很明显，任意一个节点坏掉了，网络就无法通信，且排查起来非常困难。如果要扩充节点，网络必须中断。

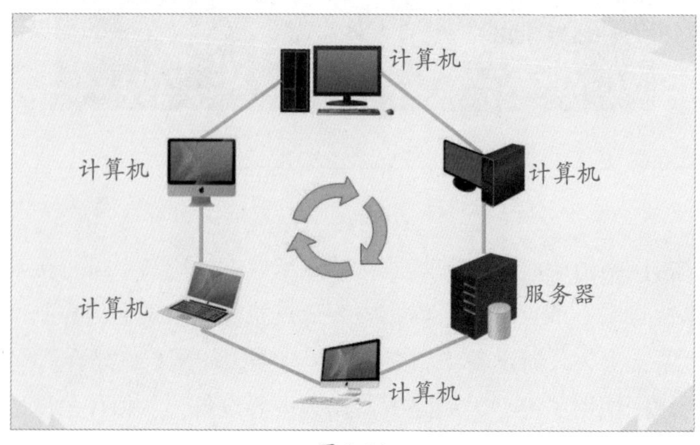

图 1-24

4. 树形拓扑

树形拓扑属于分级集中控制，在大、中型企业中比较常见。将星形拓扑按照一定标准组合起来就变成了树形拓扑结构，如图1-25所示，该结构按照层次方式排列而成，非常适合于主次、分等级层次的管理系统。

与星形网络拓扑相比，树形拓扑的通信线路总长度较短，成本较低，节点易于扩充，寻找路径比较方便。网络中任意两个节点之间不会产生回路，每条链路都支持双向传输。网络中某网络设备如果发生故障，该网络设备连接的终端将不能联网。

树形网络拓扑一般应用于大、中型公司或企业，设备本身有一定的质量保障，另外，网络中也采取了一些冗余备份技术，出现故障后，可以人工快速排查处理。而且设备本身也支持负载均衡和冗余备份，出现问题时，可以自动启动应急机制，网络安全性和稳定性也是比较高的。

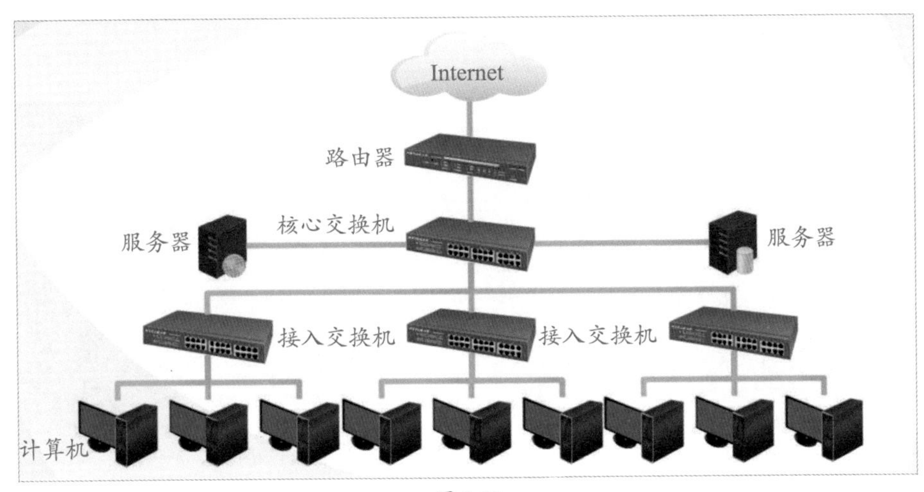

图 1-25

1.2.3 局域网的组成

局域网一般由硬件设备和软件系统两部分构成。

1. 硬件设备

硬件设备是局域网的身体，构成了局域网的物理结构，局域网的硬件设备可以分为以下几种。

（1）网络通信设备。

网络通信设备是用来在局域网中接收、存储、处理、转发、传输网络信号的设备。常见的有交换机（图1-26）、路由器、无线路由器、无线控制器、无线AP、调制解调器、网卡等。

（2）服务器。

服务器（图1-27）是局域网中管理和提供资源的主机，可与诸多客户机相连，并为其提供资源或其他服务，因此服务器一般需具备更高的性能，如可高效处理数据、存储较多数据、更快地访问磁盘等。

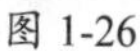

图 1-26

图 1-27

（3）传输介质。

传输介质包括常见的双绞线（图1-28）、光纤（图1-29）、电磁波等，主要用于电信号、光信号和无线信号的传递。

图 1-28

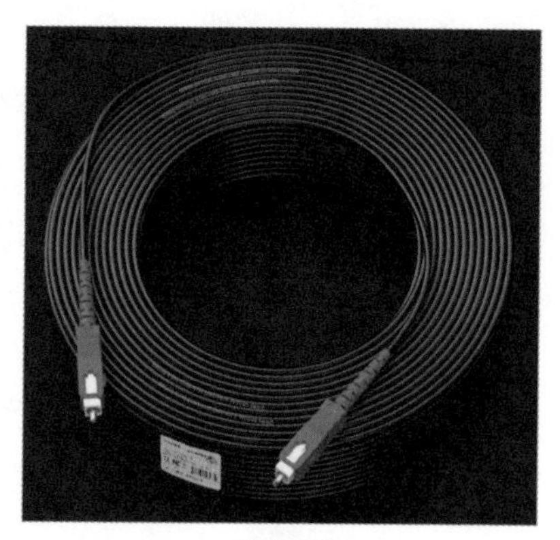

图 1-29

（4）网络终端。

网络终端一般为数据的发送端及接收端，用来存储数据、产生数据信号、接收并使用数据，如常见的计算机、网络智能终端、网络支付设备、安防终端设备等，如图1-30及图1-31所示。

图 1-30

图 1-31

2. 软件系统

软件系统是局域网的灵魂，是网络各种功能实现的基础。局域网中的软件主要包括网络操作系统和各种网络协议。

（1）网络操作系统。

网络操作系统是局域网硬件设备的必备软件之一，其基本任务是用统一的方法实现各主机之间的通信，管理和利用各主机中共享的本地资源，以提升设备与网络相关的特性。对网络用户而言，网络操作系统是其与计算机网络之间的接口，应屏蔽本地资源与网络资源的差异，为用户提供各种基本的网络服务，并保证数据的安全性。

局域网中的网络操作系统和硬件设备相辅相成，缺一不可。硬件设备可能搭载不同的操作系统，其中客户端中常用的网络操作系统有Windows 10、Windows 11、Linux桌面发行版（如Ubuntu）等。服务器中常用的网络操作系统有Windows Server系列、Linux服务器系统（如Red Hat Enterprise Linux，RHEL），如图1-32所示。专用通信设备中使用的操作系统与前两者有所不同，一般由硬件生产厂家独立开发，常见的专用通信设备厂家有TP-Link、思科等。

图 1-32

（2）网络协议。

网络协议是通信计算机双方必须共同遵守的一组约定，如怎么样建立连接、怎么样互相识别等。只有遵守这个约定，计算机之间才能相互通信交流。网络协议的三要素是语法、语义、时序。完整的通信流程会使用到许多协议，局域网中的网络操作系统可安装协议，以支持网络通信功能。网络操作系统中使用的协议一般为TCP/IP协议族中的协议，如DHCP、DNS、HTTP等。

知识点拨

其他软件

除网络操作系统和网络协议两种软件外，局域网设备中还可能搭载一些系统管理软件和网络应用软件，根据涉及的领域和应用方向，这些软件又可以有不同的分类。

1.3 网络体系结构

计算机网络体系结构是指计算机网络层次结构模型，它是各层的协议以及层次之间端口的集合，为网络硬件、软件、协议、存取控制和拓扑提供标准。

20世纪70年代网络开始发展，每个计算机厂商都有一套自己的网络体系结构，且互相不兼容，用户在购买时，需要考虑很多。这时国际标准组织提出制定一个通用标准，以方便不同网络互通。

1.3.1 OSI参考模型

开放系统互连（Open System Interconnect，OSI）参考模型是国际标准化组织（ISO）和国际电报电话咨询委员会（CCITT）联合制定的开放系统互连参考模型，为开放式互连信息系统提供一种功能结构的框架，其目的是为各种计算机互连提供一个共同的基础和标准框架，并为保持相关标准的一致性和兼容性提供共同的参考。这里所说的开放系统，实质上指的是遵循OSI参考模型和相关协议，并能够实现互连的、具有各种应用目的的计算机系统。OSI七层模型如图1-33所示。

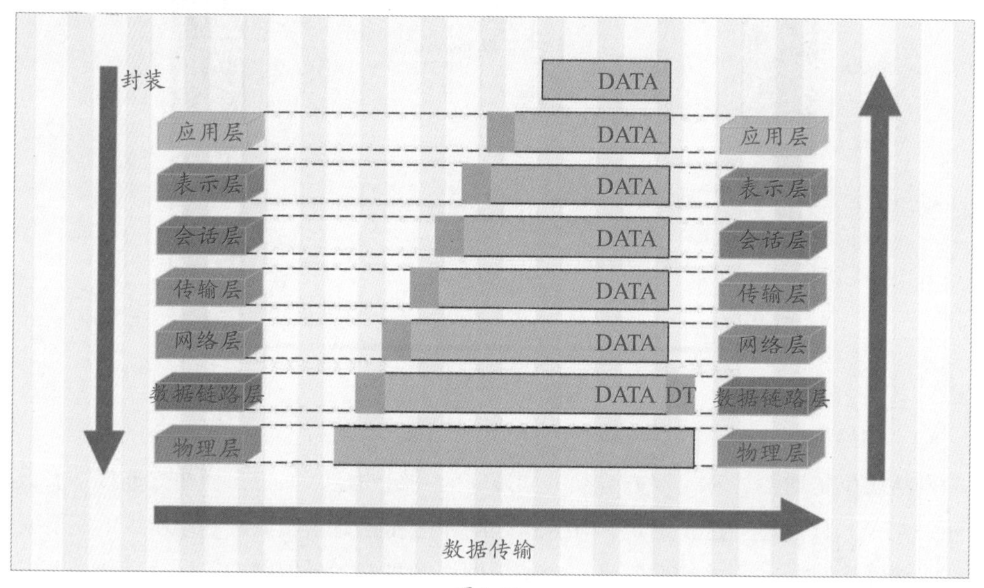

图 1-33

数据在进行网络传输时，按照从上到下的顺序，将数据按照标准拆分，并加上对应层的标识，最后变成比特流在网络上传递，到达对端后，再将数据去掉每层的标志，重新组装一直传递到应用层。根据标志，按照协议，每一个对应层都能读懂对应层的要求及含义，而不会去管其他层的细节，每层只对上一层负责，保证数据的正确移交即可。

因为单纯的谈七层模型的规定和功能并没有实际意义，所以研究此模型时，经常会代入TCP/IP各层的协议实例等。

实体

每层的具体功能是由该层的实体完成的。所谓实体，是指能在某一层中具有数据收发能力的活动单元（元素）。一般是该层的软件进程或者实现该层协议的硬件单元。在不同系统上同一层的实体互称为对等实体。

1.3.2 TCP/IP及参考模型

TCP/IP（Transmission Control Protocol/Internet Protocol，传输控制协议/因特网互联协议）是由ARPA于1969年开发的，是Internet最基本的协议，Internet的基础，由网络层的IP和传输层的TCP组成。TCP/IP完全撇开了网络的物理特性，它把任何一个能传输数据分组的通信系统都看作网络。这种网络的对等性大大简化了网络互连技术的实现。TCP/IP是最常用的一种协议，也可以算是网络通信协议的一种通信标准协议，同时也是最复杂、最庞大的一种协议。TCP/IP具有极高的灵活性，支持任意规模的网络。

TCP/IP参考模型是在TCP/IP的基础上总结、归纳而来，可以说TCP/IP是OSI的应用实例。OSI虽然非常全面，但没有实际的协议和具体的操作手段，所以更像是一本指导意见。而TCP/IP参考模型不同，它是在TCP/IP成功后，不断调整、完善后进行的归纳和总结，具有现实参考意义。但TCP/IP参考模型不适用于非TCP/IP网络。

TCP/IP四层参考模型与OSI参考模型的关系如图1-34所示。从图中可以看出，TCP/IP参考模型是将OSI的物理层和数据链路层合并，变为网络接口层。将应用层、表示层、会话层合并成为应用层。通过将对应功能的合并，简化了OSI分层过细的问题，突出了TCP/IP的功能要点。

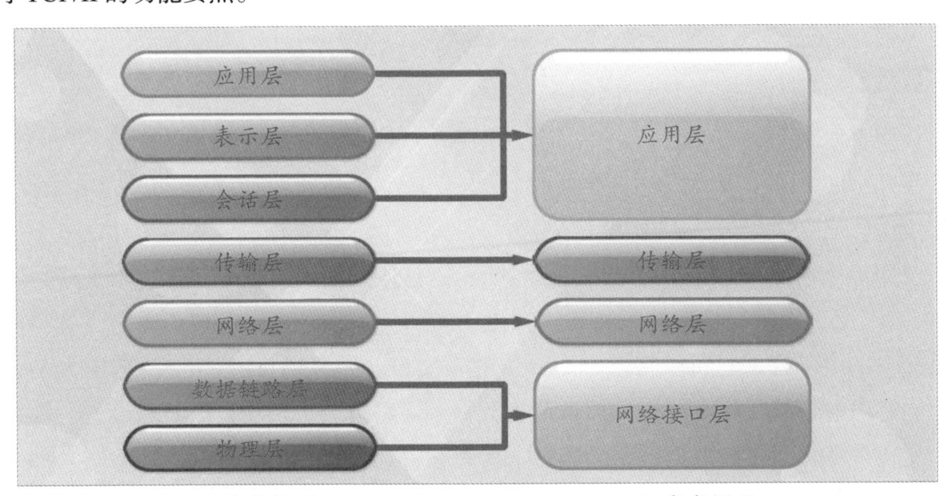

图 1-34

接口

上下层之间交换信息通过接口来实现。一般使上下层之间传输信息量尽可能少，这样使两层之间保持其功能的相对独立性。

1.3.3 TCP/IP五层原理参考模型

OSI模型是在协议开发前设计的，具有通用性。TCP/IP是先有协议集，然后建立模型，不适用于非TCP/IP网络。OSI参考模型有七层结构，而TCP/IP有四层结构。所以为了学习完整体系，一般采用折中的方法：综合OSI模型与TCP/IP参考模型的优点，采用一种原理参考模型，也就是TCP/IP五层原理参考模型。TCP/IP五层原理参考模型与其他参考模型的对比如图1-35所示。在后面的讲解中都会以TCP/IP五层原理参考模型为例。下面介绍TCP/IP五层原理参考模型各层的作用。

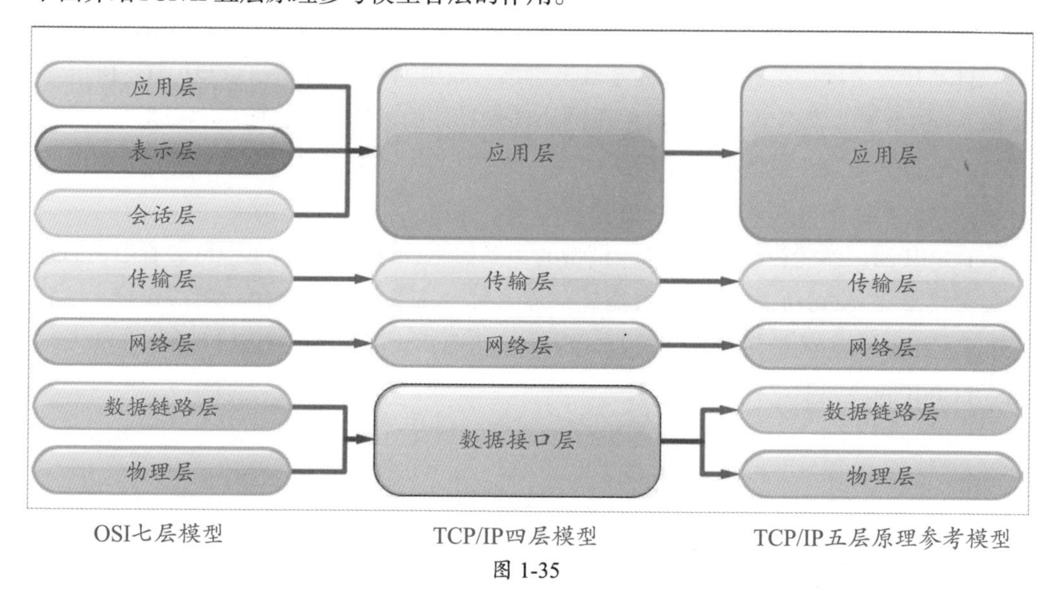

图 1-35

1. 物理层

按照由下向上的顺序，物理层是第一层，处于最底层。物理层的任务就是为上层（数据链路层）提供物理连接，实现比特流的透明传输。物理层定义了通信设备与传输线路接口的电气特性、机械特性、应具备的功能等。如产生“1”“0”的电压大小、变化间隔、电缆如何与网卡连接、如何传输数据等。物理层负责在数据终端设备、数据通信和交换设备之间完成数据链路的建立、保持和拆除操作。这一层关注的问题大都是机械接口、电气接口、过程接口以及物理层以下的物理传输介质等。

服务

服务是网络中各层向其相邻上层提供的一组功能集合，是相邻两层之间的界面。因为在网络的各个分层机构中的单方面依靠关系，使得在网络中相互邻近层之间的相关界面也是单向性的：下层作为服务的提供者，上层作为服务的接受者。上层实体必须通过下层的相关服务访问点（Service Access Point，SAP）才能够获得下层的服务。SAP作为上层与下层进行访问的服务场所，每一个SAP都会有自己的一个标识，并且每个层间接口可以有多个SAP。

2. 数据链路层

数据链路层是OSI参考模型中的第二层，介于物理层和网络层之间。数据链路层在物理层提供服务的基础上向网络层提供服务，该层将源自网络层的数据按照一定格式分割成数据帧，然后将数据帧按顺序送出，等待由接收端送回的应答帧。该层主要功能如下。

（1）数据链路连接的建立、拆除、分离。

（2）帧定界和帧同步：链路层的数据传输单元是帧，每一帧包括数据和一些必要的控制信息。协议不同，帧的长短和界面也有差别，但必须对帧进行定界，调节发送速率与接收方相匹配。

（3）顺序控制：指对帧的收发顺序的控制。

（4）差错检测、恢复、链路标识、流量控制等：因为传输线路上有大量的噪声，所以传输的数据帧有可能被破坏。差错检测多用方阵码校验和循环码校验来检测信道上数据的误码，而帧丢失等用序号检测。各种错误的恢复则常靠反馈重发技术来完成。

数据链路层的目标是把一条可能出错的链路转变成让网络层看起来就像一条不出差错的理想链路。数据链路层可以使用的协议有SLIP、PPP、X.25和帧中继等，日常使用的光纤猫等拨号设备都工作在该层。而工作在数据链路层上的交换机称为“二层交换机”，是按照存储的MAC地址表进行数据传输的。

3. 网络层

网络层负责管理网络地址，定位设备，决定路由。如熟知的IP地址和路由器就是工作在这一层。上层的数据段在这一层被分割，封装后叫作包，包有两种，一种叫用户数据包，是上层传下来的用户数据；另一种叫路由更新包，是直接由路由器发出来的，用来和其他路由器进行路由信息的交换。网络层负责对子网间的数据包进行路由选择。网络层的主要作用如下。

（1）数据包封装与解封。

（2）异构网络互联：用于连接不同类型的网络，使终端能够通信。

（3）路由与转发：指按照复杂的分布式算法，根据从各相邻路由器得到的关于整个网络拓扑的变化情况，动态地改变所选择的路由，并根据转发表将用户的IP数据报从合适的端口转发出去。

（4）拥塞控制：获取网络中发生拥塞的信息，更改路由线路，避免由于拥塞而出现分组的丢失，以及严重拥塞而产生网络死锁的现象。

4. 传输层

传输层是一个端到端，即主机到主机层次的传输。传输层负责将上层数据分段并提供端到端的、可靠的（TCP）或不可靠的（UDP）传输。此外，传输层还要处理端到端的差错控制和流量控制问题。传输层的任务是提供建立、维护和取消传输连接的功能，负责端到端的可靠数据传输。在这一层，信息传送的协议数据单元称为段或报文。通常说的TCP三次握手、四次断开就是在这层完成的。

知识点拨

数据单元

在网络中信息传送的单位称为数据单元。数据单元分为协议数据单元（PDU）、接口数据单元（IDU）和服务数据单元（SDU）。

5. 应用层

TCP/IP的应用层对应OSI七层模型的应用层、表示层、会话层。用户使用的应用程序均工作于应用层。应用层是应用与网络的接口，并不是特指应用程序。应用层主要用于确定通信的上层应用，确保有足够的资源用于通信，并向应用程序提供服务。这些服务按其向应用程序提供的特性分成组，并称为服务元素。有些可为多种应用程序共同使用，有些则为较少的一类应用程序使用，其作用是实现多个系统应用进程相互通信的同时，完成一系列业务处理所需的服务。

TCP/IP可以为各种各样的程序传递数据，例如E-mail、WWW、FTP。那么必须有相应协议规定电子邮件、网页、FTP数据的格式，这些应用程序协议就构成了应用层。

知识点拨

表示层和会话层

会话层是管理主机之间的会话进程，即负责建立、管理、终止进程之间的会话。会话层还利用在数据中插入校验点来实现数据的同步。

会话层不参与具体的数据传输，利用传输层提供的服务，在本层提供会话服务（如访问验证）、会话管理和会话同步等功能在内，建立和维护应用程序间的通信机制，如服务器验证用户登录便是由会话层完成的。另外会话层还提供单工（Simplex）、半双工（Half duplex）、全双工（Full duplex）三种通信模式的服务。

表示层主要处理流经端口的数据代码的表示方式问题。表示层的作用之一是为异种计算机通信提供一种公共语言，以便能进行互操作。这种类型的服务之所以需要，是因为不同的计算机体系结构使用的数据表示法不同。例如，IBM主机使用EBCDIC编码，而大部分PC机使用的是ASCII码，所以便需要表示层完成这种转换。

知识延伸：了解因特网的发展历史

因特网（Internet）是世界上最大的互联网络。用户数以亿计，互联的网络数以百万计。因特网的发展经历了3个阶段。

第一个阶段即计算机网络发展史中介绍的计算机网络互联阶段。ARPANET是1969年美国国防部创建的第一个分组交换网，最开始，这个小型网络结构非常简单，整个网络只有4个节点，分别是加州大学洛杉矶分校、加州大学圣巴巴拉分校、斯坦福研究院、犹他州大学四所大学的4台大型计算机。到20世纪70年代中期，随着通信需求的增多，ARPA开始研究多种网络互联的技术，这种形式的互联网就是后来因特网的雏形。1983年，TCP/IP成为ARPANET上的标准协议，从此所有使用TCP/IP的计算机都能利用互联网相互通信。1990年，ARPANET正式宣布关闭，完成了自己的试验使命。

第二个阶段的主要特点是建成了三级结构的因特网。1985年，美国国家科学基金会（National Science Foundation，NSF）围绕六个大型计算机中心建设计算机网络，即国家科学基金网NSFNET。NSFNET是一个三级计算机网络，分为主干网、地区网和校园网（企业网）。这种类型的三级计算机网络覆盖了全美国主要的大学和研究所，成为因特网中的主要组成部分。1991年是因特网的爆发期，网络不再局限于美国，世界上的其他公司纷纷接入因特网。同时，美国政府将因特网的主干网转交给私人公司经营，开始对接入因特网的单位收费，实现了因特网的商业化。

到第三个阶段逐渐形成了多层次ISP结构的因特网。ISP（Internet Service Provider）即因特网服务提供者，或因特网服务提供商，俗称“运营商”。从1993年开始，由美国政府资助的NSFNET逐渐被若干个商用的因特网主干网代替，政府机构不再负责因特网的运营。ISP拥有从因特网管理机构申请到的多个IP地址，同时拥有通信线路（自己建造或租用）和路由器等联网设备。任何机构或个人，只要向ISP交纳规定的费用，就可以从ISP获得IP地址，通过ISP接入到因特网。

注意事项 **Internet与internet**

Internet（因特网）是一个专用名词，指当前全球最大的、开放的、由众多网络相互连接而成的特定计算机网络，采用TCP/IP协议集作为通信的规则。

internet（互联网或互连网）是一个通用名词，泛指由多个计算机网络互连形成的网络。

读书笔记

第2章 局域网基础技术

在掌握局域网的组建、管理前，需要学习一定的网络基础知识。在讲解了网络、局域网和网络体系结构后，本章将介绍网络中的一些基础技术和网络专业术语。

重点难点

- 数据交换技术
- 信道复用技术
- MAC地址
- 以太网
- IP地址
- TCP与UDP

2.1 数据交换技术

数据交换技术是数据经过编码后在通信线路上进行传输的技术，就是在两个互连的设备之间直接进行数据通信。但网络中所有的设备并不都是两两相连的，而是有多个中间节点。中间节点并不关心所传数据的内容，只是提供一种交换技术。常见的网络交换技术包括电路交换、报文交换和分组交换3种交换模式，如图2-1所示。

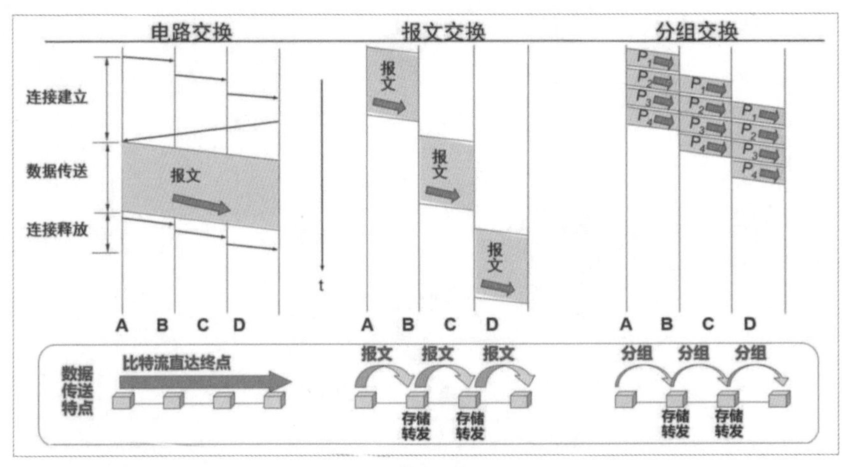

图 2-1

2.1.1 电路交换

电路交换（Circuit Switching）是在两个站点之间，通过通信子网的节点建立一条专用的通信线路，这些节点通常是一台采用机电与电子技术的交换设备（例如程控交换机）。在两个通信站点之间需要建立实际的物理连接，其典型实例就是两台电话之间通过公共电话网络的互连实现通话。

电路交换实现数据通信需经过三个步骤：首先是建立连接，即建立端到端（站点到站点）的线路连接；其次是数据传送，所传数据可以是数字数据（如远程终端到计算机），也可以是模拟数据（如声音）；最后是拆除连接，通常在数据传送完毕后由两个站点之一终止连接。

电路交换的优点是实时性好，但将电话采用的电路交换技术用于传送计算机或远程终端的数据时，会出现下列问题。

- 用于建立连接的呼叫时间大大长于数据传送时间。这是因为在建立连接的过程中，会涉及一系列硬件开关动作，时间延迟较长，如某段线路被其他站点占用或物理断路，将导致连接失败，并需重新呼叫。
- 通信带宽不能充分利用，效率低。这是因为两个站点之间一旦建立起连接，就独自占用实际连通的通信线路，而计算机通信时真正用来传送数据的时间一般不到10%，甚至可低到1%。

2.1.2 报文交换

报文交换（Message Switching）是通过通信子网上的节点采用存储转发的方式来传输数据，它不需要在两个站点之间建立一条专用的通信线路。报文交换中传输数据的逻辑单元称为报文，其长度一般不受限制，可随数据不同而改变。一般将接收报文站点的地址附加于报文一起发出，每个中间节点接收报文后暂存报文，然后根据其中的地址选择线路再把它传到下一个节点，直至到达目的站点。

实现报文交换的节点通常是一台计算机，计算机具有足够的存储容量来缓存所接收的报文。一个报文在每个节点的延迟时间等于接收报文的全部位码所需时间、等待时间，以及传到下一个节点的排队延迟时间之和。

报文交换的主要优点是线路利用率较高，多个报文可以分时共享节点间的同一条通道；此外，该系统很容易把一个报文送到多个目的站点。报文交换的主要缺点是报文传输延迟较长（特别是发生传输错误后），而且随报文长度变化，不能满足实时或交互式通信的要求，不能用于声音连接，也不适用于远程终端与计算机之间的交互通信。

2.1.3 分组交换

分组交换（Packet Switching）的基本思想包括数据分组、路由选择与存储转发。分组交换类似于报文交换，但它限制每次所传输数据单位的长度（典型的最大长度为数千位），对于超过规定长度的数据必须分成若干个等长的小单位，称为分组。从通信站点的角度来说，每次只能发送其中一个分组。

各站点将要传送的大块数据信号分成若干等长而较小的数据分组，然后顺序发送；通信子网中的各个节点按照一定的算法建立路由表（各目标站点各自对应的下一个应发往的节点），同时负责将收到的分组存储于缓存区中（不使用速度较慢的外存储器），再根据路由表确定各分组下一步应发向哪个结点，在线路空闲时再转发；以此类推，直到各分组传到目标站点。由于分组交换在各个通信路段上传送的分组不大，故只需很短的传输时间（通常仅为毫秒数量级），传输延迟小，故非常适合远程终端与计算机之间的交互通信，也有利于多对时分复用通信线路；此外由于采取了错误检测措施，故可保证非常高的可靠性；而在线路误码率一定的情况下，小的分组还可减少重新传输出错分组的开销；与电路交换相比，分组交换带给用户的优点则是费用低。根据通信子网的不同的内部机制，分组交换子网又可分为面向连接与无连接两类。前者要求建立称为虚电路的连接，一对主机之间一旦建立虚电路，分组即可按虚电路号传输，而不必给出每个分组的显式目标站点地址，在传输过程中也无须为之单独寻址，虚电路在关闭连接时撤销。后者不建立连接，数据报（Datagram，即分组）带有目标站点地址，在传输过程中需要为之单独寻址。

2.2 信道复用技术

信道复用技术是物理层常见的技术之一，信道复用技术可以大大增加信道的数据承载能力，在传输数据时更有效率。

2.2.1 信道复用技术简介

如果两地之间有多条传送带（如某A到某B），每条传送带每次只传送一件货物，这样非常浪费传送带资源，效率非常低，性价比也低，如图2-2所示。那么在保证货物不会丢失或者损坏的情况下，让多件货物同时从一条传送带通过，使它们不管是摞在一起，套在一起，还是并排在一起，都能顺利到达对应位置，这样就充分利用了传送带的带宽，如图2-3所示，只是放货和拆货时需要校验、叠加、分开、排序，这就是信道复用技术。

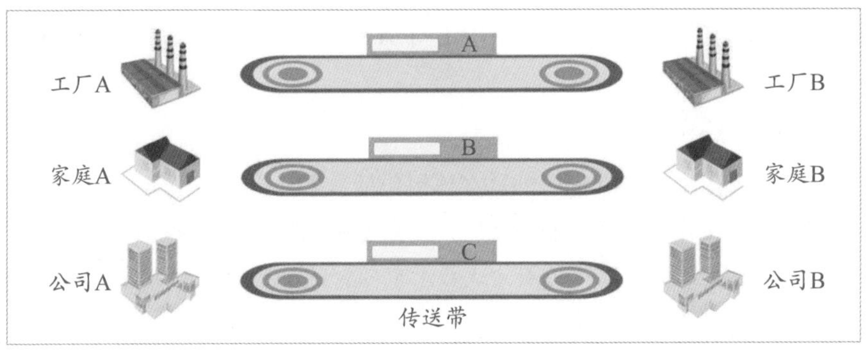

图 2-2

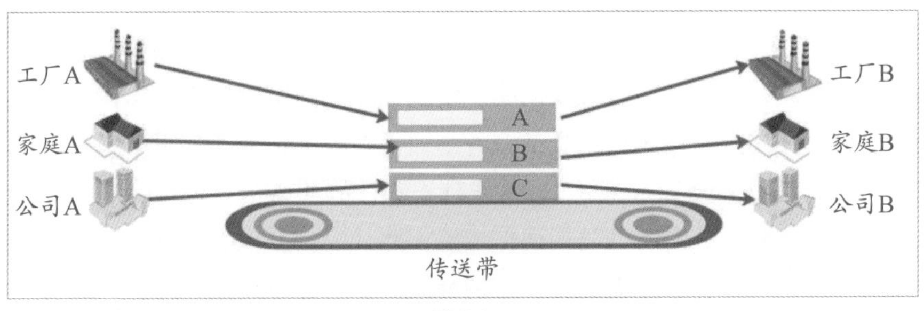

图 2-3

2.2.2 信道复用技术的分类

信道复用技术可以分为频分复用、时分复用、波分复用、码分复用、空分复用、统计复用、极化波复用等。下面介绍一些常用的信道复用技术。

1. 频分复用技术

频分复用（Frequency Division Multiplexing，FDM）是将用于传输信道的总带宽划

分成若干个子频带（或称子信道），每一个子信道固定并始终传输一路信号，如图2-4所示。频分复用要求总频率宽度大于各个子信道频率之和，同时为了保证各子信道中所传输的信号互不干扰，应在各子信道之间设立隔离带。频分复用技术的特点是，所有子信道传输的信号以并行的方式工作，每一路信号传输时可不考虑传输时延，因而频分复用技术取得了非常广泛的应用。频分复用技术除传统意义上的频分复用外，还有一种是正交频分复用（OFDM）。

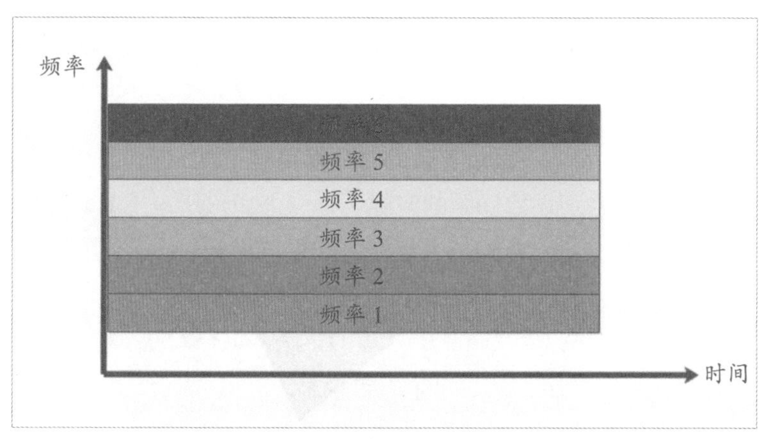

图 2-4

早期使用电话线上网的时代使用的就是频分复用技术，如图2-5所示。频分复用的所有用户在同样的时间占用不同的带宽资源（注意，这里的“带宽”是频率带宽而不是数据的发送速率），所以牺牲的是单信道的带宽，从而获得多路传输。

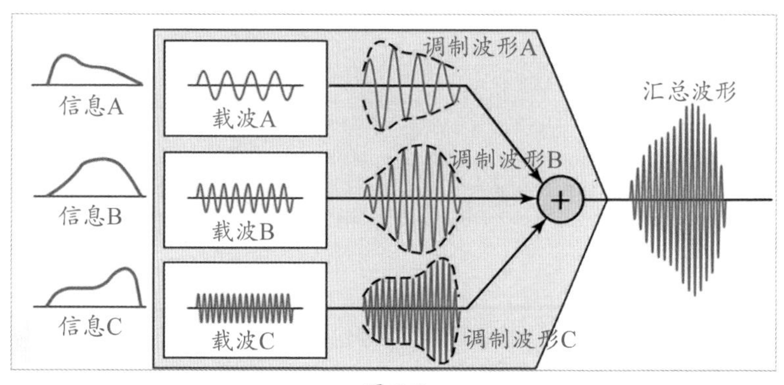

图 2-5

2. 波分复用技术

在光纤传输中使用的波分复用（Wavelength Division Multiplexing，WDM）技术其实就是光的频分复用技术。因为波速=波长×频率，所以，在波速一定的情况下，波长和频率是互相关联制约的。前面介绍的光纤猫的复用技术就是使用的单模光纤，在上传和下载时使用不同的波长，从而在一条线路中传输多种不同波长和频率的光，也就是不同的信号，如图2-6所示。

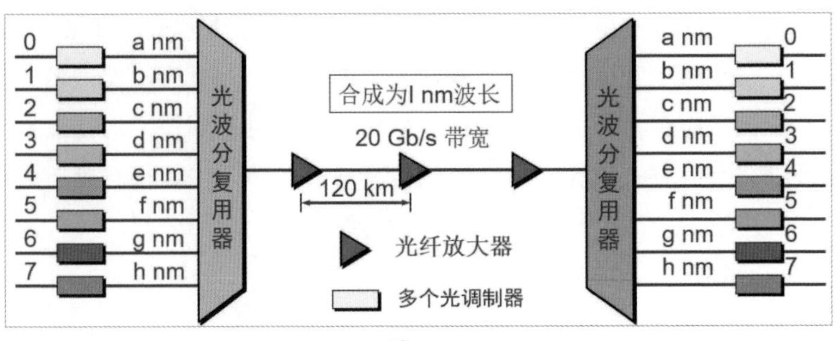

图 2-6

3. 时分复用技术

时分复用是将时间划分为一段段等长的时分复用帧（TDM帧）。每一个时分复用的用户在每一个TDM帧中占用固定序号的时隙。每一个用户所占用的时隙周期性地出现（其周期就是TDM帧的长度）。TDM信号也称为等时（isochronous）信号。

时分复用的所有用户是在不同的时间占用同样的频带宽度。

如图2-7所示，简单地说，就是A、B、C、D排队，每个人说一句话，将每个人说的话组合起来，作为一个包发出。然后每个人再说第2句话，组合之后，再发送一个包，以此类推。这样每个人在说话时，就占用了全部带宽，但是不能一直占用，占用一个单位时间后，下个人继续占用，直到最后一个人，这样循环往复。

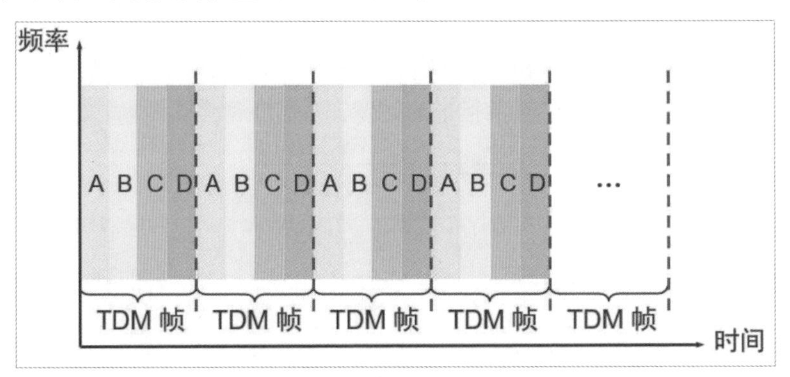

图 2-7

图2-7中的A、B、C、D并不是指每个时间都有话说，如果没有说话，就会占用一个空的位置，也就间接造成了带宽的浪费，如图2-8所示。

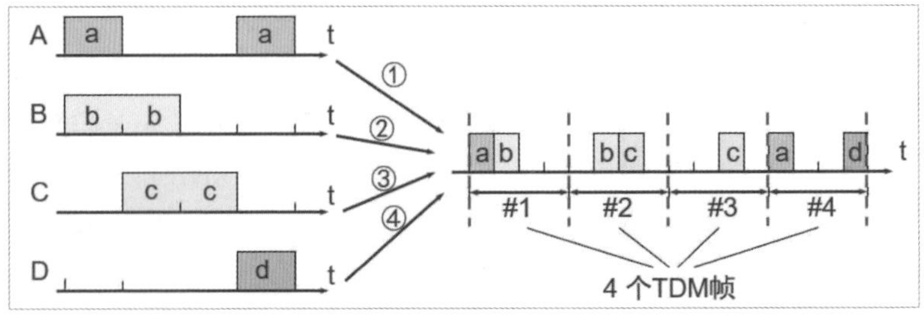

图 2-8

统计时分复用技术（STDM）的核心思想是发送前给数据贴上标签，到达规定的TDM帧间隔就发送数据，没有数据的就不发送。到达对方地址后，根据标签组合数据，而不是按照帧中的位置机械式地组合。虽然这样浪费了一些时间，但提高了带宽利用率及性价比，如图2-9所示。

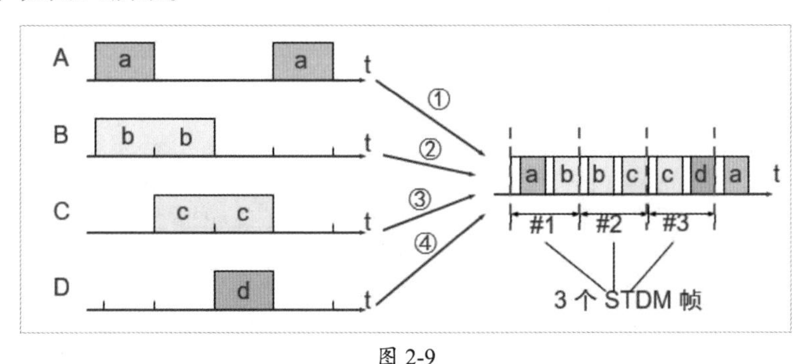

图 2-9

4. 码分复用

码分复用又称码分多址（Code Division Multiple Access，CDMA），CDMA与FDM（频分复用）和TDM（时分复用）不同，它既共享信道的频率，也共享时间，是一种真正的动态复用技术。其原理是每比特时间被分成m个更短的时间槽，称为码片，通常情况下每比特有64或128个码片。每个站点（通道）被指定一个唯一的m位的代码或码片序列。当发送1时站点就发送码片序列，发送0时就发送码片序列的反码。当两个或多个站点同时发送时，各路数据在信道中被线性相加。为了从信道中分离出各路信号，要求各个站点的码片序列是相互正交的。

码分复用技术主要用于无线通信系统，特别是移动通信系统。码分复用技术不仅可以提高通信的话音质量和数据传输的可靠性，以及减少干扰对通信的影响，而且增大了通信系统的容量。笔记本电脑以及掌上电脑等移动性设备的联网通信就是使用了这种技术。

2.3 MAC地址

以太网数据链路层分为LLC子层和MAC子层。而MAC子层的MAC地址在二层数据传输中是非常重要的参数。

2.3.1 认识MAC地址

联网的设备都需要有一块网卡（网卡的存在形式不同），每块网卡都有一个唯一的网络节点地址，这个地址是网卡生产厂家在生产时烧入ROM（只读存储芯片）中的，叫作MAC地址（物理地址），且保证绝对不会出现重复地址。MAC地址可以在网络的详细信息中查看到，如图2-10所示。

```
C:\Windows\system32\cmd.exe
Microsoft Windows [版本 10.0.19045.2728]
(c) Microsoft Corporation。保留所有权利。

C:\Users\YSY>ipconfig/all

Windows IP 配置

   主机名  . . . . . . . . . . . . . : DSSF-YSY
   主 DNS 后缀 . . . . . . . . . . . :
   节点类型  . . . . . . . . . . . . : 混合
   IP 路由已启用 . . . . . . . . . . : 否
   WINS 代理已启用 . . . . . . . . . : 否

以太网适配器 以太网:

   连接特定的 DNS 后缀 . . . . . . . :
   描述. . . . . . . . . . . . . . . : Realtek Gaming GbE Family Controller
   物理地址. . . . . . . . . . . . . : 18-C0-4D-9E-3A-3E
   DHCP 已启用 . . . . . . . . . . . : 是
   自动配置已启用. . . . . . . . . . : 是
   本地链接 IPv6 地址. . . . . . . . : fe80::127c:4c4b:4cf6:25d7%14(首选)
   IPv4 地址 . . . . . . . . . . . . : 192.168.1.120(首选)
   子网掩码  . . . . . . . . . . . . : 255.255.255.0
   获得租约的时间  . . . . . . . . . : 2023年3月18日 8:24:47
   租约过期的时间  . . . . . . . . . : 2023年3月18日 12:24:46
   默认网关. . . . . . . . . . . . . : 192.168.1.1
   DHCP 服务器 . . . . . . . . . . . : 192.168.1.1
   DHCPv6 IAID . . . . . . . . . . . : 102285389
   DHCPv6 客户端 DUID  . . . . . . . : 00-01-00-01-29-4D-DE-AF-18-C0-4D-9E-3A-3E
   DNS 服务器  . . . . . . . . . . . : 218.2.2.2
                                       218.4.4.4
   TCPIP 上的 NetBIOS  . . . . . . . : 已启用
```

图 2-10

MAC地址采用十六进制数表示，共6个字节（48位），如表2-1所示。其中，前三个字节是由IEEE的注册管理机构（RA）负责给不同厂家分配的代码（前24位），也称为“编制上唯一的标识符”，是需要购买的。后三个字节（后24位）由各厂家自行指派给生产的适配器接口，称为扩展标识符（唯一性）。一个地址块可以生成224个不同的地址。MAC地址实际上是适配器地址或适配器标识符EUI-48。

表 2-1

	厂商代码			扩展标识符		
MAC地址	18	C0	4D	9E	3A	3E

2.3.2 MAC地址帧格式

以太网的MAC帧格式有两种标准：DIX Ethernet V2标准以及IEEE的802.3标准。现在使用比较广泛的是DIX Ethernet V2标准，该标准规定的以太网的MAC帧格式如图2-11所示。

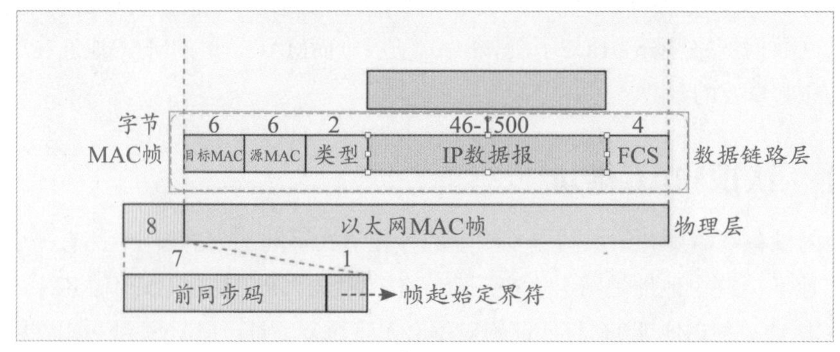

图 2-11

- “目标MAC”地址和“源MAC”地址代表传输的数据帧的目标设备和源设备。
- “类型”标识出上一层的协议，用于将IP数据报转交给上一层对应协议。
- “IP数据报”是网络层使用的数据格式，也是数据链路层封装的内容。因为MAC帧的最大长度为64～1518B，所以数据报的最小长度为46B，最大为1500B。
- “前同步码”的前7位起到迅速实现物理层比特同步的作用，1个帧起始定界符用来确定帧开始的位置。

注意事项 数据报文长度控制

如果数据报大于1500B，会拆分成几个小于或等于1500B的数据报，再加入帧标识。如果小于46B，则会在数据中加入整数字节的填充字段（本身无意义），以保证数据帧长度大于等于64B。

2.3.3 MAC地址的作用

IP地址专注于网络层，负责将数据包从一个网络转发到另一个网络；而MAC地址专注于数据链路层，负责将一个数据帧从一个节点传送到相同链路的另一个节点。下面介绍MAC地址的作用。

1. 标识主机

MAC地址是主机的网络标识，相当于某个人的身份证号，具有唯一性。而IP地址相当于此人现在居住的位置，是可以进行变化的。所以MAC地址代表该网络设备，便于数据的传送。

2. 绑定端口

在局域网中，使用比较多的是二层网络设备，也就是二层交换机，其原理与MAC地址密切相关。交换机接收到数据包后，首先查阅MAC地址表，如图2-12所示。当MAC地址表中存在目标MAC地址及对应的端口时，直接将数据包发送到对应的端口，完成数据传递。因为这个机制，交换机的工作效率十分高。

```
inter-openstack# show mac address-table
          Mac Address Table

(*) - Security Entry
Vlan    Mac Address       Type        Ports
        MAC地址                       对应端口
1       0026.b93b.9fac    dynamic     eth-0-15
100     0025.9095.6174    dynamic     eth-0-4
100     0026.b93b.9faa    dynamic     eth-0-1
100     0025.909f.608d    dynamic     eth-0-48
100     001c.5437.97d3    dynamic     eth-0-48
100     089e.01b3.3744    dynamic     eth-0-48
100     089e.01b3.377a    dynamic     eth-0-48
100     001e.0808.9800    dynamic     eth-0-48
100     782b.cb47.9cc6    dynamic     eth-0-48
```

图 2-12

3. 数据转发

当数据包在网络上跨网段传输时，原IP地址和目标IP地址是不变的，但有可能每一次传递的设备是变化的。如同快递传输包裹，发货地和目的地是一定的，但是传递的路径，也就是发货后到哪个中转点是不确定的，要根据路由器的路由表确定。如图2-13所示，在路由器B确定了下一跳C的位置及其MAC地址后，修改数据包的MAC信息：这时的MAC地址就从MAC-A—MAC-B，变成了MAC-B—MAC-C。当数据包被C读取后，核对数据包中上一个节点和本节点的信息，确定传递是否正确，并修改包信息，进行下一步传递。

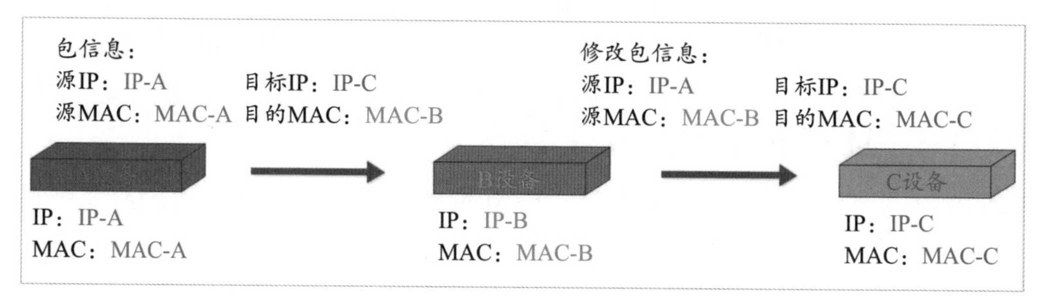

图 2-13

MAC地址的实际应用

MAC地址在实际应用中，将设备的MAC地址与IP地址进行绑定后，可以设置权限，只能绑定的设备上网。从而避免蹭网的发生，以防其他未授权的设备获取公司重要的共享资源。另外，绑定后可以进行网速的限制。防火墙使用绑定功能防止ARP欺骗造成的数据泄露。

2.4 以太网

以太网并不属于网络的一种，而是代表一种局域网技术，也是现在使用最多的局域网技术。根据局域网所使用的拓扑结构和介质，可以采用多种技术构建局域网。

以太网是最常见的局域网技术，现在使用的绝大部分局域网都在使用以太网技术。电气与电子工程协会（IEEE）在IEEE 802.3标准中，制定了以太网的技术标准，包括物理层的连线、电子信号和介质访问层协议的内容。现在的以太网分为两种，一种是经典以太网（总线型），另一种是交换式以太网，CSMA/CD主要用在经典以太网中。共享式以太网是以太网最早期的状态，已经被交换式以太网所取代。

2.4.1 共享式以太网

在介绍网络的结构时，提到过总线型结构，共享式以太网就采用了总线型结构。在共享式以太网中，所有节点都共享一段传输通道，并且通过该通道传输信息。除了总线型结构外，一部分采用了集线器的星形结构也属于共享式以太网。

1. 共享式以太网的特点

共享式以太网的主要特点如下。

- 通信采用半双工，即所有节点都可以发送和接收数据，但同一时刻只能选择发送或者接收数据。
- 对于较大的数据，以太网通过分包的方式传输，这种数据包就是数据帧。
- 在出现通信冲突时，会使用CSMA/CD协议。
- **共享带宽：**所有设备都共享总带宽，每个设备获得1/n的带宽。

2. CSMA/CD协议

CSMA/CD协议（Carrier Sense Multiple Access/Collision Detection）的全称是“载波监听多点接入/碰撞检测”，其中，“多点接入”指的是网络上的计算机以多点方式接入。“载波监听”指的是用电子技术检测网线，每个设备发送数据前都需要检测网络上是否有其他计算机在发送数据，如果有，则暂时停止发送数据。

从电气原理上解释，计算机在发送数据时同时检测网线上电压的大小。如果有多个设备在发送数据，那么往往线上的电压就会有大的波动，计算机就会认为产生了碰撞（冲突）。所以CSMA/CD也叫“带冲突检测的载波监听多路访问”。

当某个网络上的设备A检测到网络是空闲的，就开始向设备B发送数据。虽然电信号非常快，但也不是瞬间就可以到达的，总会经过一段极其微小的时间。若在这段时间内，恰巧B因为检测到网上没有信号，并开始发送数据，那么结果就是，数据刚发送出去，就碰撞了，整个过程如图2-14所示，两个帧都没法使用了。

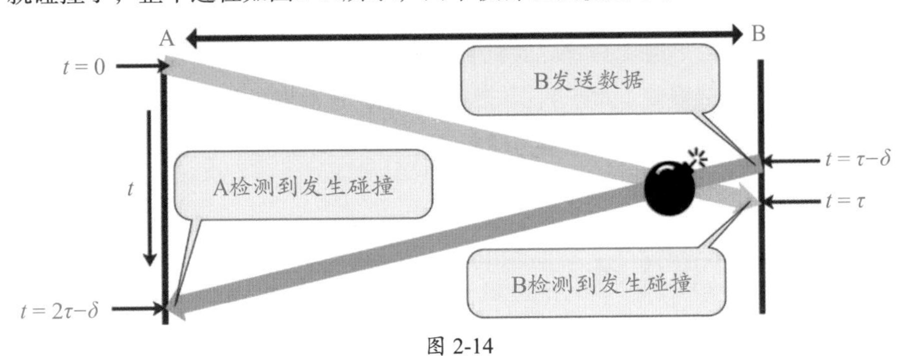

图 2-14

其中B本来应该在$t=\tau$时收到A数据，但其检测网络没有数据传输后，立马发送了数据，并在$t=\tau$时收到了数据，经过检测判断，刚才发生的包与现在接收的包已经发生了碰撞。而A在发送完数据后，应该等到$t=2\tau$接收到B返回的信息，但是因为B提前发送了，所以A收到数据的时间其实是小于2τ的，经过检测判断，网络上发生了碰撞。2τ被称为“征用期”，也叫作“碰撞窗口”。如果这段时间后，仍没检测到碰撞，就认为发送未产生碰撞。所以使用CSMA/CD协议的以太网不能使用全双工，只能使用半双工模式通信。每个站点发送数据后，都会存在碰撞的可能。这种不确定性直接降低了以太网的带宽。

检测到碰撞发生后，发送端以及接收端立即停止发送数据，并继续发送若干比特的人为干扰信号，让所有用户都知道现在已经发生了碰撞。

2.4.2 共享式以太网的工作过程

共享式以太网标准结构就是总线型拓扑结构，如图2-15所示。

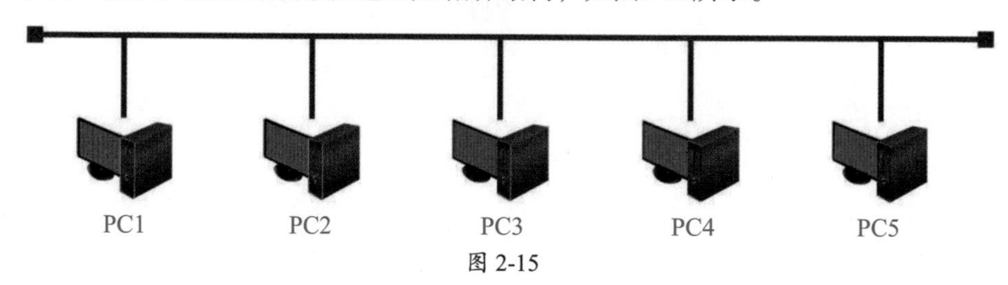

图 2-15

工作过程如下。

如果PC3给PC1发送信息，则PC3向总线上发送一个数据帧，其他所有计算机都能接收到数据帧。然后计算机会检测该数据帧，当PC1发现数据帧的目的地址是自己时，就会接收该数据，并向上层提交。如果其他计算机发现目的地址不是自己时，就会将该数据帧丢弃。以太网就会在具有广播特性的总线上实现一对一的数据通信。

由于以太网的信道质量较好，误差较小，所以以太网对数据帧不进行编号，也不要求对方发回确认。另外也不必先建立连接，就可直接发送数据。换言之，以太网提供的是不可靠的交付，是尽最大努力的交付。通过校验数据帧，如果发生了错误，接收端就会丢弃。而这个错误，上层会有对应的机制解决，数据链路层不作考虑。当上层发现数据少了，会要求发送端重传，对于数据链路层来说，这次发送的帧和之前发送的帧，按照同样的标准进行发送和接收，不会考虑是不是上一次的后续，或者是跟上一次有任何联系的情况。

2.4.3 交换式以太网

交换式以太网是以交换机为中心构成的，是一种星形拓扑结构的网络。现在已经广泛应用于局域网中。它的出现将共享式以太网的冲突问题隔绝在每一个端口，并摆脱了所有设备共享一条数据总线的固有缺陷。

在共享式以太网中，因为都处于一条总线中，所以容易产生冲突而导致数据发送失败。而在交换式以太网中，将冲突隔绝在每一个端口，涉及该端口的通信设备之间才可能产生冲突，对于其他端口则正常传输数据。关于冲突域将在后面的章节介绍。

在共享式以太网中，所有节点共享一条通信线路，因此当多个节点同时访问线路时，会造成线路拥塞，从而降低数据的传输速率。而交换式以太网以交换器为中心，为所有设备提供连接的接口，由它来提供数据的转发和传输，就好像每个节点都拥有一条独立的通信线路，节点之间的数据传输可以同时进行，不会造成线路阻塞，引起传输速率降低。

2.5 网际协议

网际协议（Internet Protocol，IP）是TCP/IP体系结构中的网络层的协议，是该协议最重要的组成部分之一。常说的IP地址就是IP协议的一部分。

2.5.1 IP

IP协议[①]是整个TCP/IP协议族的核心，也是构成互联网的基础。IP协议位于TCP/IP模型的网络层，它可以向传输层提供各种协议的信息，例如TCP、UDP等；还可将IP信息包放到链路层，通过以太网、令牌环网络等各种技术传送。

为了能适应异构网络，IP强调适应性、简洁性和可操作性，并在可靠性方面做了一定的牺牲。IP协议不保证分组的交付时限和可靠性，所传送分组有可能出现丢失、重复、延迟或乱序等问题。

正是因为IP协议的优势，因特网才得以迅速发展成为世界上最大的、开放的计算机通信网络。因此IP协议也可以叫作“因特网协议”。

IP协议包含的内容

IP协议主要包含三方面内容：IP编址方案、分组封装格式及分组转发规则。

2.5.2 IP地址

IP地址是IP协议的一个重要组成部分。IP地址（Internet Protocol Address）指互联网协议地址，又称为网际协议地址。IP地址是IP协议提供的一种统一的地址格式，它为互联网上的每一个网络和每一台主机分配一个逻辑地址，以此来屏蔽物理地址的差异。

IP地址和MAC地址的作用类似，通过不同的IP地址，标识不同的目标位置，这样数据才能有目的地传输过去。就像每家的门牌号，只有知道对方的门牌号，信件才能发出去，邮局才能去送信，对方才能拿到这封信。地址必须是唯一的，不然有可能送错。

---

① 为方便读者理解，本章用IP协议指代IP。

1. IP地址格式

最常见的IP地址是IPv4地址，IPv4地址通常用32位的二进制表示，通常被分隔成4个8位的二进制数，也就是4字节。IP地址通常使用点分十进制的形式进行表示（a.b.c.d），每位的范围为0～255。例如常见的192.168.0.1，用二进制点分十进制表示如表2-2所示。以下主要以IPv4地址为例介绍IP地址的相关知识，如无特别说明，IP都是指IPv4。

表 2-2

192	168	0	1
11000000	10101000	00000000	00000001

2. 网络位与主机位

同MAC地址的前半部分标明生产厂商的操作类似，32位的IP地址也通过分段划分为网络位和主机位。但根据不同划分，网络位与主机位的长度并不是固定的。

- 网络位也叫网络号，用来标明该IP地址所在的网络，在同一个网络或者网络号中的主机可以直接通信，不同网络的主机只有通过路由器转发才能进行通信。
- 主机位也叫主机号，用来标识终端的主机地址号码。

网络号可以相同，但同一个网络中的主机号不允许重复。网络位和主机位的关系就像以前的座机号码，例如010-12345678，其中010是区号，后面是本区的电话号码。

3. IP地址的分类

Internet委员会定义了5种IP地址类型，以适应不同容量、不同功能的网络，如表2-3所示。

表 2-3　网络位与主机位

<table>
<tr><th>地址类别</th><th colspan="6"></th></tr>
<tr><td>A类地址1～126</td><td>0</td><td colspan="3">网络地址（7位）</td><td colspan="2">主机号（24位）</td></tr>
<tr><td>B类地址128～191</td><td>1</td><td>0</td><td colspan="2">网络地址（14位）</td><td colspan="2">主机号（16位）</td></tr>
<tr><td>C类地址192～223</td><td>1</td><td>1</td><td>0</td><td colspan="2">网络地址（21位）</td><td>主机号（8位）</td></tr>
<tr><td>D类地址224～239</td><td>1</td><td>1</td><td>1</td><td>0</td><td colspan="2">组播地址</td></tr>
<tr><td>E类地址240～255</td><td>1</td><td>1</td><td>1</td><td>1</td><td>0</td><td>保留用于实验和将来使用</td></tr>
</table>

（1）A类地址。

在IP地址的四段号码中，第一段号码为网络号码，剩下的三段号码为主机号码的组合，称为A类地址。A类网络地址数量较少，有$2^7-2=126$个网络，但每个网络可以容纳主机数达$2^{24}-2=16777214$台。

A类网络地址的最高位必须是“0”，但网络地址不能全为“0”，也不能全为“1”。

也就是A类地址的网络地址的第一字节范围为1～126，不能为127，因为该地址被保留用作回路及诊断地址，任何发送给127.×.×.×的数据都会被网卡传回该主机，用于检测使用。每个网络支持的最大主机数为2^{24}-2=16777214台。

（2）B类地址。

在IP地址的四段号码中，前两段号码为网络号码，后两段号码为主机号码，称为B类地址。如果用二进制表示IP地址，B类IP地址就由2字节的网络地址和2字节主机地址组成，网络地址的最高位必须是“10”。B类IP地址中网络的标识长度为16位，主机标识长度为16位。B类网络地址第一字节的取值为128～191，所以B类的网络的第1个可用网络号为128.1.0.0。

B类网络地址适用于中等规模的网络，有16384个网络，每个网络所能容纳的计算机数为2^{16}-2=65534台。

知识点拨

169.254网段

在B类地址中的169.254.0.0也是不使用的，在DHCP发生故障或响应时间太长而超出了一个系统规定的时间，系统会自动分配这样一个地址。如果发现主机IP地址是一个这样的地址，该主机的网络大都不能正常运行。

（3）C类地址。

在IP地址的四段号码中，前三段号码为网络号码，剩下的一段号码为本地主机的号码的组合，称为C类地址。如果用二进制表示IP地址，C类IP地址就由3字节的网络地址和1字节主机地址组成，网络地址的最高位必须是“110”。C类网络地址取值为192～223，C类IP地址中网络的标识长度为24位，主机标识的长度为8位，C类网络地址数量较多，有209万余个网络。适用于小规模的局域网络，每个网络最多只能包含2^{8}-2=254台计算机。C类网络的第1个可用网络号为192.0.1.0。

（4）D类地址。

D类IP地址不分网络号和主机号，也称多播地址或组播地址。在以太网中，多播地址命名了一组在该网络中可以接收相同多播或组播的一类站点。多播地址的最高位必须是“1110”，范围为224～239。

（5）E类地址。

E类地址为保留地址，也可以用于实验，但不能分给主机，E类地址以“11110”开头，范围为240～255。

4. 内外网与保留IP

在互联网上进行通信，每个联网的设备都需要从A、B、C类地址中获取到一个正常的。可以通信的IP地址，这个地址叫外网地址或公网地址。但是由于网络的飞速发展，需要联网并需要使用IP的设备已经不是IPv4地址池所能满足的。为了满足如家庭、企业、校园等需要大量IP地址的局域网的要求，Internet地址授权机构IANA将A、B、C类地址中各挑选的一部分保留下来，作为内部网络地址使用，保留地址也叫私有地址或者专用地址，即内网IP地址。它们不会在全球使用，只具有本地意义。保留地址如表2-4所示。

表 2-4

保留地址	地址范围
A类	10.0.0.0～10.255.255.255
	100.64.0.0～100.127.255.255
B类	172.16.0.0～172.31.255.255
C类	192.168.0.0～192.168.255.255

注意事项 内网地址的使用

内网IP只能在局域网中使用，通过网络地址转换（NAT）技术，将内网IP转换为公网IP的形式，才能传输数据。返回的数据包会根据转换映射表再回传给局域网中的特定设备。转换一般在路由器上实现，一般会使用不同端口进行标记。转换示意图如图2-16所示。

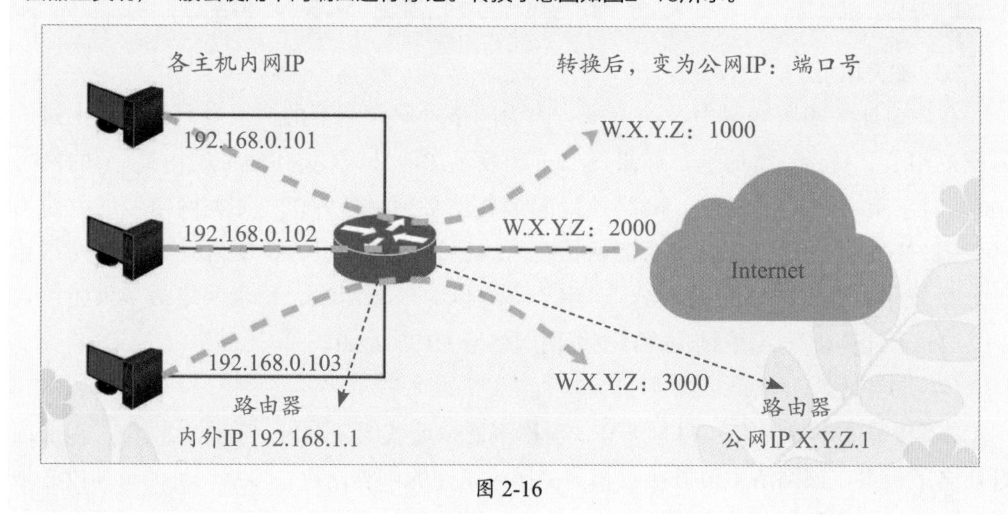

图 2-16

5. 网络号与广播地址

网络号也叫网络地址，代表某网段所在的网络，从概念上来说，当某网络的网络地址的主机号为全0，网络地址代表着该网段的网络，如192.168.0.0/16代表192.168.0.0这个网络，其中的主机地址为192.168.0.1～192.168.255.254。

广播地址通常称为直接广播地址，广播地址与网络地址的主机号正好相反，广播地址中主机号全为1（二进制表示时），如192.168.255.255/16代表192.168.0.0网络中的所有主机。当向该网络的广播地址发送消息时，该网络内的所有主机都能收到该广播消息。

6. IPv6

互联网在IPv4协议的基础上运行了很长时间。随着互联网的迅速发展，IPv4定义的有限地址空间已经被耗尽。为了解决IP地址问题，拟通过IPv6来重新定义地址空间。在IPv6的设计过程中，除解决了地址短缺问题外，还考虑了性能的优化：端到端IP连接、服务质量（Quality of Service，QoS）、安全性、多播、移动性、即插即用等。只要网络设备支持，IPv4或IPv6客户端之间可以直接通信。现在正在从IPv4向IPv6过渡，所以IPv6同IPv4客户端之间的通信需要转换技术，如图2-17所示，反过来通信也需要解析。

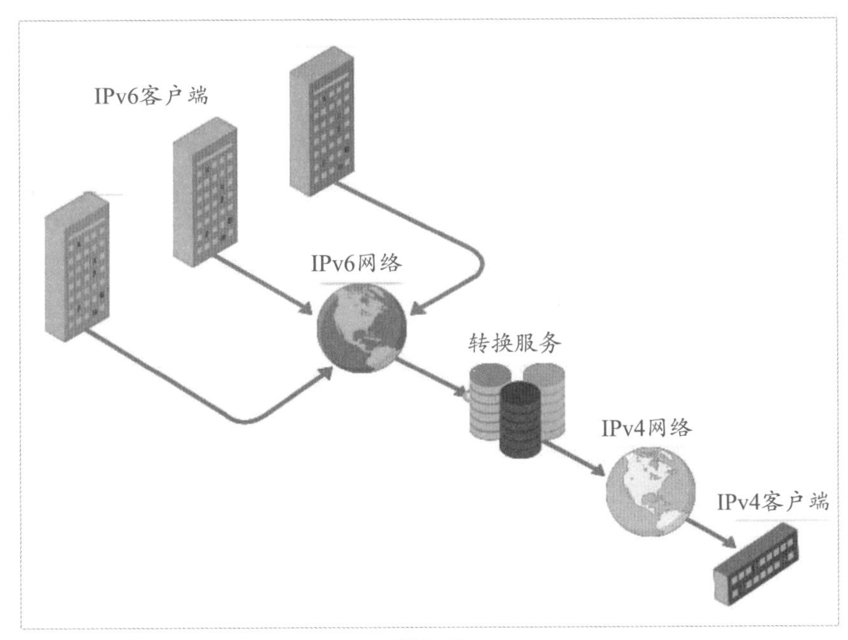

图 2-17

与IPv4相比，IPv6主要有如下优势。

（1）明显地扩大了地址空间。

IPv4采用32位地址长度，只有大约43亿个地址，而IPv6采用128位地址长度，几乎可以不受限制地提供地址。从而确保了端到端连接的可能性。

（2）提高了网络的整体吞吐量。

由于IPv6的数据包远远超过64KB，应用程序可以利用最大传输单元（MTU）获得更快、更可靠的数据传输，同时在设计上改进了选路结构，采用简化的报头定长结构和更合理的分段方法，使路由器加快了数据包处理速度，提高了转发效率，从而提高网络的整体吞吐量。

（3）使得整个服务质量得到很大改善。

报头中的业务级别和流标记，通过路由器的配置可以实现优先级控制和QoS保障。

（4）安全性有了更好的保障。

采用IPSec可以为上层协议和应用提供有效的端到端安全保障，能提高在路由器水平上的安全性。

（5）支持即插即用和移动性。

设备接入网络时，通过自动配置可自动获取IP地址和必要的参数，实现即插即用，简化了网络管理，易于支持移动节点。而且IPv6不仅从IPv4中借鉴了许多概念和术语，还定义了许多移动IPv6所需的新功能。

（6）更好地实现了多播功能。

在IPv6的多播功能中增加了“范围”和“标志”，限定了路由范围和可以区分永久性与临时性地址，更有利于多播功能的实现。

2.5.3 子网掩码与子网划分

联网的设备在获取了IP地址后，并不能直接与另一设备通信，首先会根据对方的网络信息判断彼此是否在同一个网络或网段中。如果是，说明在同一局域网中，可以直接通信。如果不是在同一个网络中，就需要路由设备根据两者所在的网络，按照路由表中的转发规则，计算并判断出最优路径，然后转发出去。这里需要子网掩码来判断对方与自己是否在同一网络中。

另外，除了在企业内部网络使用私有地址的形式进行上网外，还可以对一个高类别的IP地址进行再划分，以形成多个子网，提供给不同规模的用户群使用。这里也需要子网掩码，通过这种方式规划网络，就叫作子网划分。

1. 子网掩码的格式

子网掩码是表示子网络特征的一个参数，它在形式上等同于IP地址，也是一个32位二进制数字，它的网络位部分全部为1，主机位部分全部为0。例如，IP地址192.168.100.1，如果已知网络部分是前24位，主机部分是后8位，那么子网络掩码就是11111111.11111111.11111111.00000000，写成十进制就是255.255.255.0，如表2-5所示。有时也会用“IP/网络位位数”的格式，如192.168.100.1/24，表示有24位的网络位。

表 2-5

类别	地址	网络位			主机位
IP地址	192.168.100.1	11000000	10101000	01100100	00000001
子网掩码	255.255.255.0	11111111	11111111	11111111	00000000

2. 计算网络号

知道了IP地址和子网掩码，就可以计算网络号。通过网络号是否一致，判断通信的双方是否在同一网络中。

方法是将两个IP地址与子网掩码分别进行AND（与）运算（两个数位都为1，运算结果为1，否则为0），然后比较结果是否相同，如果相同，就表明它们在同一个子网络中，否则就不是。

例如，已知B类地址为128.245.36.1，那么就可以进行计算它的网络号。因为B类地址的子网掩码为255.255.0.0，需要转换成二进制并进行AND运算，如表2-6所示。

表 2-6

类别	地址	网络位			主机位
IP地址	128.245.36.1	10000000	11110101	00100100	00000001
子网掩码	255.255.0.0	11111111	11111111	00000000	00000000
AND运算	128.245.0.0	10000000	11110101	00000000	00000000

按照同样方法可以计算出其他IP的网络号，这样就可以判断它们是否处于同一个网络中。

3. 子网划分

大、中型企业的网络设备较多，可以使用保留IP在企业内部进行通信，或者使用NAT技术共享上网。企业网络也会按照某标准，为使用的保留IP再次进行细化，以便合理利用网络和方便地管理网络，以实现更复杂的功能。这种IP地址的科学规划在大、中型企业的网络规划中是必不可少的。

例如某公司提供了C类地址192.168.10.0/24，并需要分给5个不同的部门使用，每个部门大概有30台计算机。这里涉及的一个概念就是“借位”。要将24位网络位，8位主机位分给5个部门使用，那么就需要在8位主机位中借出可供5个部门使用的网络号。因为2^2=4，2^3=8，那么就需要从8位主机位中借出3位作为网络位。剩下的5位，可以存在2^5−2=30台主机满足要求。该网络的网络号的位数就变成27，也就是有27位的网络号。子网掩码就是11111111. 11111111 11111111. 111 00000，即255.255.255.224。划分的这8个范围的信息如表2-7所示。

表 2-7

子网				子网网络号	主机地址	广播地址
11000000	10101000	00001010	000 00000	192.168.10.0	1～30	31
11000000	10101000	00001010	001 00000	192.168.10.32	33～62	63
11000000	10101000	00001010	010 00000	192.168.10.64	65～94	95
11000000	10101000	00001010	011 00000	192.168.10.96	97～126	127
11000000	10101000	00001010	100 00000	192.168.10.128	129～158	159
11000000	10101000	00001010	101 00000	192.168.10.160	161～190	191
11000000	10101000	00001010	110 00000	192.168.10.192	193～222	223
11000000	10101000	00001010	111 00000	192.168.10.224	225～254	255

2.5.4 IP数据报格式

从传输层发送来的数据在网络层加入网络层的标识后继续向下发送。

1. IP数据报的位置

IP数据报在模型中的位置和结构如图2-18所示。应用层到达传输层后，封装了TCP/UDP首部，然后变成TCP报文后传到网络层，封装了IP地址后变成IP报文，传入数据链路层后封装MAC地址和尾部FCS，进入物理层，开始传输。

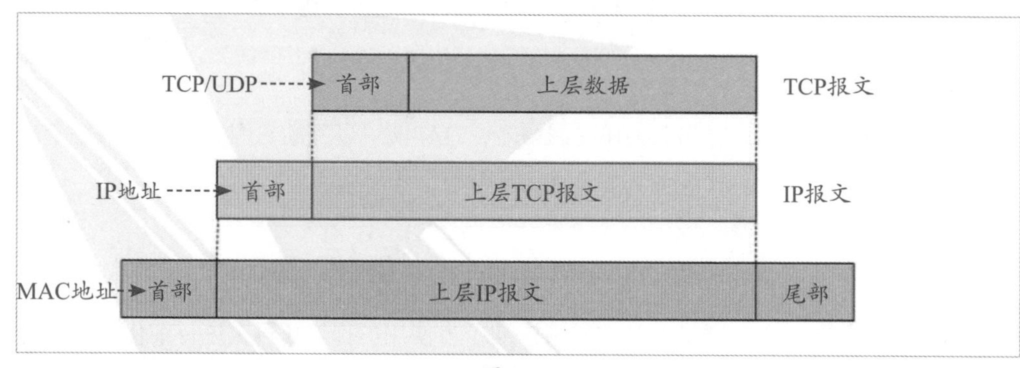

图 2-18

2. IP数据报的结构

IP数据报的结构如图2-19所示。

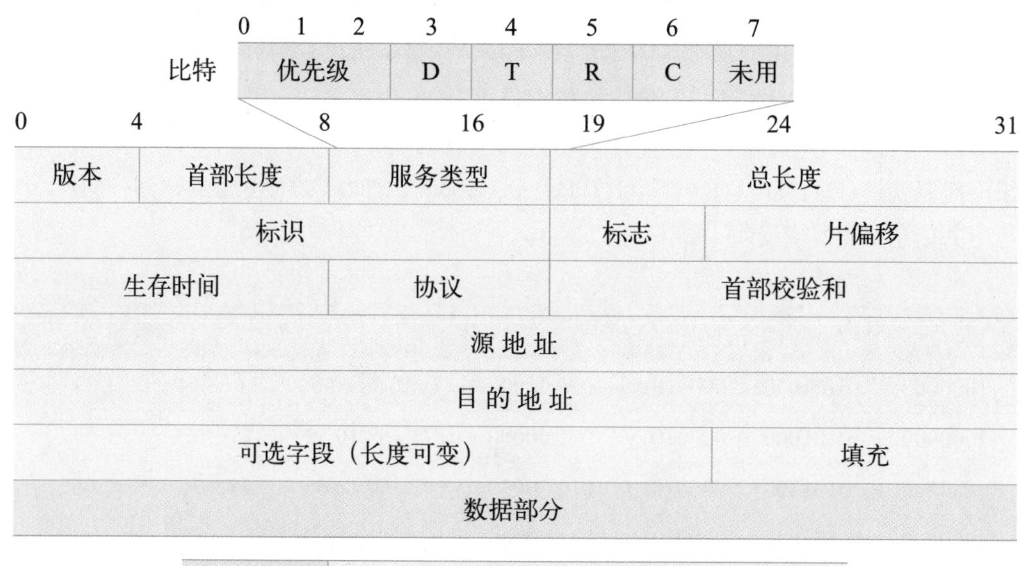

图 2-19

一个IP数据报由首部和数据两部分组成。首部的前一部分是固定长度，共20字节，是所有IP数据报必须有的。在首部的固定部分的后面是可选字段，其长度是可变的，具体内容如下。

- **版本：** 占4位，指IP协议的版本，目前的IP协议版本号为4（即IPv4）。
- 首部长度：占4位，可表示的最大数值是15个单位（一个单位为4字节）。因此IP的首部长度的最大值是60字节。
- **服务类型：** 占8位，用来获得更好的服务，在旧标准中叫服务类型，但实际上一直未被使用过。
- **总长度：** 占16位，指首部和数据之和的长度，单位为字节，因此数据报的最大长度为65535字节。总长度必须不超过最大传送单元MTU。
- **标识：** 占16位，是一个计数器，用来产生数据报的标识。
- **标志：** 占3位，目前只有前两位有意义。标志字段的最低位是MF（More Fragment）。MF1表示后面还有“分片”。MF0表示最后一个分片。标志字段中间的一位是DF（Don’t Fragment）。只有当DF=0时才允许分片。
- **片偏移：** 片偏移（12位）指出较长的分组在分片后某片在原分组中的相对位置。片偏移以8字节为偏移单位。
- **生存时间：** 生存时间（8位）记为TTL（Time To Live），数据报在网络中可通过的路由器数的最大值。
- **协议：** 协议（8位）字段指出此数据报携带的数据使用的何种协议，以便明确主机的IP层将数据部分上交给哪个处理过程。例如网络层的ICMP、IGMP、OSPF等或者传输层的协议。
- **首部校验和：** 首部校验和（16位）字段只校验数据报的首部，不校验数据部分。这里不采用CRC校验码，而采用简单的计算方法。
- **源地址和目的地址：** 各占4字节（32位），记录发送源的IP地址以及到达目标的IP地址。
- **可选字段：** IP首部的可选字段就是一个选项字段，用来支持排错、测量以及安全等措施，内容很丰富。可选字段的长度可变，从1～40字节不等，取决于所选择的项目。增加首部的可选字段是为了增加IP数据报的功能，但这同时也使得IP数据报的首部长度成为可变的。这就增加了每一个路由器处理数据报的开销。实际上这些选项很少被用到。

2.6 TCP与UDP

前面介绍了IP协议的基础知识，在TCP/IP中，除了IP协议，还有另一重要的组成部分——TCP。下面介绍TCP以及与其密切相关的UDP的相关知识。按照先易后难的原则，首先介绍UDP。

2.6.1 UDP

Internet协议集支持一个无连接的传输协议，该协议称为用户数据报协议（User Datagram Protocol，简称UDP）。UDP为应用程序提供了一种无须建立连接就可以发送封装的IP数据包的方法。

UDP所做的工作也非常简单，除了在数据上增加端口功能和差错检测功能外，直接将数据报交给网络层进行封装和发送即可，如图2-20所示。

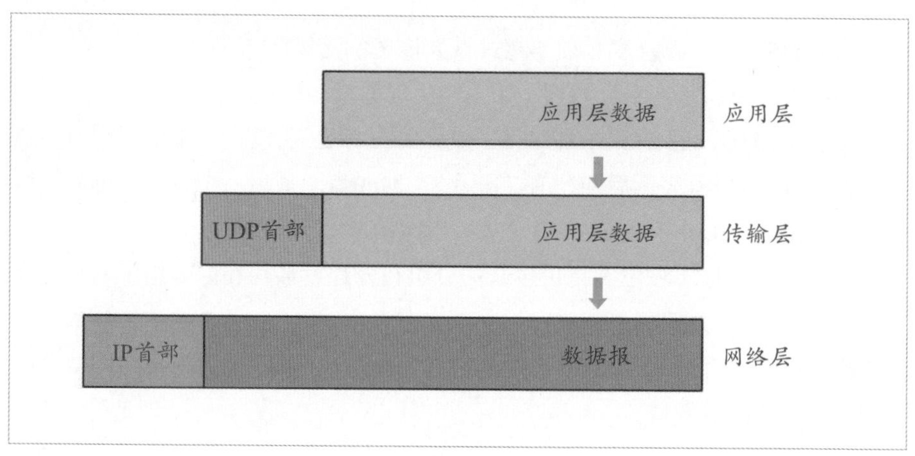

图 2-20

1. UDP的特点

UDP的主要特点如下。

- UDP是无连接的，即发送数据之前无须建立连接。
- UDP使用尽最大努力交付，既不保证可靠交付，同时也不使用拥塞控制。
- UDP是面向报文的，没有拥塞控制，很适合多媒体通信。
- UDP支持一对一、一对多、多对一和多对多的交互通信。
- UDP的首部开销小，只有8字节。
- 发送方的传输层UDP对应用程序交下来的报文，在添加首部后就向下交付IP层。UDP对应用层交下来的报文，既不合并，也不拆分，而是保留这些报文的边界。
- 应用层交给UDP多长的报文，UDP都照样发送，一次发送一个报文。
- 接收方UDP对IP层交上来的UDP用户数据报，在去除首部后就原封不动地交付给上层的应用进程，一次交付一个完整的报文。所以应用程序必须选择合适大小的报文。

2. UDP首部格式

因为UDP是面向无连接的、尽最大努力交付的协议，所以UDP的首部也非常简单。用户数据报UDP中，有两个字段：数据字段和首部字段。首部字段共8个字节，分为4个字段，每个字段2字节，格式如图2-21所示。

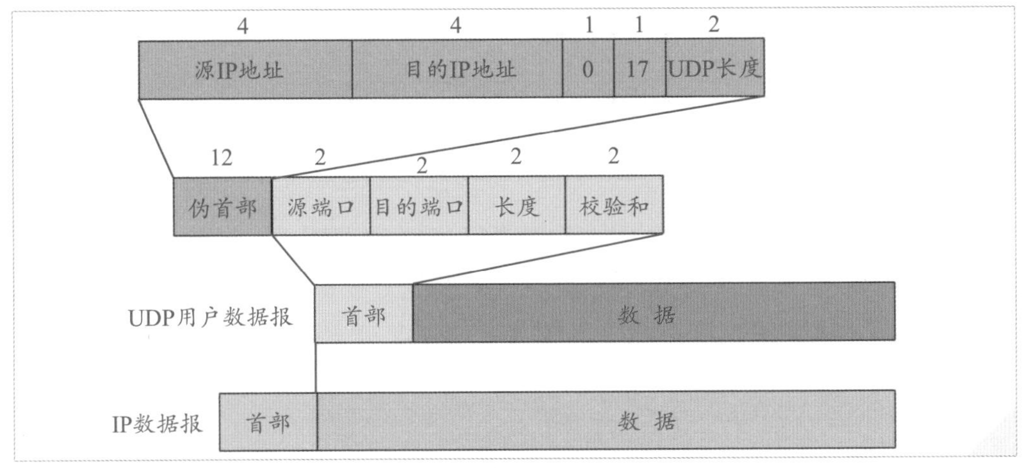

图 2-21

注意事项 伪首部

计算校验和时，临时把“伪首部”和UDP用户数据报连接在一起，伪首部的主要作用是计算校验和。

2.6.2 TCP

和UDP相比较，TCP主要面向可靠的连接。所谓可靠，就是保证数据没有问题的传输。

1. TCP简介

传输控制协议（Transmission Control Protocol，TCP）是一种面向连接的、可靠的、基于字节流的传输层通信协议，是为了在不可靠的互联网络上提供可靠的、端到端的交付而专门设计的一个传输协议。

2. TCP的特点

TCP有以下特点。

- TCP连接是一条虚连接，而不是一条真正的物理连接。
- 每一条TCP连接只能有两个端点，TCP连接只能是点对点的（一对一）。
- TCP对应用进程一次把多长的报文发送到TCP的缓存中是不关心的。
- TCP根据对方给出的窗口值和当前网络拥塞的程度来决定一个报文段应包含多少字节（UDP发送的报文长度是应用进程给出的）。
- TCP可把太长的数据块划分短一些再传送。TCP也可等待积累足够多的字节后再构成报文段发送出去。

3. TCP报文段的格式

TCP报文段的格式如图2-22所示，其含义如下。

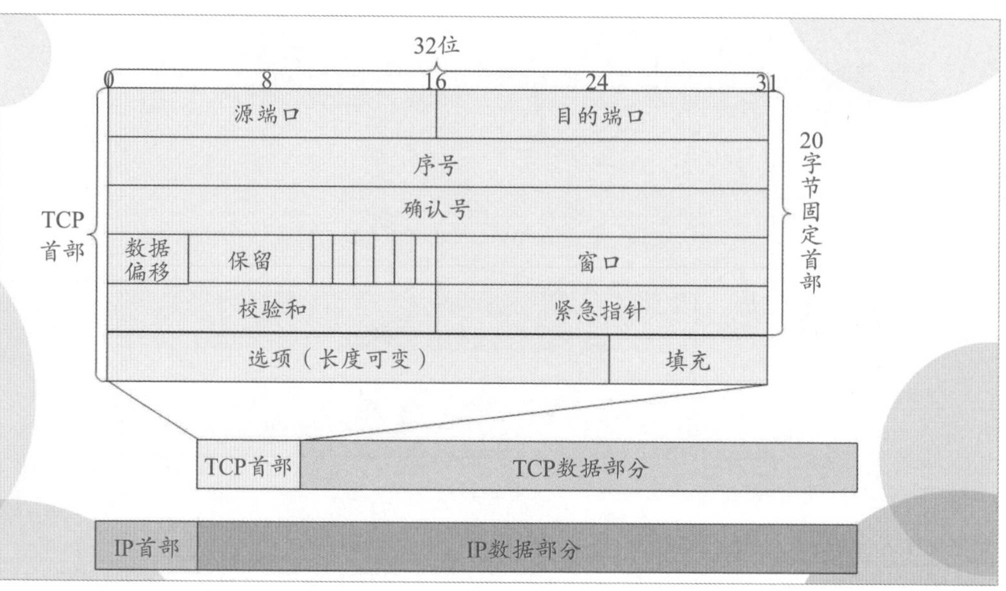

图 2-22

- **源端口和目的端口字段：** 各占2字节。端口是运输层与应用层的服务接口。运输层的复用和分用功能都要通过端口实现。
- **序号：** 占4字节。TCP连接中传送的数据流中的每一个字节都编上一个序号。序号字段的值指的是本报文段所发送的数据的第一个字节的序号。
- **确认号：** 占4字节，是期望收到对方的下一个报文段的数据的第一个字节的序号。
- **数据偏移：** 占4位，指出TCP报文段的数据起始处距离TCP报文段的起始处有多远。“数据偏移”的单位是32位（以4字节为计算单位）。
- **保留字段：** 占6位，保留为今后使用，但目前应设置为0。
- **紧急URG：** 当URG=1时，表明紧急指针字段有效。它告诉系统此报文段中有紧急数据，应尽快传送（相当于高优先级的数据）。
- **确认ACK：** 只有当ACK=1时确认号字段才有效。当ACK=0时，确认号字段无效。
- **推送PSH：** 接收TCP收到PSH=1的报文段，就尽快地交付接收应用进程，而不再等到整个缓存都填满后再向上交付。
- **复位RST：** 当RST=1时，表明TCP连接中出现严重差错（如由于主机崩溃或其他原因），必须释放连接，然后再重新建立运输连接。
- **同步SYN：** 同步SYN=1，表示这是一个连接请求或连接接受报文。
- **终止FIN：** 用来释放一个连接。FIN=1表明此报文段的发送端的数据已发送完毕，并要求释放运输连接。
- **窗口：** 占2字节，用来让对方设置发送窗口的依据，单位为字节。
- **校验和：** 占2字节，校验和字段校验的范围包括首部和数据这两部分。在计算校验和时，要在TCP报文段的前面加上12字节的伪首部。

- **紧急指针字段：** 占2字节，指出在本报文段中紧急数据共有多少字节（紧急数据放在本报文段数据的最前面）。
- **选项字段：** 长度可变。TCP最初只规定了一种选项，即最大报文段长度（Maximum Segment Size，MSS）。MSS告诉对方TCP："我的缓存所能接收的报文段的数据字段的最大长度是MSS字节。" MSS是TCP报文段中的数据字段的最大长度。数据字段加上TCP首部才等于整个的TCP报文段。
- **填充字段：** 这是为了使整个首部长度是4字节的整数倍。

2.6.3 TCP的连接管理

TCP的连接过程经过三个阶段：建立连接、传输数据以及释放连接。TCP连接采用的是C/S模式，即客户端/服务器模式。主动发起连接的是客户端（Client），被动等待连接的应用进程叫服务器（Server）。常说的三次握手、四次断开，指的就是TCP的连接和断开连接的过程。

1. TCP的连接

TCP建立连接一共分为三个过程，如图2-23所示。

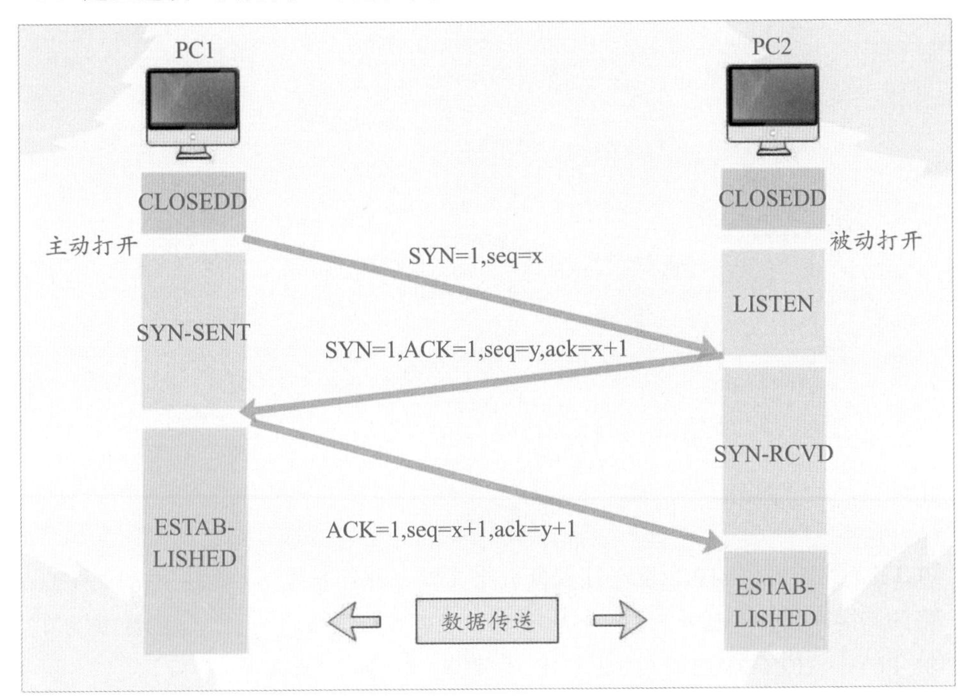

图 2-23

首先PC1向PC2发出连接请求报文段，此时首部中的同步位SYN=1，同时选择一个初始序号seq=x。TCP规定，SYN报文段不能携带数据，但要消耗掉一个序号。这时，PC1进入SYN-SENT状态（序号指的是TCP报文段首部20字节里的序号，TCP连接传送的字节流的每一个字节都按顺序编号）。

PC2收到请求后，向PC1发送确认。在确认报文段中把SYN和ACK位都为1，确认号是ack=x+1，同时也为自己选择一个初始序号seq=y。注意，这个报文段也不能携带数据，但同样要消耗掉一个序号。这时PC2进入SYN-RCVD状态。

PC1收到PC2的确认后，还要向PC2给出确认。确认报文段的ACK为1，确认号ack=y+1，而自己的序号seq=x+1。这时，TCP连接已经建立，PC1进入ESTABLISHED状态，PC2收到PC1的确认后，也会进入ESTABLISHED状态。接下来开始正式传输数据。

2. TCP的断开

因为TCP是面向可靠的连接，所以在数据传输结束后，并不会直接停止，而是按照协议的要求进行协商，安全地关闭连接。TCP连接的释放经过了4个过程，如图2-24所示。

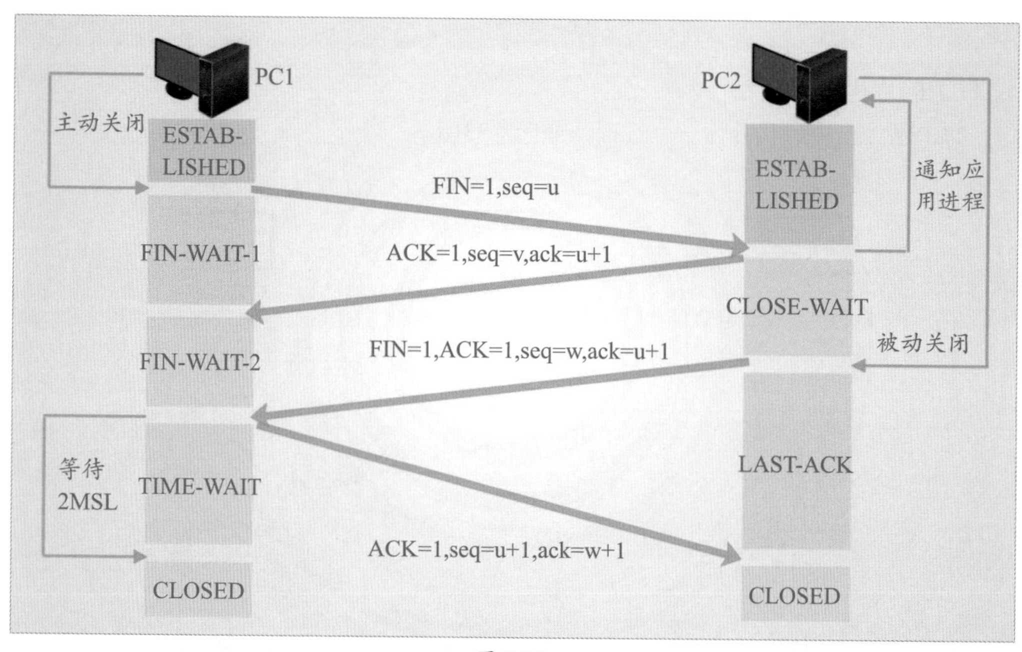

图 2-24

PC1的TCP进程先向PC2发出连接释放报文段，并停止发送数据，主动关闭TCP连接。释放连接报文段中FIN=1，序号为seq=u，该序号等于最后一个传输的数据字节的序号加1，PC1进入FIN-WAIT-1（终止等待1）状态，等待PC2的确认。

PC2收到连接释放报文段后即发出确认释放连接的报文段，该报文段中，ACK=1，确认号为ack=u+1，自己的序号为v，该序号等于PC2前面已经传送过的数据的最后一个字节的序号加1。然后PC2进入CLOSE-WAIT（关闭等待）状态，此时TCP服务器进程应该通知上层的应用进程，因而PC1到PC2方向的连接就释放了，这时TCP处于半关闭状态，即PC1已经没有数据要发了，但PC2若发送数据，PC1仍要接收，也就是从PC2到PC1这个方向的连接并没有关闭，这个状态可能会持续一段时间。

PC1收到PC2的确认后，进入了FIN-WAIT-2（终止等待2）状态，等待PC2发出连接释放报文段，如果PC2已经没有要向PC1发送的数据了，其应用进程就通知TCP释放连接。这时PC2发出的链接释放报文段中，FIN=1，确认号还必须重复上次已发送过的确认号，即ack=u+1，序号seq=w，因为在半关闭状态PC2可能又发送了一些数据，因此该序号为半关闭状态发送的数据的最后一个字节的序号加1。这时PC2进入LAST-ACK（最后确认）状态，等待PC1确认。

PC1收到PC2的连接释放请求后，必须对此发出确认。确认报文段中，ACK=1，确认号ack=w+1，而自己的序号seq=u+1，而后进入TIME-WAIT（时间等待）状态。这时TCP连接还没有释放，必须经过时间等待计时器设置的时间2MSL后，PC1才进入CLOSED状态，时间MSL叫作“最长报文寿命”，RFC建议设为2min，因此从PC1进入TIME-WAIT状态后，要经过4min才能进入CLOSED状态，而PC2只要收到了PC1的确认，就进入CLOSED状态。二者都进入CLOSED状态后，连接就完全释放了。

注意事项 等待2MSL

这是为了保证A发送的最后一个ACK报文段能够到达B。防止“已失效的连接请求报文段”出现在本连接中。A在发送完最后一个ACK报文段后，再经过2MSL时间，就可以使本连接持续的时间内所产生的所有报文段都从网络中消失。这样就可以使下一个新的连接中不会出现这种旧的连接请求报文段。

2.6.4 可靠传输的实现

TCP依靠重传机制实现了可靠传输，下面介绍实现的方法。

1. 滑动窗口

窗口是缓存的一部分，用来暂时存放字节流。发送方和接收方各有一个窗口，接收方通过TCP报文段中的窗口字段告诉发送方自己的窗口大小，发送方根据这个值和其他信息设置自己的窗口大小。

发送窗口内的字节都允许被发送，接收窗口内的字节都允许被接收。如果发送窗口左部的字节已经发送，并且收到了确认，那么就将发送窗口向右滑动一定距离，直到左部第一个字节不是已发送并且已确认的状态；接收窗口的滑动类似，接收窗口左部字节已经发送确认并交付主机，就向右滑动接收窗口。

接收窗口只会对窗口内最后一个按序到达的字节进行确认，例如接收窗口已经收到的字节为{20，19，40}，其中{20}按序到达，而{19，40}没有按序到达，因此只对字节20进行确认。发送方得到一个字节的确认之后，就知道这个字节之前的所有字节都已经被接收。滑动窗口的特点如下。

● 发送方不必发送一个全窗口大小的数据，一次发送一部分即可。

● 窗口的大小可以减小，但是窗口的右边沿却不能向左移动。

● 接收方在发送一个ACK前不必等待窗口被填满。

● 窗口的大小是相对于确认序号的，收到确认后的窗口的左边沿从确认序号开始。

2. 可靠传输的实现

下面介绍在TCP使用滑动窗口实现可靠传输的步骤。

Step 01 A根据B给出的窗口值构建自己的发送窗口，如图2-25所示。

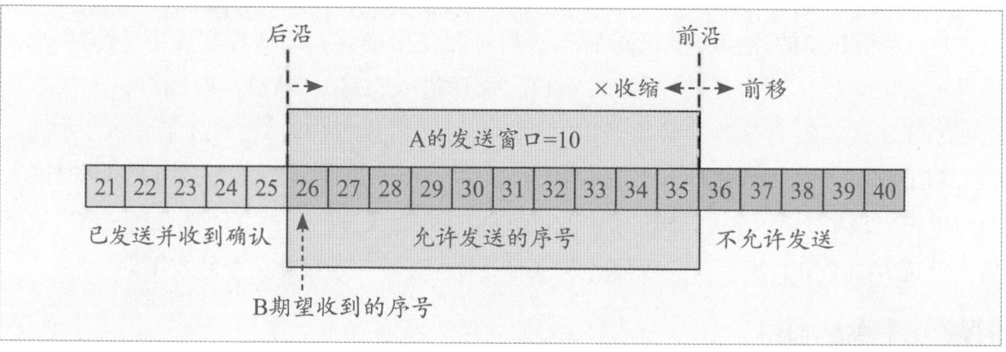

图 2-25

Step 02 A开始传输数据，A的滑动窗口如图2-26所示，此时B的滑动窗口如图2-27所示。

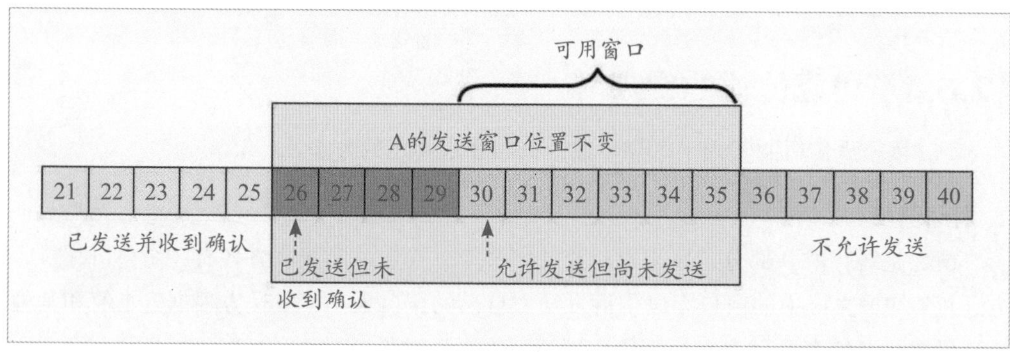

图 2-26

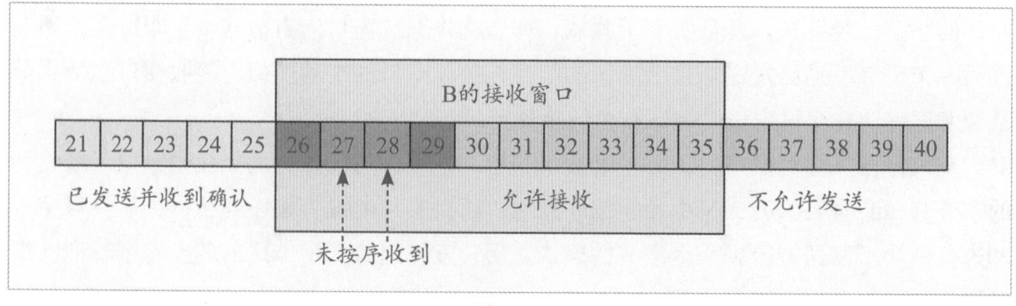

图 2-27

Step 03 A收到新的确认号，发送窗口向前滑动，如图2-28所示，此时B的状态如图2-29所示，一般会先存下来，等待缺少的数据到达。

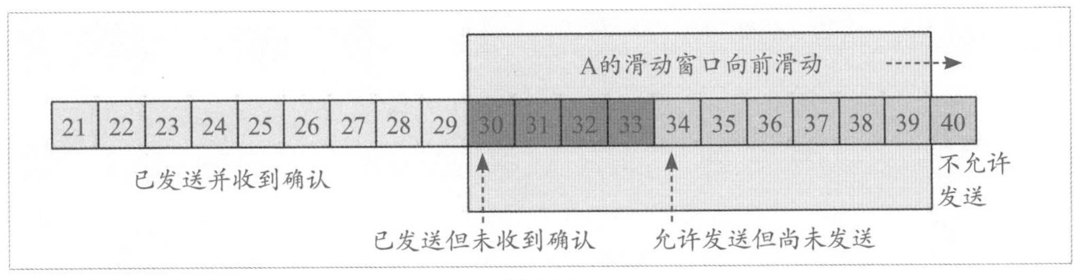

图 2-28

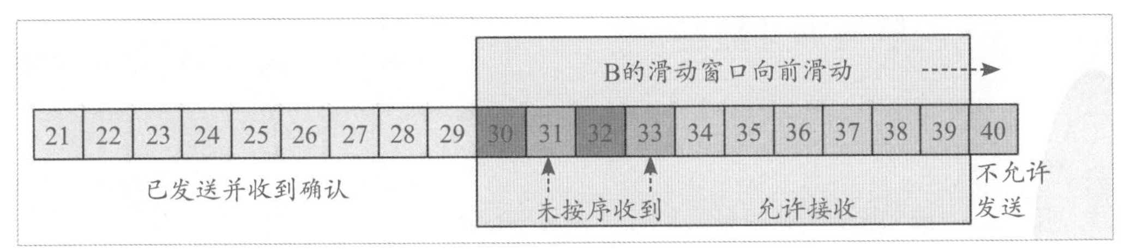

图 2-29

Step 04 如果A的窗口内的序号都发送完毕，但仍然没有收到B的确认，那么必须停止发送，如图2-30所示。

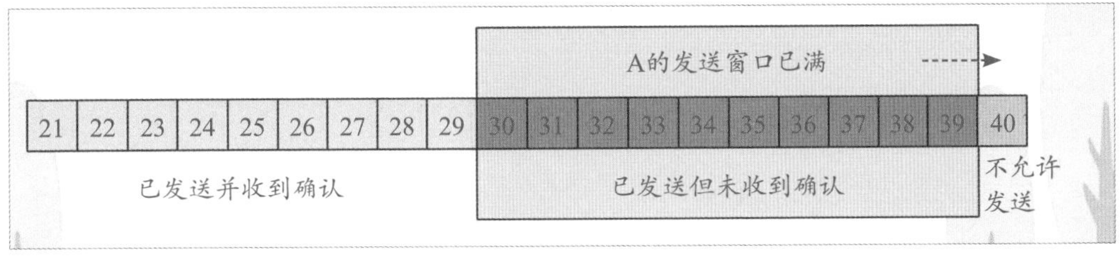

图 2-30

3. 发送与接收缓存

发送缓存用来存放发送应用程序传送给发送方TCP准备发送的数据，以及TCP已发送出但尚未收到确认的数据，如图2-31所示。接收缓存用来暂时存放按序到达的、尚未被接收应用程序读取的数据，及不按序到达的数据，如图2-32所示。

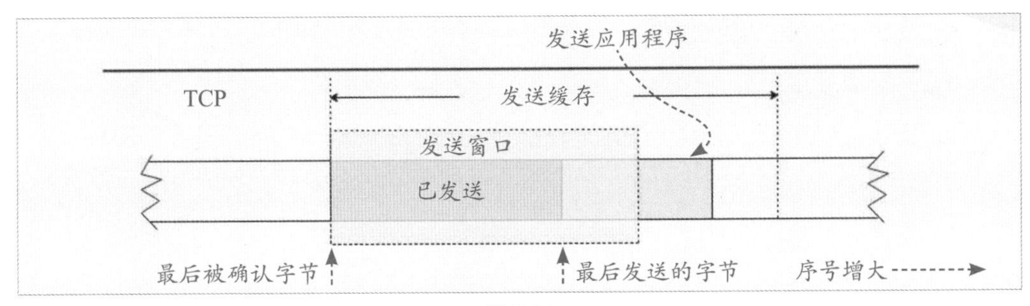

图 2-31

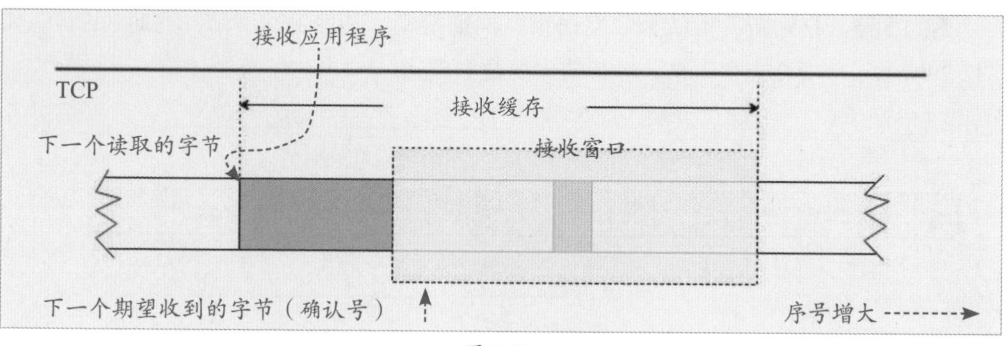

图 2-32

2.6.5 流量与拥塞控制

除了保证传输的可靠性外，TCP还可以实现流量控制和拥塞控制。

1. 流量控制

用户总是希望数据传输得更快一些，但如果发送方把数据发送得过快，接收方就可能来不及接收，这样就会造成数据的丢失。流量控制就是让发送方的发送速率不要太快，既要让接收方来得及接收，也不要使网络发生拥塞。接收方发送的确认报文中的窗口字段可以用来控制发送方的窗口大小，从而影响发送方的发送速率。利用滑动窗口机制可以很方便地在TCP连接上实现流量控制。

如A向B发送数据，在建立TCP连接时，进行协商。B告诉A，接收窗口rwnd为400（字节），如图2-33所示。

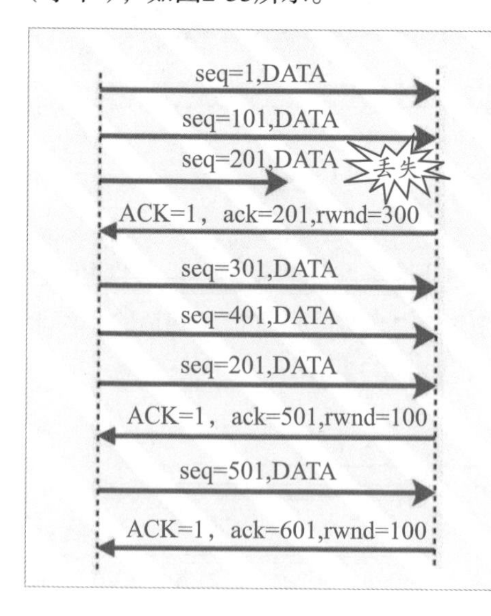

图 2-32

可以用不同的机制来控制TCP报文段的发送时机：TCP维持一个变量，它等于最大报文段长度。只要缓存中存放的数据达到最大报文段长度，就组装成一个TCP报文段发送出去。由发送方的应用进程指明要求发送报文段，即TCP支持的推送（push）操作。发送方的一个计时器期限到了，这时就把当前已有的缓存数据装入报文段（但长度不能超过最大报文段）发送出去。

2. 拥塞控制

在某段时间内，若对网络中某资源的需求超过了该资源所能提供的可用部分，网络的性能就要变坏，从而产生拥塞。若网络中有许多资源同时产生拥塞，网络的性能就要明显变坏，整个网络的吞吐量将随输入负荷的增大而下降。

（1）慢开始和拥塞避免。

发送方维持一个叫作拥塞窗口cwnd的状态变量。拥塞窗口的大小取决于网络的拥塞程度，并且在动态地变化。发送方让自己的发送窗口等于拥塞窗口，另外考虑到接受方的接收能力，发送窗口可能小于拥塞窗口。

慢开始算法的思路是，不要一开始就发送大量的数据，先探测一下网络的拥塞程度，也就是由小到大逐渐增加拥塞窗口的大小。这里用报文段的个数的拥塞窗口大小举例说明慢开始算法，实时拥塞窗口大小是以字节为单位的。

（2）快重传和快恢复。

快重传要求接收方在收到一个失序的报文段后立即发出重复确认。快重传算法规定，发送方只要一连收到三个重复确认，就应当立即重传对方尚未收到的报文段，而不必继续等待设置的重传计时器时间到期。

知识延伸：查看计算机网络参数

网络信息的查看有很多方法，可以通过如下方法查看。

（1）通过“网络和Internet设置”查看。

在右下角的“网络”图标上右击，在弹出的快捷菜单中选择“打开网络和Internet设置”选项，在打开的“设置”界面中单击“更改连接属性”按钮，如图2-34所示。在打开的网络属性界面中，可以查看到当前的IPv4、IPv6地址，当前的DNS地址、网卡信息、驱动版本、MAC地址以及当前的DHCP状态，如图2-35所示。

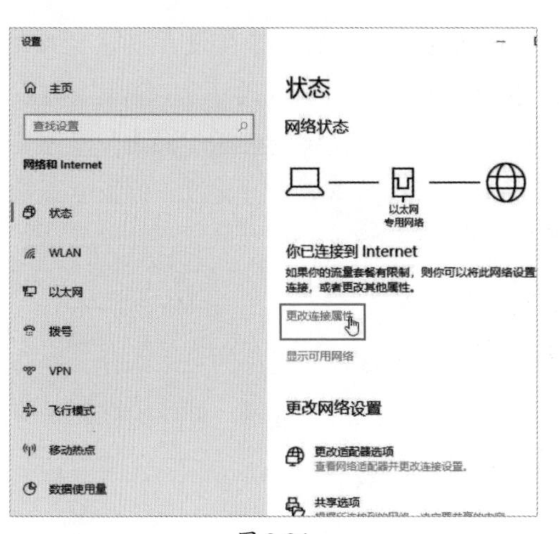

图 2-34

图 2-35

（2）通过网卡的状态查看。

在桌面“网络”图标上右击，在弹出的快捷菜单中选择“属性”选项，在“网络和共享中心”界面单击“更改适配器设置”按钮，如图2-36所示。在“网络连接”界面中双击需要查看的网卡，在弹出的“以太网”状态中单击“详细信息”按钮，在“网络连接详细信息”界面可以查看当前网卡的IP地址、子网掩码、DHCP服务器、NDS服务器以及MAC地址等信息，如图2-37所示。

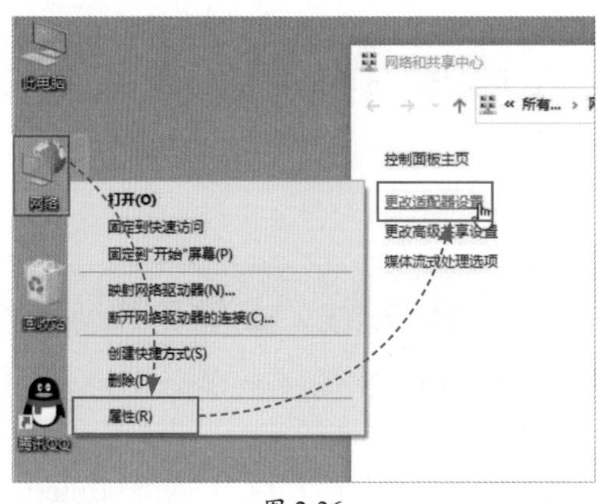

图 2-36

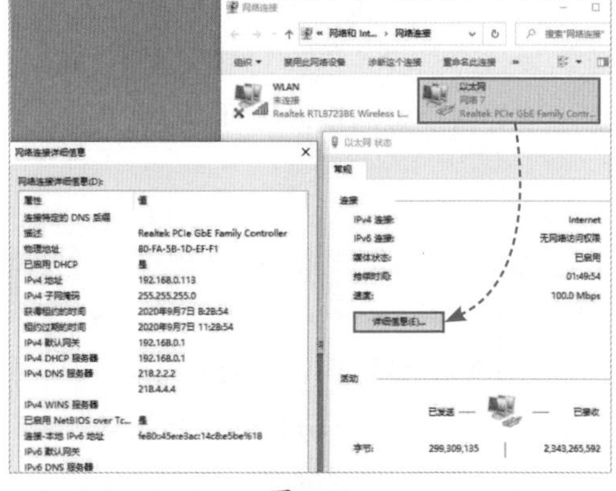

图 2-37

（3）通过命令查看。

使用Win+R组合键启动“运行”对话框，输入命令cmd，单击“确定”按钮，如图2-38所示。在命令提示符中输入ipconfig/all命令，可以查看到当前的IP信息等内容，如图2-39所示。

运行

Windows 将根据你所输入的名称，为你打开文件夹、文档或 Internet 资源。

打开(O): cmd

确定 取消

图 2-38

图 2-39

更新IP

如果计算机通过DHCP得到IP地址，可以通过命令将IP地址释放，还可以从DHCP服务器处重新获取IP地址或者更新租约。

Step 01 使用Win+R组合键调出“打开”对话框，输入cmd，打开命令提示符界面后，使用IPCONFIG/RELEASE命令释放IP，如图2-40所示。释放后，因为没有IP地址，网络就暂时断开了。

Step 02 在命令提示符界面使用IPCONFIG/RENEW命令重新获取IP地址，也可以单独用来更新租约时间，如图2-41所示。

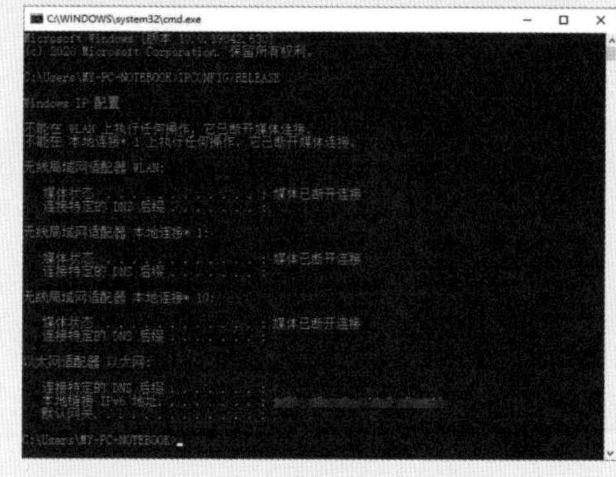

图 2-40

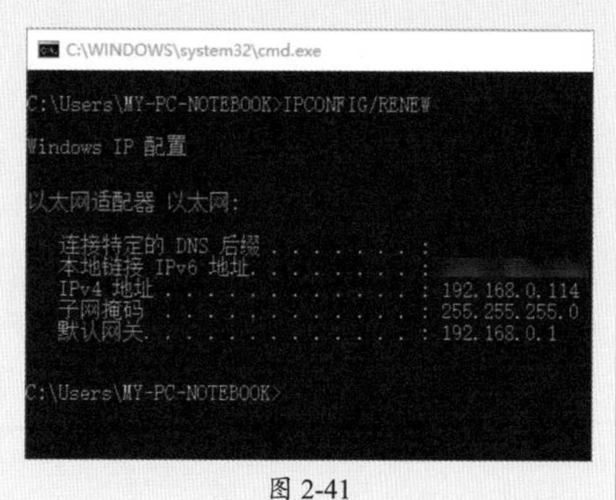

图 2-41

读书笔记

第3章 局域网网络设备

在局域网中，常见的网络设备包括网卡、交换机、路由器，以及双绞线等传输介质。本章重点介绍这些网络设备的作用、参数、工作原理等内容。通过本章的学习，读者将会对局域网中常见网络设备的工作模式有一个全面的了解。

重点难点

- 传输介质的特性
- 网卡分类与作用
- 交换机工作原理
- 路由器工作原理
- 防火墙的作用

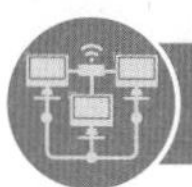

3.1 传输介质

传输介质都属于物理层，物理层的主要功能是完成相邻节点之间比特流的传输。物理层主要研究的是设备的物理特性和电气特性、机械特性、功能特性，以及过程特性。在物理层中，常见的传输介质有同轴电缆、双绞线、光纤等。

3.1.1 同轴电缆

同轴电缆最早用于总线型局域网中。同轴电缆本身由中间的铜制导线（也叫作内导体）、外面的导线（也叫作外导体），以及两层导线之间的绝缘层和最外面的保护套组成。有些外导体做成了螺旋缠绕式，如图3-1所示，叫作漏泄同轴电缆。有些做成了网状结构，且在外导体和绝缘层之间使用铝箔进行隔离，图3-2就是常见的射频同轴电缆。

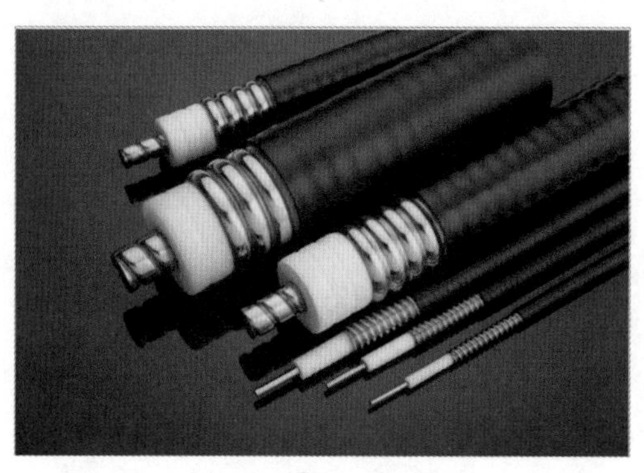

图 3-1

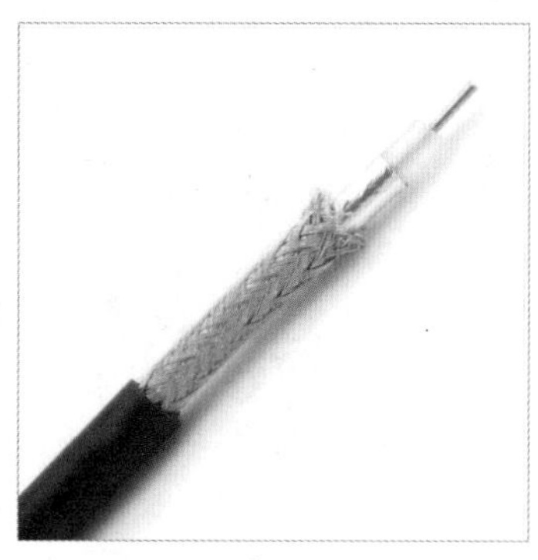

图 3-2

另外，同轴电缆的两端需要有终结器，一般使用50Ω或者75Ω的电阻连接内、外导体。同轴电缆分为基带同轴电缆和宽带同轴电缆。宽带同轴电缆主要用于高带宽的数据通信，支持多路复用，一般用于有线电视的数据传输。而局域网通常使用的是50Ω的基带同轴电缆，速度基本上能达到10Mb/s。

同轴电缆的应用

由于总线型网络的固有缺点以及成本原因，其逐渐淡出了局域网领域。但漏泄同轴电缆兼具射频传输线及天线收发双重功能，可以应用于无线传输受限的地铁、铁路隧道的覆盖以及大型建筑的室内覆盖等。另外在监控领域，同轴电缆可以作为音视频传输载体。有些音频线也使用了同轴电缆，叫作同轴音频线。

3.1.2 双绞线

现在虽然无线网络已经在一定程度上取代了有线网络的功能，但是在公司及企业局域网中，以及对于网络基础设施来说，线缆仍然是主要的数据传输介质，因为有线网络的特点就是快速、稳定。

1. 双绞线简介

双绞线也称为网线，是局域网最常见的传输介质，因其8根线两两缠绕在一起而得名。双绞线通过缠绕抵消单根线产生的电磁波，也可以抵御一部分外界的电磁波，从而降低信号的干扰，提高线缆对电子信号的传输能力和稳定性。双绞线具有8种不同的颜色，每一根都由中心的铜制导线和外绝缘保护套组成。双绞线由于其造价低廉，传输效果好，安装方便，易于维护，被广泛使用在各种局域网中。常见的双绞线分为非屏蔽双绞线（图3-3）与屏蔽双绞线（图3-4）两类。

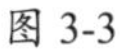

图 3-3

图 3-4

（1）非屏蔽双绞线。

非屏蔽双绞线（Unshielded Twisted Pair，UTP）是由八根线加上外部的保护套组成的，成本较低，广泛用于以太网和电话线中。非屏蔽双绞线抗干扰能力差，误码率相对较高，但其也具有以下优点。

- 无屏蔽外套，直径小，节省所占用的空间，成本低。
- 重量轻，易弯曲，易安装。
- 将串扰减至最小或加以消除。
- 具有阻燃性。
- 具有独立性和灵活性，适用于结构化综合布线。

因此，在室内综合布线系统中，非屏蔽双绞线得到了广泛应用。

（2）屏蔽双绞线。

屏蔽双绞线（Shielded Twisted Pair，STP）包含了FTP（Foiled Twisted Pair，铝箔屏蔽双绞线），在双绞线外层增加了一层铝箔，用来减少信号的衰减，如图3-5所示。另一种叫作SFTP（双屏蔽双绞线），是在FTP铝箔的基础上，添加了一层镀锡铜编织网，如图3-6所示。由于SFTP多了一层镀锡铜编织网，可以大大减少外界磁场信号的干扰，也可以减少内部信号的衰减，增加线缆的拉力，其缺点在于这种线的柔软度很差，造价昂贵。还有一种叫作SSTP（图3-4），是在SFTP的基础上为每对线再增加一层隔绝的铝箔，进一步增加线缆的性能。

图 3-5

图 3-6

屏蔽层可减少辐射，防止信息被窃听，也可阻止外部电磁干扰的进入，使屏蔽双绞线比同类的非屏蔽双绞线具有更高的传输速率和更低的误码率。但屏蔽双绞线的价格较贵，安装也比非屏蔽双绞线困难，通常用于电磁干扰严重或对传输质量和速度要求较高的场合。现在比较常见的是铝箔屏蔽或者金属编织网屏蔽，或者双屏蔽，一般在室外使用。

注意事项 屏蔽双绞线的接地

屏蔽双绞线如果要发挥屏蔽效果，需要在屏蔽双绞线正确接地的情况下才能起作用。一方面要求整个系统要有足够的屏蔽，包括双绞线、插座、水晶头和配线架，另一方面，建筑物包括机房要有良好的接地系统，而且整个系统必须有一个位置连接接地系统。如果做不到这一点，屏蔽双绞线的屏蔽层本身就会变成最大的干扰源。在这种状态下，性能甚至不如非屏蔽双绞线。

2. 双绞线的分类

按照频率和信噪比，双绞线可以分成多种。最早的一类到五类双绞线已经被淘汰了，现在常见的双绞线分类、特性及其应用领域如下。

（1）超五类双绞线。

超五类双绞线的裸铜芯直径在0.45～0.51mm，在外皮上，会印有CAT5e的字样，传输频率为100MHz，带宽最大可达1000Mb/s（受线材质量与距离的约束）。超五类双绞线具有衰减小、串扰少，并且具有更高的衰减与串扰的比值和信噪比、更小的时延误差，性能也得到了很大提高。超五类网线也分为屏蔽以及非屏蔽。超五类网线使用的水晶头如图3-7所示，制作水晶头的网线钳如图3-8所示。

超五类网线基本上应用在家庭或者中、小企业等速度要求不高的环境中，因为性价比较高，一般应用在短距离的终端连接上。但是现在超五类网线已经处在一个过渡期，因为其他更高标准的网线传输速率更高，且费用也在逐步降低，更能适应现在的大文件传输、高速带宽需求及多种应用的局域网中。

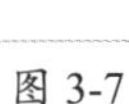

图 3-7

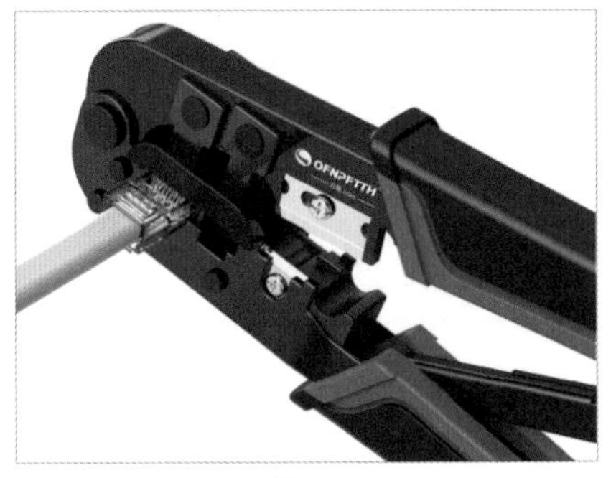

图 3-8

知识点拨

RJ-45水晶头

RJ-45一般指的是网线的连接接头，俗称“水晶头”，专业术语为RJ-45连接器，属于网线的标准连接部件。还有一些常见的接口，如电话线使用的双芯水晶头叫作RJ-11。

（2）六类网线。

六类网线的线芯使用的是0.56～0.58mm直径的铜芯，且六类网线在内部增加了十字骨架，六类网线的外皮一般有“CAT6”字样。传输频率为250MHz，主要用于千兆位以太网（1000Mb/s）。千兆网络布线建议选用六类及六类以上的网线。六类网线专用分体式水晶头如图3-9所示，其中的网线并不像超五类那样，八根线是一排的，而是四高四低，如图3-10所示。这是由于六类线比超五类线要粗一些，按照以前的方式制作，不易穿进水晶头，所以在设计上使用了上下分层穿线。为了方便穿线，还增加了分线模块这样的小工具，按照标准套入网线，然后再放入水晶头中，使用专用的压线钳压制即可。

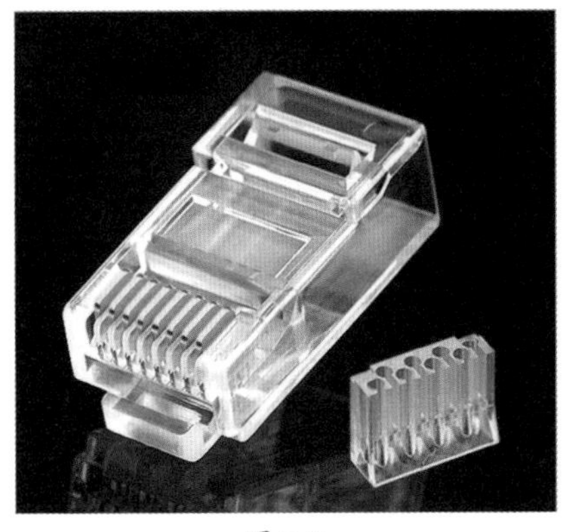

图 3-9

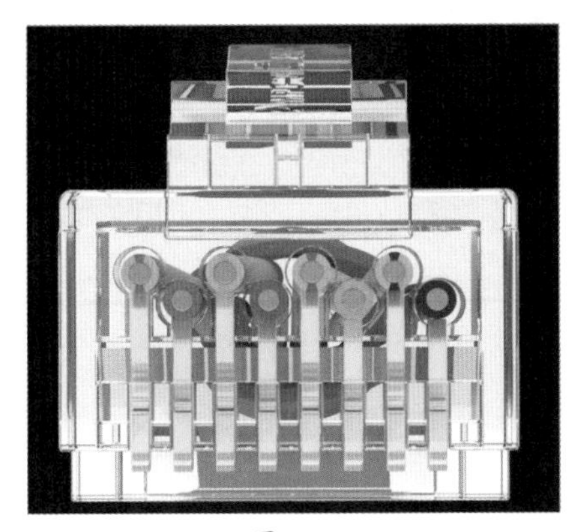

图 3-10

知识点拨

十字骨架与线的作用

从六类线开始，网线内部中还有一条具有绝缘性能的十字骨架，十字骨架结构是随线缆的长度变化而旋转角度，四对铜芯线分别置于十字骨架的四个凹槽内，保持四对铜芯线的线对位置，使用的线缆直径更粗。六类网线的十字骨架结构能够有效减少线对间的串扰耦合，提高线缆的平衡特性，保证NEXT性能和合理施工弯曲半径。

网线内部通常有一根白色细丝，或者一根白色尼龙绳，这条线对网线主要起到抗拉的作用，防止铜芯在拉线时出现内断的情况。

（3）超六类网线。

超六类网线是六类线的改进版，同样是ANSI/EIA/TIA-568B.2和ISO 6类/E级标准中规定的一种非屏蔽双绞线电缆，在串扰、衰减和信噪比等方面有较大改善。传输频率是500MHz，最大传输速度可达到10000Mb/s，也就是10Gb/s，可以应用在万兆网络中，标识为“CAT6A”。超六类网线和六类网线一样，也分为屏蔽与非屏蔽，主要应用于大型企业等需要高速应用的场所。超六类和六类网线将成为未来布线的主要线材。

（4）七类网线。

从七类网线开始，就只有屏蔽而无非屏蔽了。七类网线的传输频率为1000MHz，速度可达10Gb/s，最远距离仍为100m，主要应用于特殊的、需要高速的带宽环境，如各机房和数据中心中。

（5）八类网线。

八类网线的频率可达2000Mb/s，根据标准的不同，传输带宽分别为25Gb/s和40Gb/s，如果要达到40Gb/s，最长距离只能到30m。虽然在目前，八类网线的应用并不广泛，但是随着网络的发展，网络布线对传输性能的要求不断增高，八类网线会逐渐成为数据中心综合布线系统中的主流产品。

注意事项 手工制作网线

因为超五类网线制作简单且容错率较高，所以一般可以手工制作。六类网线制作就有些烦琐。从超六类网线开始，建议用户购买成品跳线或者使用免打水晶头制作接头。因为线变粗后，水晶头的结构也发生了变化，定位、压制都非常困难，最终的良品率也极低，所以从成本考虑，建议使用免打水晶头，如图3-11所示，或者使用穿孔式水晶头，如图3-12所示。

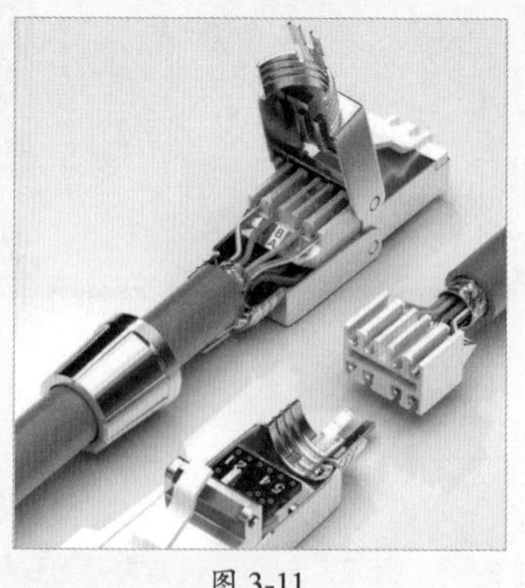

图 3-11

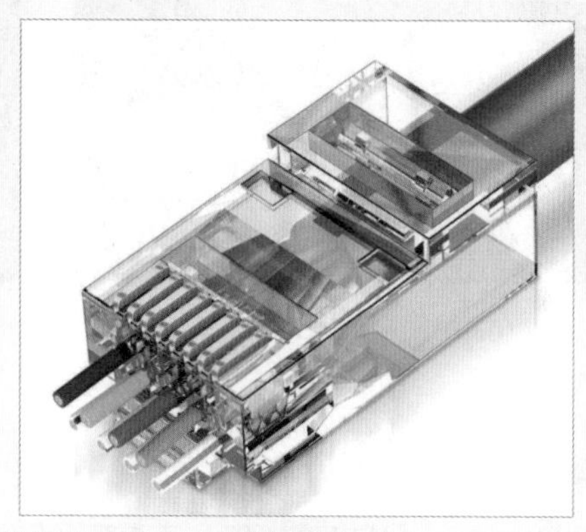

图 3-12

3. 双绞线的线序

双绞线标准中应用最广的是ANSI/EIA/TIA-568A和ANSI/EIA/TIA-568B（实际上应为ANSI/EIA/TIA-568B.1，简称为T568B）。虽然两端线序一样即可通信，但任意接线，产生故障后，排查工作将是一项巨大的工程，所以需要制定一个规范，方便施工和维护。

T568A和T568B规定的线序如图3-13所示，其中T568A的线序为绿白-绿-橙白-蓝-蓝白-橙-棕白-棕，T568B的线序为橙白-橙-绿白-蓝-蓝白-绿-棕白-棕。将T568A的1和3号线互换，2和6号线互换，就变成了T568B。现在最常使用的线序就是T568B。

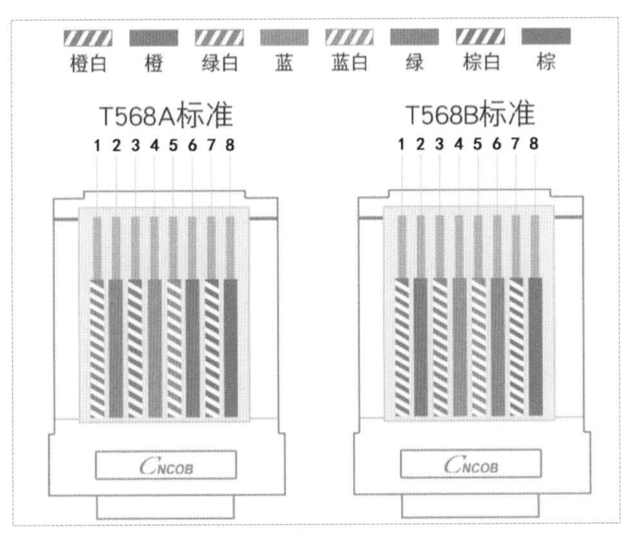

图 3-13

3.1.3 光纤

双绞线是电子信号传输的载体，而光纤是光信号的载体。由于光纤的特点，在近年来也被大规模使用，而且已经不仅仅是在主干线路中使用，FTTH（Fiber To The Home）将光纤引到了用户家中。本节将介绍光纤的相关知识。

1. 光纤简介

光纤是光导纤维的简称，是一种由玻璃或塑料制成的纤维，可作为光传导工具，如图3-14所示。光纤传输原理是“光的全反射”。光导纤维由两层折射率不同的玻璃组成。内层为光内芯，直径在几微米至几十微米，外层的直径为0.1～0.2mm。一般内芯玻璃的折射率比外层玻璃高1%。根据光的折射和全反射原理，当光线射到内芯和外层界面的角度大于产生全反射的临界角时，光线透不过界面，会全部反射，从而保证了光信号的稳定性，且没有较大衰减，所以光在光线中可以超远距离传输。光纤的主要结构如下。

- **纤芯：**为折射率较高的玻璃材质，直径为5～75μm。
- **包层：**为折射率较低的玻璃材质，直径为0.1～0.2mm，是实现光线全反射的主要结构层。

- **一次涂覆层：** 为了保护裸纤而在其表面上涂的一种材质，厚度一般为30～150μm。主要用来保护光纤表面不受潮湿气体和外力擦伤，赋予光纤抗微弯的性能，降低光纤的微弯附加损耗。
- **护套：** 用于保护光纤。

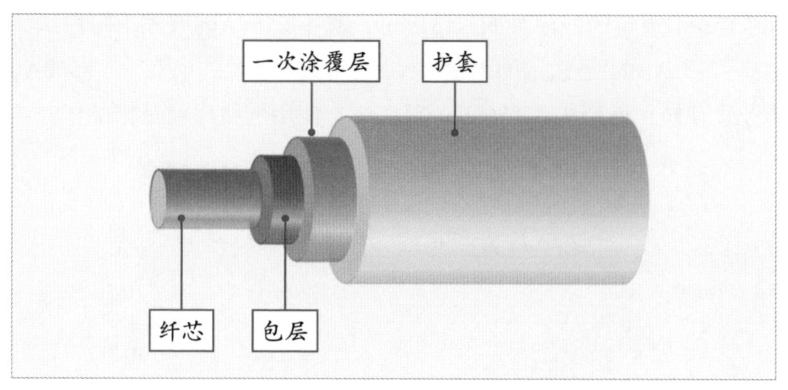

图 3-14

纤芯、包层和一次涂覆层构成了裸纤。在一次涂覆层上，再加入缓冲层及二次被覆，二次被覆可提高光纤抗纵向和径向应力的能力，方便光纤加工。一般分为松套被覆和紧套被覆两类。紧套被覆制作的紧包光纤外径标称通常为0.6mm和0.9mm两种，是制作各种室内光缆的基本元件，也可单独使用，二次被覆各种材料的紧套光纤可直接制作尾纤，以及各种跳线，用于各类有源或无源器件的连接、仪表和终端设备的连接等。

光缆

如果要进行长距离的室内室外传输，就需要用到光缆。光缆是一定数量的光纤按照一定的防护标准组成缆芯，外面包有护套，有的还包覆外护层，用以实现光信号远距离传输的一种通信线路。

2. 光纤的优势

相对于双绞线，光纤具有以下优势。

- **容量大：** 频带的宽窄代表传输容量的大小。载波的频率越高，可以传输信号的频带宽度就越大。光纤工作频率比电缆使用的工作频率高出8、9个数量级。
- **损耗低：** 光导纤维的损耗非常小，使其能传输的距离要远得多。而且其损耗几乎不随温度而变，不用担心因环境温度变化而造成干线电平的波动。
- **重量轻：** 因为光纤非常细，单模光纤芯线直径一般为4～10μm，外径也只有125μm，加上防水层、加强筋、护套等，用4～48根光纤组成的光缆直径还不到13mm，加上光纤是玻璃纤维，比重小，使它具有直径小、重量轻、安装十分方便的特点。
- **抗干扰能力强：** 因为光纤的基本成分是石英，只传光，不导电，不受强电、电气信号、雷电等干扰，故光纤传输对电磁干扰、工业干扰有很强的抵御能力。在光纤中传输的信号不易被窃听，因而利于保密。

- **环保节能：**一般通信电缆要耗用大量的铜、铅或铝等有色金属。光纤本身是非金属，光纤通信的发展将为国家节约大量有色金属。
- **工作性能可靠：**因为光纤系统包含的设备数量少，可靠性自然也就高，加上光纤设备的寿命都很长，无故障工作时间达50万～75万小时，其中寿命最短的是光发射机中的激光器，最低寿命也在10万小时以上。
- **成本不断下降：**由于制作光纤的材料（石英）来源十分丰富，随着技术的进步，成本还会进一步降低；而电缆所需的铜原料有限，价格会越来越高。

3. 光纤的分类

按照传输模式进行分类，光纤可以分为单模光纤与多模光纤。

- **单模光纤：**单模光纤是指在工作波长中，单根光纤只能传输一个传播模式的光纤，且需要激光源。单模光纤纤芯小于10μm。色散小，带宽很大，一般用于远距离传输（100km以内）。单模光纤通常使用的光波长为1310nm或者1550nm的光。单模光纤传播模式如图3-15所示。单模光纤的外护套一般为黄色，连接头一般为蓝色或绿色。
- **多模光纤：**单根可以同时传输多个模式的光纤，称为多模光纤。多模光纤纤芯直径为50/62μm，光在其中按照波浪形传播，传输模式可达几百个。多模光纤传播模式如图3-16所示。多模光纤使用的光波波长为850nm或1310nm。多模光纤的外护套一般为橙色，万兆为水蓝色，连接头多为灰白色。多模光纤聚光性好，但耗散较大。多模光纤成本较低，相比较来说，其更适合短距离、速度要求相对低的情况。

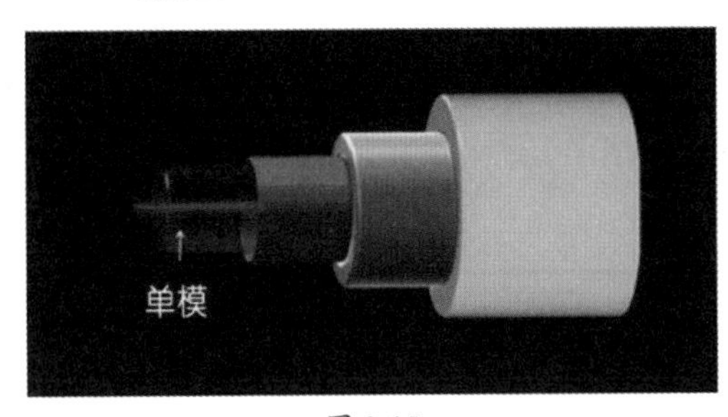

图 3-15

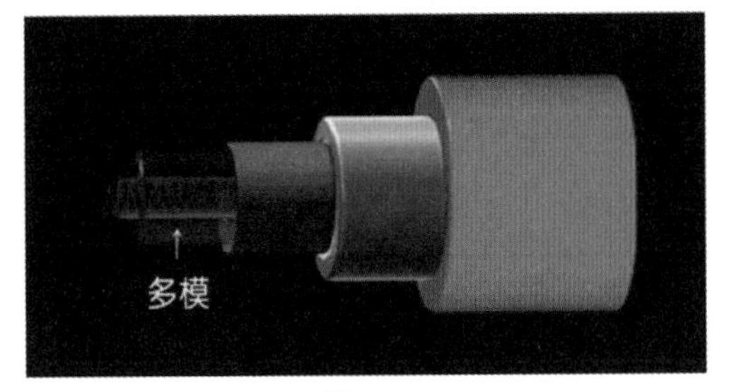

图 3-16

单模光纤的复用

家庭宽带入户光纤一般只有一根，采用1310nm的波长进行上行传输，发送信号；使用1490nm的波长下行传输，接收信号，使用的是波分复用技术，这样会产生一定的光衰和信号的不稳定。但是，在短距离传输中是完全可以接受且进行控制的，而且也不会影响传输的带宽。

4. 光纤接口

常见的光纤接口有以下四种，如图3-17所示。

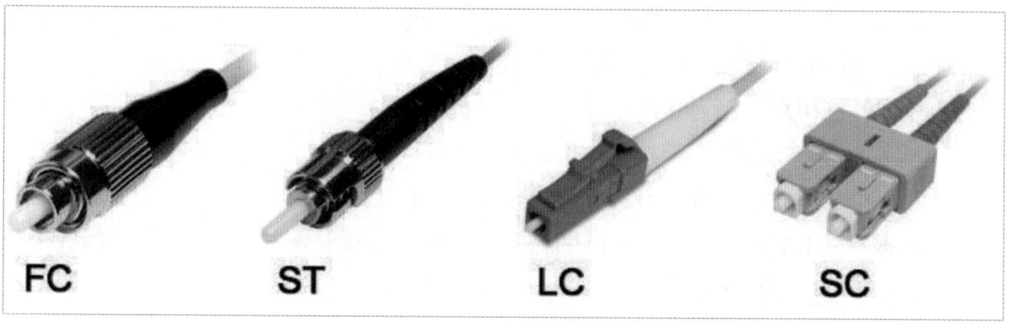

图 3-17

- **FC型接口：** FC型接头采用螺丝扣紧固方式，较为牢固，一般用在光纤配线架等不需要经常插拔的场合。
- **ST型接头：** 常说的卡接式接口，接头外壳呈圆形，紧固方式为螺丝扣。
- **LC型接口：** 常说的小方头接口，主要用在光纤跳线中，适合高密度连接。采用模块化插孔闩锁的固定方式。
- **SC型接口：** 标准方形接头，具有耐高温、不容易氧化的优点。接口采用插拔销闩式的紧固方式，不需要旋转，插拔操作很方便，而且介入损耗波动较小。具有抗压强、安装密度高等优点，这种接口在光纤收发器中较为常见。

3.2 网卡

网卡也叫作网络适配器或网络接口卡。所有能够连接网络的设备必须含有网卡。网卡在不同的网络设备和终端中以不同的形式出现，但功能都是相同的。本节将介绍网卡的相关知识。

3.2.1 网卡的分类

网卡按照不同的标准有不同的分类方法。

1. 独立网卡与集成网卡

早期的计算机与外界局域网的连接是通过在主机箱内插入一块网络接口板（或者是在笔记本电脑中插入一块PCMCIA卡）。网络接口板又称通信适配器、网络适配器或网络接口卡，但是很多人愿意使用更为简单的名称“网卡”来称呼它。常见的网卡如图3-18所示。

现在的计算机主板都集成了网络功能芯片，如图3-19所示，提供网卡的功能。其他设备如智能手机、平板电脑、智能家电中，都集成了网卡。

图 3-18

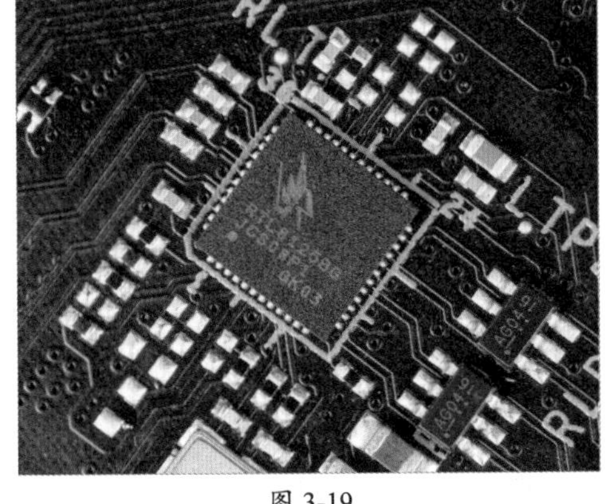
图 3-19

2. 按照接口分类

按照接口分类，网卡可以分为接入到主板PCI-E接口的PCI-E网卡（图3-18）、USB接口的USB网卡等。USB网卡大都是无线网卡，如图3-20所示，当然也有特殊环境中使用的USB有线网卡，如图3-21所示。

图 3-20

图 3-21

3. 按照传输速度

按照速度划分，可以将有线网卡分为10Mb/s网卡、100Mb/s网卡、1000Mb/s网卡、2500Mb/s网卡以及万兆网卡。10Mb/s的网卡早已被淘汰，目前的主流产品是1000Mb/s网卡。随着网络的发展，以后主流的将会是万兆网卡。

注意事项 向下兼容

网卡的速度可以自动向下兼容，所以有条件的用户可以选择速度更高的网卡。

4. 按照传输介质

网卡按照传输介质可以分为有线网卡和无线网卡。

有线网卡就是可以连接RJ-45接口的网卡。无线网卡是用于连接无线网络，利用无线信号作为信息传输的媒介构成的无线局域网。现在计算机主板也可以安装PCI-E无线网卡，如图3-22所示。关于无线网卡和无线网卡速度的相关知识，将在无线局域网的章节中详细介绍。

在使用光纤进行传输时，如果配备了光纤网卡（图3-23），可以通过光纤模块直接连接计算机，进行数据的传输。

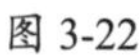
图 3-22

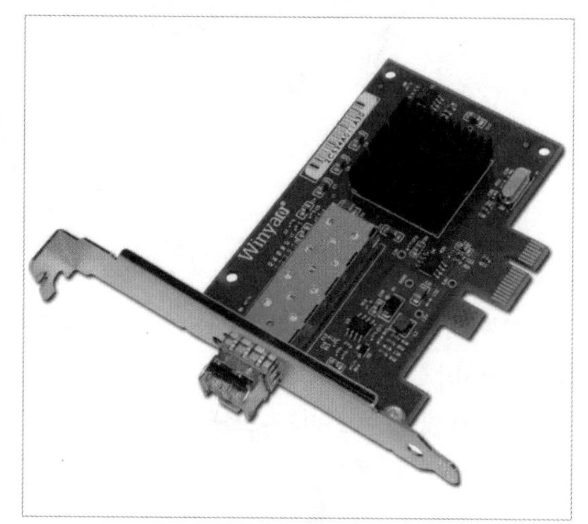

图 3-23

3.2.2 网卡的作用

网卡是工作在数据链路层的网络组件，是局域网中连接计算机和传输介质的接口，不仅能实现与局域网传输介质之间的物理连接和电信号匹配，还涉及帧的发送与接收、帧的封装与拆封、介质访问控制、数据的编码与解码，以及数据缓存的功能等。

网卡上面装有处理器和存储器（包括RAM和ROM）。网卡和局域网之间的通信是通过电缆或双绞线以串行传输方式进行的。而网卡和计算机之间的通信则是通过计算机主板上的I/O总线以并行传输方式进行的。因此，网卡的一个重要功能就是要进行串行/并行转换。由于网络上的数据率和计算机总线上的数据率并不相同，因此在网卡中必须装有对数据进行缓存的存储芯片。

在安装网卡时必须将管理网卡的设备驱动程序安装在计算机的操作系统中。这个驱动程序会告诉网卡，应当从存储器的什么位置将局域网传送过来的数据块存储下来。

网卡并不是独立的自治单元，因为网卡本身不带电源，而是必须使用所插入的设备的电源，并受该设备的控制。因此网卡可看成为一个半自治的单元。当网卡收到一个有差错的帧时，它就将这个帧丢弃，而不必通知它所插入的计算机。当网卡收到一个正确的帧时，它就使用中断来通知该计算机并交付给协议栈中的网络层。当计算机要发送一个IP数据包时，它就由协议栈向下交给网卡，组装成帧后发送到局域网。

3.3 交换机

交换机是局域网最常用的网络设备，和网卡类似，也是工作在数据链路层。为了更好地理解交换机的工作原理，下面先介绍集线器和网桥，以便与交换机进行对比。

3.3.1 集线器与网桥

在交换机出现前，局域网中使用最多的设备就是集线器与网桥。

1. 集线器简介

集线器也叫Hub，是“中心”的意思，如图3-24所示。集线器已经告别了历史舞台，但在以前使用非常广泛，通常作为星形网络的中心节点。集线器属于OSI参考模型的第一层。

图 3-24

2. 集线器的工作原理

当集线器某个端口收到数据信号（简单的“0”或“1”）时，会将信号进行放大，然后通过其他所有端口发送出去。如收到1，就发送1，收到0就发送0，本身不会进行碰撞检测。对数据传输中的短帧、碎片等无法进行有效处理，不能保证数据传输的完整性和正确性。

集线器所有端口都是共享一条带宽，在同一时刻只能有一个端口传送数据，其他端口只能等待，所以只能工作在半双工模式下，传输效率较低。如果是8口的Hub，那么每个端口得到的带宽就只有1/8的总带宽。

集线器是一种广播工作模式，即集线器的某个端口工作时，其他所有端口都能够收听到信息，安全性差。所有的网卡都能接收到所发数据，只是非目的地网卡自动丢弃了这个不是发给它的信息包。

3. 冲突域

处在同一个CSMA/CD域中的两台或者多台主机在发送信号时，会产生冲突，所以这些主机处在同一个冲突域中。而集线器的原理及功能并不能避免冲突，所以所有连接同一个集线器的设备，也处于同一个冲突域中。冲突域相连，会变成一个更大的冲突域，如图3-25所示。

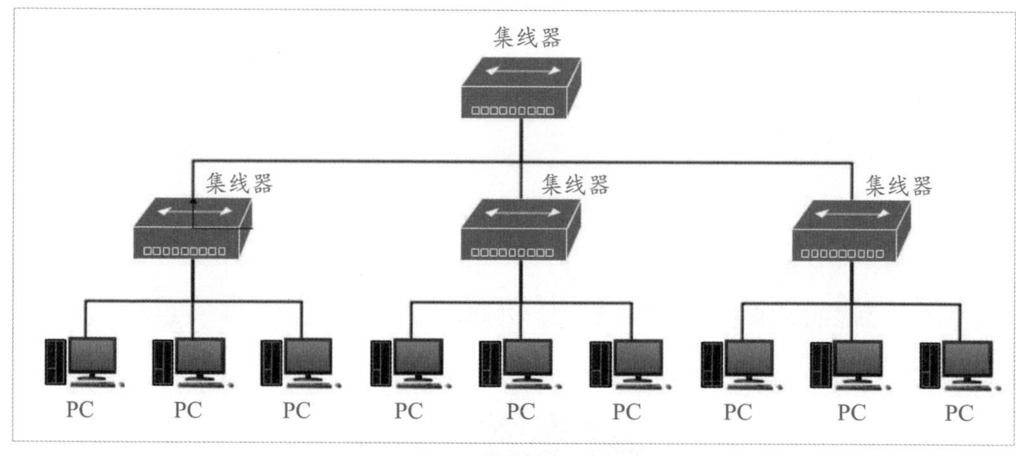

图 3-25

冲突域中的网络设备增多，会造成冲突频率的增加，直接结果就是造成网络质量的降低和带宽的减少，严重情况会造成网络的堵塞和崩溃。为了避免或者改进这种状态，网桥应运而生，网桥就是为了分隔冲突域而存在的。

4. 网桥简介

网络是数据链路层的设备，现在也基本淘汰了。但是根据网桥的原理制造的交换机却一直都在使用，所以在学习交换机前，需要先了解网桥。

网桥（Bridge）是早期网络设备，属于数据链路层设备，一般有两个端口。网桥的两个端口分别有一条独立的交换信道，不是共享一条背板总线，可隔离冲突域。网桥比集线器性能更好。

（1）网桥的优点。

网桥隔绝了冲突域，使各端口都为一个独立的冲突域，间接地过滤了一些占用带宽的通信量；经过网桥的中转，也扩大了网络的覆盖范围；提高了可靠性；可以连接不同物理层、不同MAC子层和不同速率的局域网。

（2）网桥的缺点。

和集线器直接转发不同，网桥需要将比特流变成帧，然后读取信息并形成表，然后根据表确定帧的转发端口。这样的存储转发会增加时延。而在MAC层没有流量控制功能，具有不同MAC子层的网段桥接在一起时，时延更大，所以，网桥适合用户不多和通信量不大的场景，否则极易产生网络风暴。

5. 网桥的工作原理

网桥的工作过程和交换机基本类似，虽然只有两个接口，但是也会进行和交换机一样的工作过程。下面以最简单的网桥结构介绍网桥的工作过程，如图3-26所示。

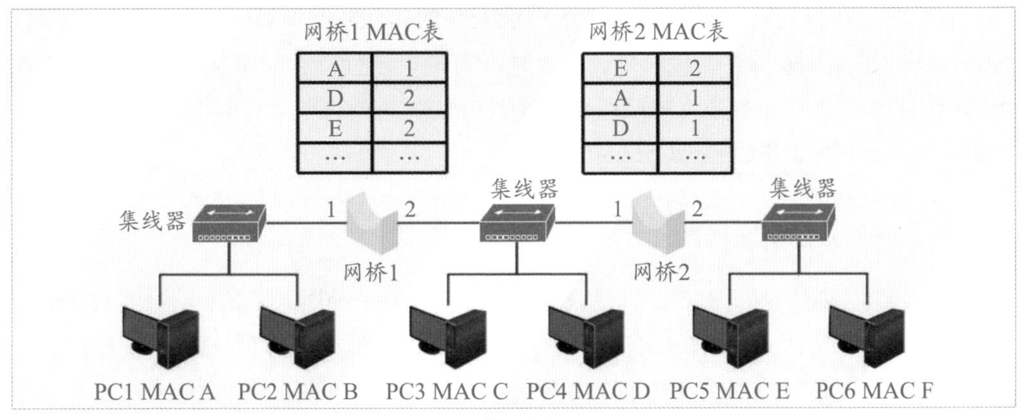

图 3-26

例如PC1要给PC5发送数据帧，发送目标是PC5广播。网桥1收到广播帧后，记录PC1对应的MAC地址A，以及从端口1来的这两个重要数据。接着，从端口2继续广播。广播帧到达网桥2后，同样记录，并继续向端口2发送广播。然后PC5收到广播帧，并反馈一个信号给PC1，该数据帧通过网桥2记录PC5对应的MAC地址E以及端口2。查找到目标PC1的MAC地址A对应的端口是1，就直接从端口1将数据帧转发出去。然后到达网桥1后，同样记录PC5的MAC E和端口2，并查找到MAC表中对应的PC1的MAC A所对应的端口是1，就从网桥的1号口转发出去。最后PC1收到PC5反馈的帧，包括其MAC地址。PC1继续发送的帧就不用广播了，直接填入PC5的MAC地址，网桥收到帧后，因为有PC5的对应端口2，所以直接转发，然后以此类推。这个过程中，如果其他PC收到的目标不是自己的帧，就直接丢弃。

注意事项 分割冲突域

两个网桥将6台主机分隔成3个冲突域。PC1、PC2、网桥1的1号接口在一个冲突域发送数据时，不需要考虑PC3～PC6会产生冲突，而仅仅在3台设备之间执行CSMA/CD规则。通过这种方法，降低发送数据时产生冲突的概率，可以提高数据帧的发送效率，间接提高网络的利用率和网络的带宽。另外2个冲突域同样如此。因此，网桥可以分隔冲突域。

6. 网桥的主要功能

从网桥的工作原理中可以看到网桥的主要功能是学习和转发。

（1）学习。

网桥的工作首先是学习，所有进入的帧都会读取其MAC地址，并记录MAC地址和进入的端口号，形成MAC地址表（其实记录的还有时间，因为要考虑到拓扑的变化和终端离线的情况，必须保证网络拓扑以及MAC地址实时、有效，所以要不断更新MAC表）。网桥默认认为，如果A的帧从某接口进入，那么通过该接口就肯定能找到A。

（2）转发。

依据学习获得的MAC地址表，在表中能查到的，就转发到对应的接口。如果没有查到，则除了接收数据帧的接口外，向其他所有端口进行转发。如果发现目标MAC地址对应的接口就是数据帧进入的接口（如PC1向PC2发送数据帧），那么丢弃该数据帧。在整个转发过程中，网桥遵循CSMA/CD规则。

3.3.2 交换机简介

交换机（Switch）如图3-27所示，意为“开关”，是一种用电（光）信号转发数据的网络设备，可以为接入交换机的任意两个网络节点提供独享的电信号通路。交换机工作在数据链路层。最常见的交换机是以太网交换机，其他常见的还有电话语音交换机、光纤交换机等。公司或者家用的交换机，主要提供大量可以通信的传输端口，以方便局域网内部设备共享上网使用，并且在局域网中，可以为各终端之间或者终端与服务器之间提供数据的高速传输服务。

图 3-27

在大、中型企业中，按照所处的逻辑层次，将交换机分成三层，包括接入层交换机、汇聚层交换机以及核心层交换机，如图3-28所示。

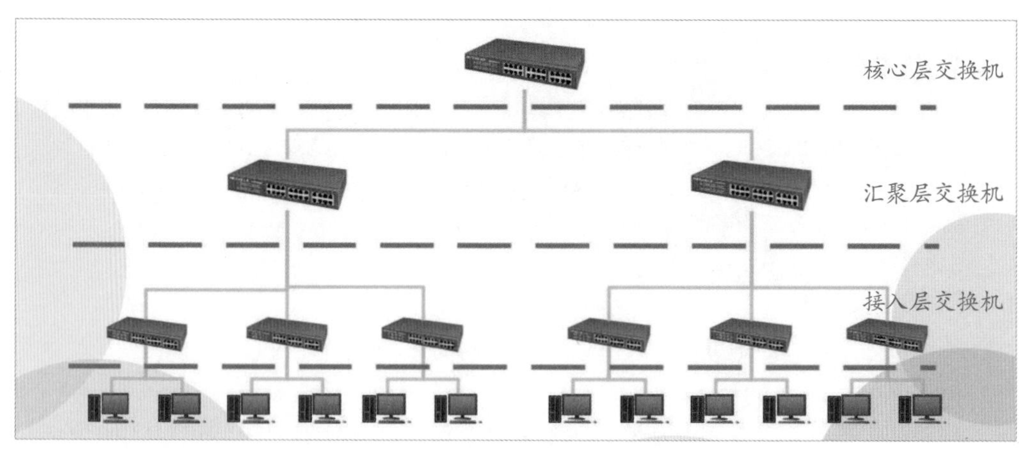

图 3-28

1. 接入层交换机

接入层交换机主要为各种设备提供网络接入接口，所以接入层交换机，具有低成本和高密度端口的特性。接入层交换机在选购时需要结合实际的信息点数量并预留一部分。

另外，接入层交换机需要具有一些用户管理功能，如用户认证、计费管理等。

2. 汇聚层交换机

汇聚层交换机是核心层交换机和接入层交换机的中间设备，有些简单的网络结构可能没有汇聚层。汇聚层的作用主要是减少核心层的交换负载。汇聚层交换机不需要接入层交换机那么多接口，但需要更高的转发速率。汇聚层交换机的作用包括实施管理策略、安全策略、接入策略、限制策略、过滤策略等。在汇聚层和接入层的交换机需要虚拟局域网技术支持。

3. 核心层交换机

核心层交换机是大、中型企业交换网络的核心设备，是整个系统的交换中心，所以需要具备高可靠性、容错性、冗余备份、可管理、高效的特点。很多大型企业核心层使用多个核心层交换机实现多机冗余备份和负载均衡。

3.3.3 交换机的工作原理

交换机和网桥的工作原理类似，交换机的工作过程如图3-29所示。

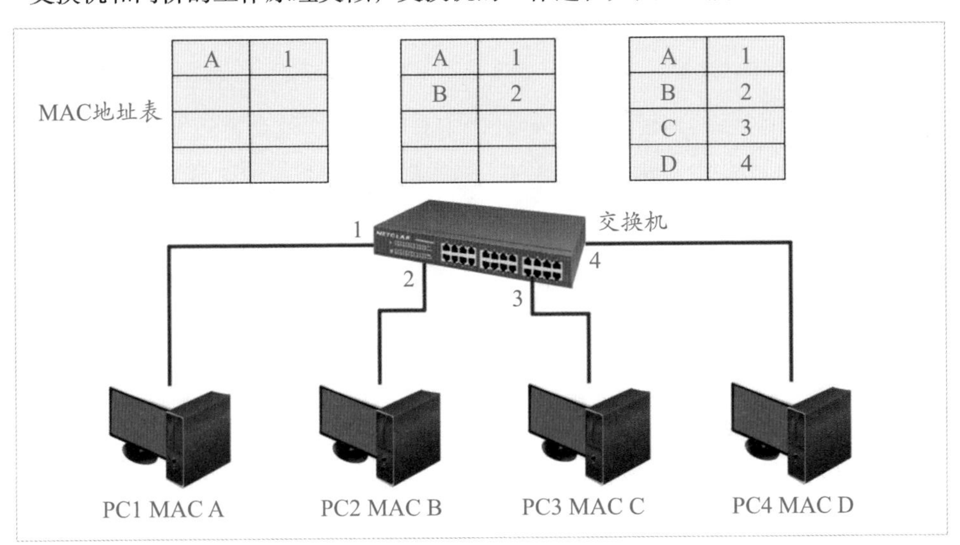

图 3-29

PC1要向PC2发送数据，首先会发送一个目标是MAC B的数据帧，交换机收到后，会将PC1的MAC和使用的端口记录在MAC地址表中。然后查询地址表有无对应的目标MAC地址，如果有则直接转发，如果没有，则向2、3、4号端口进行转发。PC3及PC4接收到帧后，发现不是自己的帧就丢弃。PC2发现是自己的帧，就会回传一个帧，用来确认。交换机收到后，记录PC2的MAC地址B和2号端口，然后查询路由表，发现目标是MAC A，则直接从1号端口转发出去，并不会向3、4号端口再转发。PC1收到返回包，就开始正式的数据发送。经过一段时间后，交换机会记录完成所有的MAC地址和对应的端口号，以后再收到MAC表中存在的地址帧，就不再广播，直接进行数据帧的转发。

交换机拥有一条很高带宽的背部总线和内部交换矩阵。交换机的所有端口都挂接在这条背部总线上，控制电路收到数据帧以后，处理端口会查找内存中的地址对照表，以确定目的MAC（网卡的硬件地址）的NIC（网卡）挂接在哪个端口上，通过内部交换矩阵迅速将数据包传送到目的端口。目的MAC若不存在，就广播到所有的端口，这一过程叫作泛洪（Flood）。接收端口回应后，交换机会“学习”新的MAC地址与端口对应关系，并把它添加入内部MAC地址表中。使用交换机也可以把网络“分段”，通过对照IP地址表，交换机只允许必要的网络流量通过交换机。通过交换机的过滤和转发，可以有效地减少冲突域，但它不能划分网络层广播，即广播域，除非划分了VLAN。

3.3.4 交换机的主要功能

从交换机的工作过程中可以看到，交换机也具有类似网桥的功能。

1. 学习

以太网交换机了解每一端口相连设备的MAC地址，并将地址同相应的端口进行映射，存放在交换机缓存中的MAC地址表中。

2. 转发

当一个数据帧的目的地址在MAC地址表中有映射时，就会被转发到连接目的节点的端口，而不是所有端口（如该数据帧为广播/组播帧，则转发至所有端口）。

3. 避免回路

如果交换机被连接成回路状态，很容易使广播包反复传递，从而产生广播封闭，进而造成广播风暴，最后造成设备瘫痪。高级交换机会通过生成树协议技术避免回路的产生，并且起到线路的冗余备份的作用。

注意事项 广播风暴

广播风暴（Broadcast Storm）是指由于网络拓扑的设计和连接问题，或其他原因导致广播在网段内大量复制，传播数据帧，导致网络性能下降，甚至网络瘫痪。产生广播风暴的原因很多，包括网线短路、病毒、环路等，如图3-30所示。

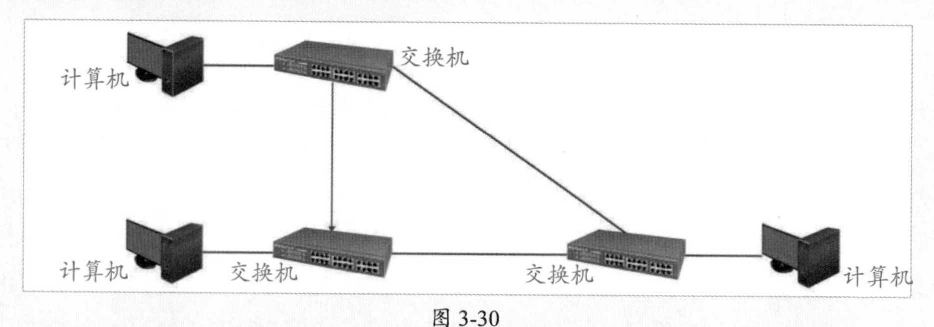

图 3-30

4. 提供大量接口

交换机一般为网络终端的直连设备，为大量计算机及其他有线网络设备提供接入端口，完成星形拓扑结构。

5. 分割冲突域

分割冲突域的功能和网桥的作用类似。这里不再赘述。

3.3.5 交换机高级技术

交换机的高级技术与实际需求是分不开的，常见的交换机高级技术有多层交换技术、PoE技术以及链路聚合技术等。

1. 多层交换技术

二层交换机是工作在数据链路层的交换机，也是日常使用最多的网络设备。根据MAC地址进行转发。

三层交换机带有路由功能。三层交换机由硬件结合实现数据的高速转发。一般在大、中型企业局域网中，核心交换机都选择三层交换机，以实现VLAN间的高速转发。

四层交换机的一个简单定义是，它是一种功能，决定传输不仅仅依据MAC地址（二层交换）或源/目标IP地址（三层路由），而是依据第四层传输协议（TCP/UDP）及应用端口号等。

知识点拨

三层交换技术

三层交换技术简单来说就是“一次路由、多次转发”。三层路由器可以经过一次路由，并对通信双方进行标记，下次两方再通信时，就不需要路由，直接变成二层转发即可，这样就极大地提高了局域网交换设备的工作效率。

2. PoE技术

PoE是在以太网中使用双绞线传输数据并传输电能。一些设备的安装位置不易取电，可以采用PoE供电，如网络监控系统中的网络摄像机（图3-31），以及各种无线AP接入点都经常使用PoE交换机进行供电。关于无线设备，在后面的无线局域网部分会重点介绍。

3. 链路聚合技术

链路聚合可以让交换机之间及交换机与服务器之间的链路带宽有非常好的伸缩性，例如可以把2个、3个、4个千兆的链路绑定在一起，使链路的带宽成倍增长。链路聚合技术可以实现不同端口的负载均衡，同时也能够互为备份，保证链路的冗余性。在一个网络中设置冗余链路，并用生成树协议让备份链路阻塞，在逻辑上不形成环路，一旦出现故障，则启用备份链路。所以在购买核心交换机时，一定要查看其是否支持链路聚合技术。

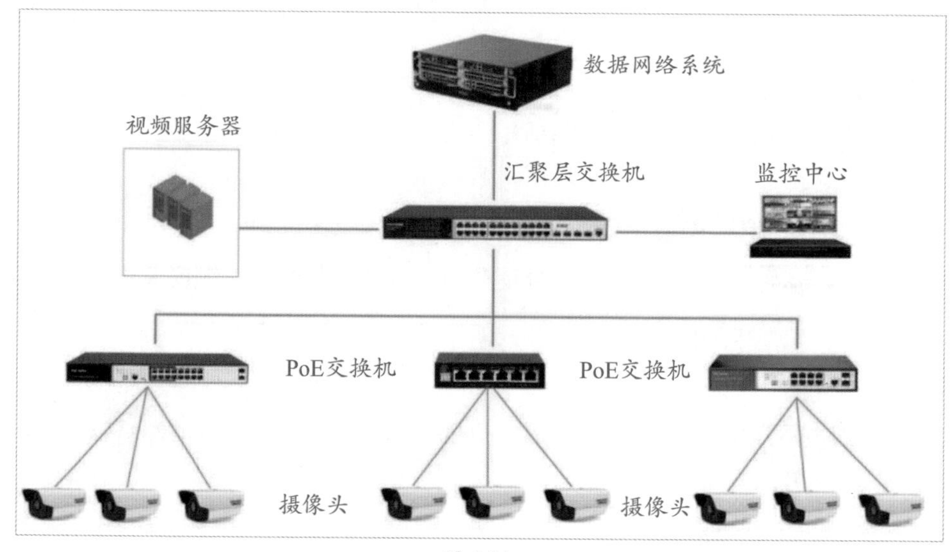

图 3-31

3.4 路由器

路由器属于网络层的设备，其他的还有三层交换机以及防火墙等。本节将介绍路由器的相关知识。

3.4.1 路由器简介

路由器又称为网关，是网络层最常见的设备，如图3-32所示，是互联网的枢纽设备。路由器会根据网络的情况自动选择和设定路由表，以最佳路径按前后顺序发送数据包。

图 3-32

在实际应用中，路由器按照不同的用途和使用环境，可以分为以下三种。

1. 接入级路由器

接入级路由器是生活中最常见的路由器，加上无线功能后，也叫作无线路由器，如图3-33所示，主要在家庭或小型企业中带机量不多的情况下使用。可以使用PPP（Point to Point Protocol）拨号连接网络，另外接入级路由器还提供实用的管理功能。

图 3-33

2. 企业级路由器

企业级路由器如图3-34所示，主要用在各种大、中型企业局域网中，其主要目标是路由和数据转发，并进一步要求支持不同的服务质量。企业级路由器支持一定的服务等级，另外考虑是否允许分成多个优先级别，是否容易配置，是否支持QoS等，还要求企业级路由器有效地支持组播。企业级路由器还要处理历史遗留的各种LAN技术，支持多种协议，包括IP、IPX等。企业级路由器还要支持防火墙、包过滤以及大量的管理和安全策略以及VLAN等。

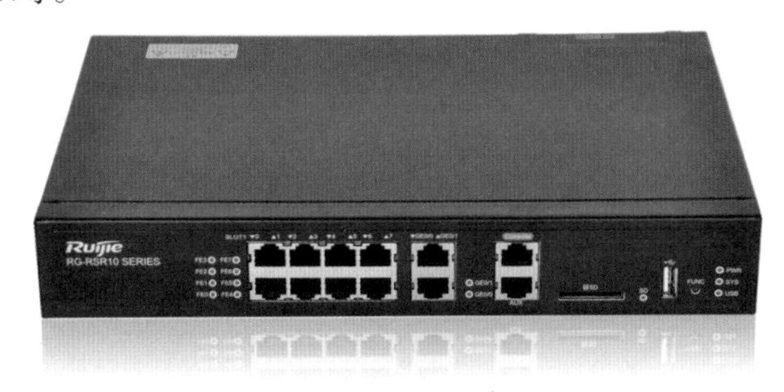

图 3-34

3. 骨干级路由器

骨干级路由器实现企业级网络的互联。对骨干级路由器的要求是速度和可靠性，代价则处于次要地位。硬件可靠性可以采用热备份、双电源、双数据通路等获得。骨干IP路由器的主要性能瓶颈是在转发表中查找某个路由所耗的时间。当收到一个包时，输入端口在转发表中查找该包的目的地址以确定其目的端口，当包要发往许多目的端口时，势必会增加路由查找的代价。因此，将一些常访问的目的端口放到缓存中，能够提高路由查找的效率。不管是输入缓冲还是输出缓冲路由器，都存在路由查找的瓶颈问题。

3.4.2 路由器的工作原理

路由器在加入到网络中后，会自动定期同其他路由器进行沟通，将自己连接的网络信息发送给其他路由器，并接收到其他路由器的网络宣告包，然后更新路由表，等待数据包并进行转发。路由器的工作过程如图3-35所示。

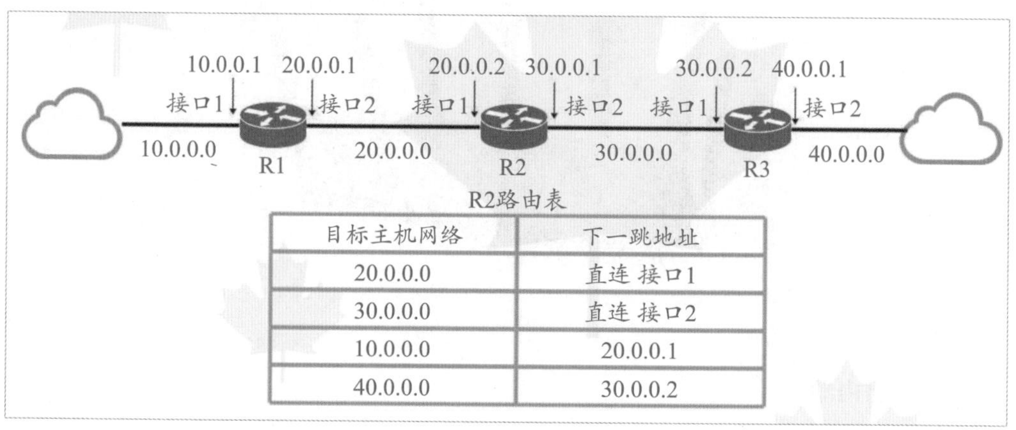

目标主机网络	下一跳地址
20.0.0.0	直连 接口1
30.0.0.0	直连 接口2
10.0.0.0	20.0.0.1
40.0.0.0	30.0.0.2

图 3-35

如果从10.0.0.0网络中接收到数据包，R1会首先拆包并查看目的IP地址，如果是在10.0.0.0网段中，则不会进行转发。如果目标是20.0.0.0网段，会从R1接口2直接发出，交给目标设备。如果目的地址是30.0.0.0或者40.0.0.0网段，则检查路由表，通过对应的下一跳地址或者接口将数据包发送出去。如果没有到达目的网络的路由项，则查看是否有默认路由，将包发给默认路由即可。这样IP数据报最终一定可以找到目的主机所在目的网络上的路由器（可能要通过多次的间接交付）。只有到达最后一个路由器时，才试图向目的主机进行直接交付。如果确实找不到目标网络，则会报告转发分组错误。

注意事项 路由表

路由表中记录了路由器的路由信息，表的构造和MAC地址表的构造类似，但是针对的是IP地址，其中记录了目的主机所在的网络以及下一跳的地址信息或者接口信息。所谓下一跳，就是目的地址是非直连的其他网段IP，则通过下一跳地址，将数据包从对应的端口发送出去，这样就能到达下一个路由器，再通过下一个路由器到达目的网络或者再次中转。

3.4.3 路由器的作用

网络层的功能，如选路由、转发数据包、连接异构网络等，基本都是路由器实现的。下面介绍路由器的主要作用。

1. 共享上网

共享上网是家庭及小型企业最常使用的功能。局域网的计算机及其他终端设备通过路由器连接Internet，如图3-36所示。

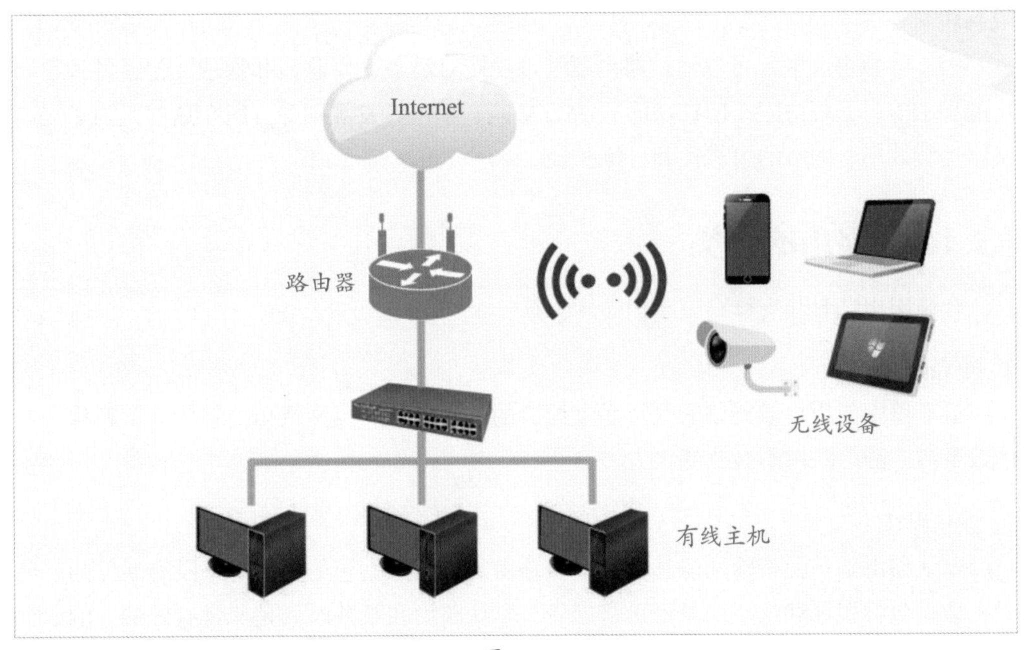

图 3-36

2. 连接不同类型网络

所谓不同类型网络，指的是在互联网上，除了以太网以外，还有在网络层使用其他不同协议的网络。路由器就是在这些不同网络之间起到连接并传输数据的作用。另外在局域网中，不同网络也指不同网段的网络。划分不同网段，可以隔绝广播域。而不同网段之间需要进行通信，就需要使用路由器。

3. 路由选择

路由器可以自动学习不同网络的逻辑拓扑情况，并形成路由表。数据到达路由器后，路由器根据目的地址进行路由计算，结合路由表形成最优路径，最终将数据转发给下一网络设备。

4. 流量控制

通过流量控制，可避免传输数据的拥挤和阻塞。

5. 过滤和隔离

路由器可以隔离广播域，过滤掉广播包，减少广播风暴对整个网络的影响。

6. 分段和组装

网络传输的数据分组大小可以不同，需要路由器对数据分组进行分段或重新组装。

7. 网络管理

家庭和小型企业用户使用小型路由器共享上网，可以在路由器上实现网络管理功能，例如设置无线信道、名称、密码、速率、DHCP功能，还可进行ARP绑定、限速、限制联网等。

大、中型企业中，可以通过路由器管理功能对设备进行监控和管理，包括各种限制功能、VPN、远程访问、NAT功能、DMZ功能、端口转发规则等。所有这些是为了提高网络运行效率、网络的可靠性和可维护性。

3.4.4 路由的种类

在路由中，有几种特殊的路由需要了解。

1. 静态路由

静态路由指用户或网络管理员手动配置的路由信息。当网络拓扑结构或链路状态发生改变时，静态路由不会改变。

2. 默认路由

默认路由是一种特殊的静态路由，当路由表中与数据包的目的地址没有匹配的表项时，数据包将根据默认路由条目进行转发。默认路由在某些时候是非常有效的，例如在末梢网络中，默认路由可以大大简化路由器的配置，减轻网络管理员的工作负担。

3. 动态路由

动态路由会自动进行路由表的构建。第一步，路由器要获得全网的拓扑，该拓扑包含所有的路由器和路由器之间的链路信息，拓扑就是地图；第二步，路由器在该拓扑中计算出到达目的地（目的网络地址）的最优路径。

路由器使用路由协议从其他路由器那里获取的路由。当网络拓扑发生变化时，路由器会更新路由信息。根据路由协议自动发现路由，修改路由，无须人工维护，但是路由协议开销大，相对静态路由来说维护较复杂。

相比动态路由协议，静态路由无须频繁地交换各自的路由表，配置简单，比较适合小型、简单的网络环境。不适合大型和复杂的网络环境的原因：当网络拓扑结构和链路状态发生改变时，网络管理员需要做大量的调整，工作繁重，而且无法感知错误发生，不易排错。

3.5 防火墙

硬件防火墙是一种位于内部网络与外部网络之间的网络安全系统，依照特定的规则，允许或是限制传输的数据通过。

3.5.1 防火墙简介

防火墙指的是一个由软件和硬件设备组合而成、在内部网和外部网之间、专用网与公共网之间的界面上构造的保护屏障，使局域网与外部网络之间建立起一个安全网关，从而保护内部网络免受非法用户的侵入。防火墙主要由服务访问规则、验证工具、包过滤和应用网关4部分组成。防火墙有硬件防火墙与软件防火墙之分，硬件防火墙就如图3-37所示，软件防火墙可以安装到服务器上，或者放置在网络出口处。

图 3-37

网络上的每一个数据包中会包含一些特定的信息，如数据的源地址、目标地址、源端口号和目标端口号等。防火墙通过读取数据包中的地址信息，来判断这些包是否来自可信任的网络，并与预先设定的访问控制规则进行比较，进而确定是否需要对数据包进行处理和转发。数据包过滤可以防止外部不合法用户对内部网络的访问，但由于不能检测数据包的具体内容，所以不能识别具有非法内容的数据包，无法实施对应用层协议的安全处理。如果用户需要，也可以选择应用层防火墙。

3.5.2 防火墙的作用

防火墙作为局域网或者网络关键部分的大门，需要安装到网络数据流必须经过的位置，然后对所有流经其网卡的数据包按照规则进行处理，过滤掉防火墙中限制的数据包或网络恶意攻击。防火墙的主要功能如下。

1. 保护内部网络

只有规则允许的、安全的、符合防火墙规则的数据包才允许放行，从而提高内部网络的安全性。拒绝或丢弃外部具有威胁或恶意的数据包，这样外部的攻击就不能利用一些漏洞或协议以及端口来攻击内部网络。

2. 代理上网

如果用户的网络出口采用的是防火墙，在防火墙上也可以配置NAT服务器来代理内网用户的外网访问。

3. 建立完善的安全认证系统

通过以防火墙为中心的安全方案配置，能将所有安全软件（如口令、加密、身份认证、审计等）部署在防火墙上。与将网络安全问题分散到各个主机上相比，防火墙的集中安全管理更经济而且VPN功能也可以配置在防火墙上，搭建安全的远程安全访问体系。

4. 监控审计

防火墙在防御后，会将恶意或可疑攻击记录下来，并通知管理员，以便管理员了解攻击事件，并做好进一步的防御或排查工作。同时防火墙也能提供网络使用情况的统计数据。当发生可疑动作时，防火墙能进行报警，并提供网络是否受到监测和攻击的详细信息。

5. 管控内网数据流

通过防火墙，将内网进一步划分成外网可以访问的部分，如各种网页服务，以及内部不允许联网的特殊部门。可实现内部网重点网段的隔离，从而限制局部重点或敏感网络的安全问题对全局网络造成的影响。

3.5.3 防火墙的分类

根据不同的应用，防火墙有针对不同层次的防御，所以在网络层、传输层以及应用层都有应用。

包过滤型防火墙：在网络层与传输层中，可以基于数据源头的地址以及协议类型等标志特征进行分析，确定是否可以通过。

应用代理型防火墙：应用代理防火墙主要的工作范围是在OSI的最高层——应用层，其主要特征是可以完全隔离网络通信流，通过特定的代理程序可以实现对应用层的监督与控制。

复合型防火墙：综合了包过滤防火墙技术以及应用代理防火墙技术的优点，例如发过来的安全策略是包过滤策略，那么可以针对报文的报头部分进行访问控制；如果安全策略是代理策略，就可以针对报文的内容数据进行访问控制，因此复合型防火墙技术综合了其组成部分的优点，同时摒弃了两种防火墙的原有缺点，提高了防火墙技术在应用实践中的灵活性和安全性。

知识延伸：双绞线的制作

以常见的六类非屏蔽网线为例介绍双绞线的制作方法。

Step 01 使用网线钳的剥线口将网线外皮剥开，露出四对网线，并将中间的十字骨架齐根剪掉，完成后如图3-38所示。如果是屏蔽线，会存在屏蔽层，将屏蔽层金属网和金属铝箔也剪掉。

Step 02 将四对网线解开，按照T568B的线序整理好，套入分线模块，如图3-39所示。套入过程中注意分线架的方向，并尽量让线平直。套入后，检查线序是否正确。

图 3-38

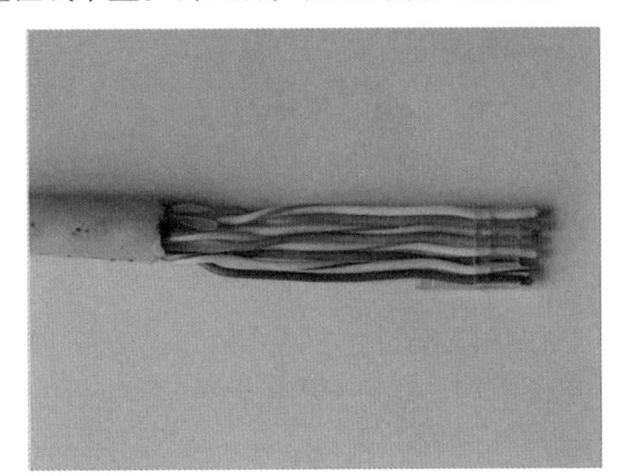

图 3-39

Step 03 将分线器尽量向下拉，并根据水晶头大小，确定好留下的网线长度，然后将多余的部分剪掉，如图3-40所示。

Step 04 将网线连同分线器插入水晶头外壳中，注意方向，如图3-41所示。

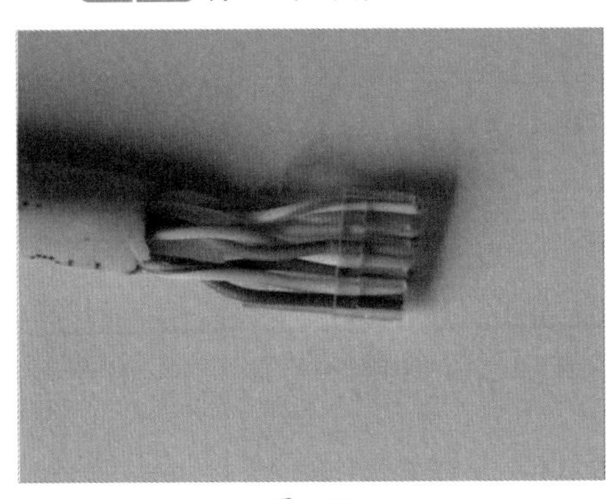

图 3-40

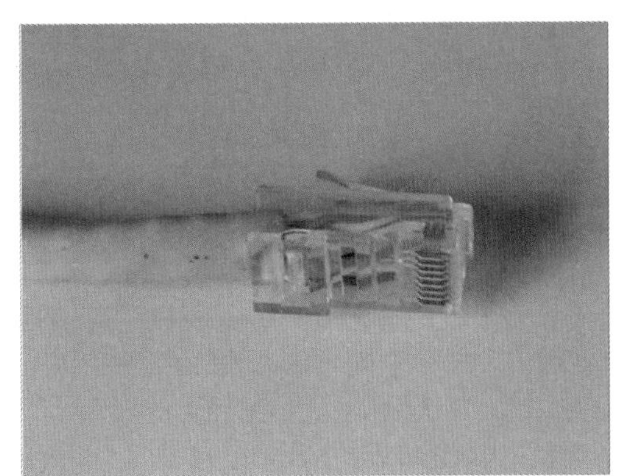

图 3-41

Step 05 将水晶头放入压线钳中，用力压紧即可，如图3-42所示。

Step 06 最后，使用测线仪检测八根网线是否全部连通，如图3-43所示。

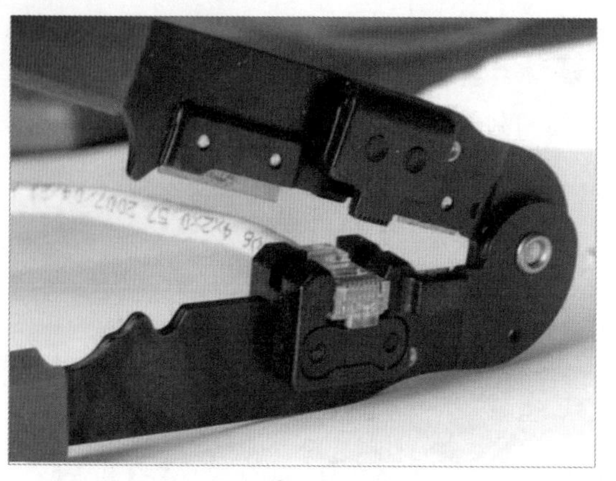

图 3-42

图 3-43

如果制作超五类线，则在剥开外皮后，按线序排列好网线。然后将线在合适距离用压线钳切整齐，插入超五类的水晶头。最后用压线钳压入水晶头金属弹簧片，即制作完毕。

知识点拨

光纤上网

光纤上网的拓扑结构如图3-44所示。

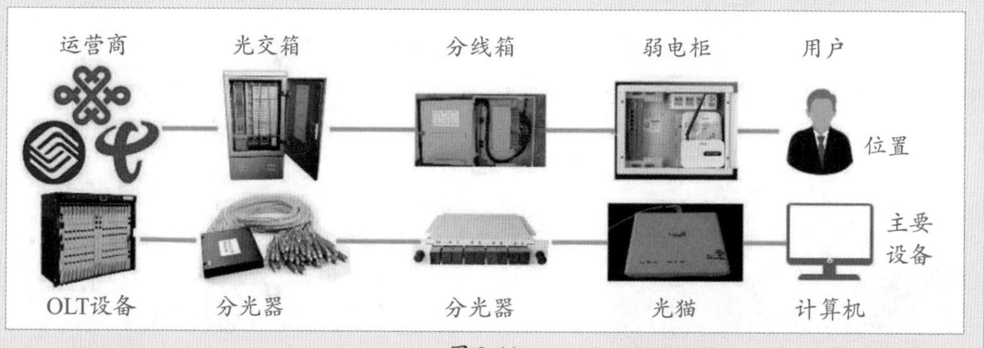

图 3-44

从拓扑图可以看到，从运营商的OLT设备出来后，会进入到光纤的第一级分级设备，也就是经常在路边看到的运营商使用的大箱子——光交箱。光交箱会使用1：16、1：32甚至更高比例的分光器，将光纤分为多路，或者将多路信号汇总。而下级的分纤箱一般使用1：8的分光器。最后通过家庭使用的光纤猫将光信号转换成电信号，通过双绞线连到计算机上。这样数据就可以在运营商和用户间进行传播，这种方式也叫作PON。PON采用WDM，即波分复用技术实现单光纤双向传输，上行波长为1310nm，下行波长为1490nm。

第4章 无线局域网的组建

在有线局域网的基础上加入无线功能，就变成了无线局域网。随着无线智能设备的增多、无线技术的发展，无线局域网的覆盖率越来越高。本章将介绍无线局域网的相关技术、设备、连接及设置方法。

重点难点

- 无线局域网的标准与结构
- 无线设备及其作用
- 无线局域网的配置及管理

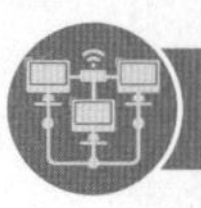

4.1 无线局域网概述

局域网的连接介质包括同轴电缆、双绞线以及光纤等有线介质，还可以使用电磁波等进行无线连接。下面介绍无线局域网的相关知识。

4.1.1 无线局域网简介

无线局域网（Wireless Local Area Network，WLAN）指应用无线通信技术将计算机设备互联，构成可以互相通信和实现资源共享的网络体系。无线局域网的本质特点是不再使用通信电缆将计算机与网络连接起来，而是通过无线的方式连接，从而使网络的构建和终端的移动更加灵活。无线局域网是负责在短距离范围内无线通信接入功能的网络。目前无线局域网络是以IEEE学术组织的IEEE 802.11技术标准为基础，也就是所谓的WiFi网络。

目前无线局域网已经遍及生活的各个角落，家庭、学校、办公楼、体育场、图书馆、公司、大型企业等都有无线技术的身影。另外无线技术还可以解决一些有线技术难以覆盖或者布置有线线路成本过高的地方，如山区、跨河流、湖泊以及一些危险区域。

知识点拨

无线广域网

根据覆盖范围的不同，除无线局域网外，还有无线广域网（Wireless Wide Area Network，WWAN）和无线城域网（Wireless Metropolitan Area Network，WMAN）。无线广域网是基于移动通信基础设施，由网络运营商所经营的。WWAN连接地理范围较大，常常是一个国家或是一个洲，其结构分为末端系统（两端的用户集合）和通信系统（中间链路）两部分。无线城域网是可以让接入用户访问固定场所的无线网络，其可以将一个城市或者地区的多个固定场所连接起来。

1. 无线局域网的优点

- **灵活性和移动性：** 在有线网络中，网络设备的安放位置受网络位置的限制，而无线局域网在无线信号覆盖区域内的任何一个位置都可以接入网络。而且在移动的同时，能一直与网络保持连接。
- **安装便捷：** 无线局域网可以最大程度地减少网络布线的工作量，一般只要安装一个或多个接入点设备，就可建立覆盖整个区域的局域网络。
- **易于进行网络规划和调整：** 对于有线网络来说，办公地点或网络拓扑的改变通常意味着重新布线。重新布线是一个昂贵、费时、浪费和琐碎的过程，无线局域网可以避免或减少这种情况发生。
- **故障定位容易：** 有线网络一旦出现物理故障，尤其是由于线路连接不良而造成的网络中断，往往很难查明原因，而且检修线路需要付出很大的代价。无线网络则能很容易地定位故障，只需更换故障设备即可恢复网络连接。

- **易于扩展：** 无线局域网可以很快地从只有几个用户的小型局域网扩展到上千用户的大型网络，并且能够提供节点间“漫游”等有线网络无法实现的特性。

2. 无线局域网的缺点

- **性能：** 无线局域网是依靠无线电波进行传输的。这些电波通过无线发射装置进行发射，而建筑物、车辆、树木和其他障碍物都可能阻碍电磁波的传输，从而影响网络的性能。
- **速率：** 无线信道的传输速率受很多因素影响，与有线信道相比要稍低，适合于个人终端和小规模网络应用。另外延时和丢包问题一直是困扰无线网络的因素。
- **安全性：** 本质上无线电波不要求建立物理的连接通道，无线信号是发散的。从理论上讲，很容易监听到无线电波广播范围内的任何信号，造成通信信息泄露。

4.1.2 常见的无线技术

无线的本质是电磁波，包括常见的无线电波、微波以及红外线。现在可见光也可以进行无线传输。无线网络使用的技术非常多，如经常使用的蓝牙技术、3G、4G、5G技术，以及WLAN使用的WiFi 6等。因为无线网络的范围太大，专业性也比较强，所以下面仅介绍无线局域网所使用的几种常用无线技术和标准。

1. 802.11标准

IEEE 802.11无线局域网标准的制定是无线网络技术发展的一个里程碑，如图4-1所示。802.11标准的颁布，使得无线局域网在各种有移动要求的环境中被广泛接受。802.11是无线局域网目前最常用的传输协议，各个公司都有基于该标准的无线网卡产品。

2. 蓝牙

对于802.11来说，蓝牙的出现不是为了竞争，而是为了与无线技术相互补充。蓝牙是一种近距离无线数字通信的技术标准，如图4-2所示，传输距离为10cm～10m，增加发射功率后可达到100m。蓝牙比802.11更具移动性，例如，802.11限制在办公室和校园内，而蓝牙却能把一个设备连接到局域网和广域网，甚至支持全球漫游。此外，蓝牙成本低、体积小，可用于更多的设备。蓝牙最大的优势还在于，在更新网络骨干时，如果搭配蓝牙架构进行，使得整体网络的成本比铺设线缆要低。

图 4-1

图 4-2

3. HomeRF

HomeRF主要为家庭网络设计，是IEEE 802.11与数字无绳电话标准的结合，旨在降低语音数据成本。HomeRF也采用了扩频技术，工作在2.1GHz频带，能同步支持4条高质量语音信道。

4. HiperLAN

HiperLAN 1推出时，数据速率较低，没有被人们重视。在2000年，HiperLAN 2标准制定完成，HiperLAN 2标准的最高数据速率为54Mb/s，详细定义了WLAN的检测功能和转换信令，用以支持更多无线网络，支持动态频率选择、无线信元转换、链路自适应、多束天线和功率控制等。HiperLAN标准在WLAN性能、安全性、服务质量等方面也给出了一些定义。

4.1.3 无线局域网通用标准

现在的WLAN主要以802.11为标准，定义了物理层和MAC层规范，允许无线局域网及无线设备制造商建立互操作网络设备。基于IEEE 802.11系列的WLAN标准共21个，其中802.11a、802.11b、802.11g、802.11n、802.11ac和802.11ax最具代表性。各标准的有关数据如表4-1所示。

表 4-1

协议	使用频率	兼容性	理论最高速率	实际速率
802.11a	5GHz		54 Mb/s	22 Mb/s
802.11b	2.4GHz		11 Mb/s	5 Mb/s
802.11g	2.4GHz	兼容b	54 Mb/s	22 Mb/s
802.11n	2.4GHz/5GHz	兼容a/b/g	600 Mb/s	100 Mb/s
802.11ac W1	5GHz	兼容a/n	1.3 Gb/s	800 Mb/s
802.11ac W2	5GHz	兼容a/b/g/n	3.47 Gb/s	2.2 Gb/s
802.11ax	2.4GHz/5GHz		9.6 Gb/s	

WiFi 6其实就是第6代无线技术——IEEE 802.11 ax，是IEEE 802.11无线局域网标准的最新版本，提供了对之前的网络标准的兼容，也包括现在主流使用的802.11n/ac。电气电子工程师学会为其定义的名称为IEEE 802.11ax，负责商业认证的WiFi联盟为方便宣传而称作WiFi 6，其特点如下。

- **速度：** WiFi 6在160MHz信道宽度下，单流最高速率为1201Mb/s，理论最大数据吞吐量为9.6Gb/s。
- **续航：** 这里的续航针对连接上WiFi 6路由器的终端。WiFi 6采用TWT（Target

Wake Time，目标唤醒时间），路由器可以统一调度无线终端休眠和数据传输的时间，不仅可以唤醒协调无线终端发送、接收数据的时机，减少多设备无序竞争信道的情况，还可以将无线终端分组到不同的TWT周期，增加睡眠时间，提高设备电池寿命。

- **延迟：** WiFi 5平均延迟是30ms，WiFi 6平均延迟降低为20ms。

当然，如果要使用WiFi 6，就需要使用包括支持WiFi 6的路由器和终端。

注意事项 WiFi与WLAN

很多场合会把WiFi和WLAN看作一样的，但是两者确有不同。WiFi是一种可以将个人计算机、手持设备（如平板电脑、手机）等终端以无线方式互相连接的技术。WLAN是工作于2.5GHz或5GHz频段，并以无线方式构成的局域网，简称无线局域网。

从包含关系上来说，WiFi是WLAN的一个标准，WiFi包含于WLAN中，属于采用WLAN协议的一项技术。WiFi的覆盖范围可达90m，而WLAN最大可以到5km。WiFi无线上网比较适合智能手机、平板电脑等智能型数码产品。

4.1.4 无线局域网的拓扑结构

常见的无线局域网的拓扑结构有如下几种。

1. 对等网

对等网也叫Ad-Hoc，由一组有无线网卡的计算机组成，如图4-3所示。这些计算机使用相同的工作组名、ESSID和密码，并以对等的方式相互连接，在WLAN的覆盖范围之内，进行点对点或点对多点之间的通信。

这种组网模式不需要固定的设施，只需要在每台计算机中安装无线网卡就可以实现，因此非常适用于一些临时组建的网络，以及终端数量不多的网络。

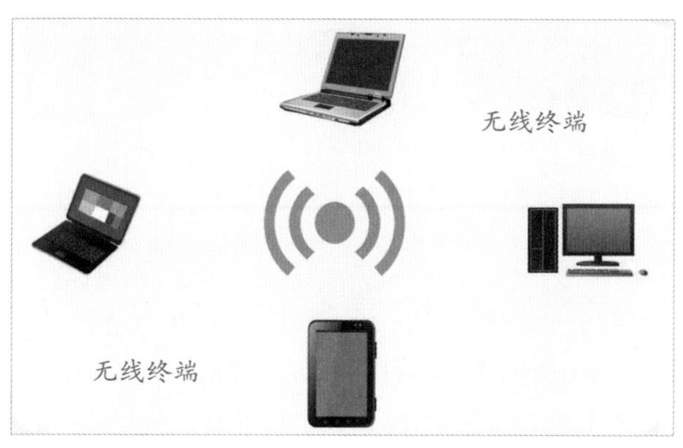

图 4-3

2. 基础结构网络

在基础结构网络中，具有无线接口卡的无线终端以无线接入点AP为中心进行连接和通信，如图4-4所示。基础结构网络可以通过无线网桥、无线接入网关、无线接入控制器及无线接入服务等设备将无线局域网与有线网络连接起来，组建多种复杂的无线局域网接入网络，实现无线移动办公的接入。任意站点之间的通信都需要使用AP转发，终端也使用AP接入网络。

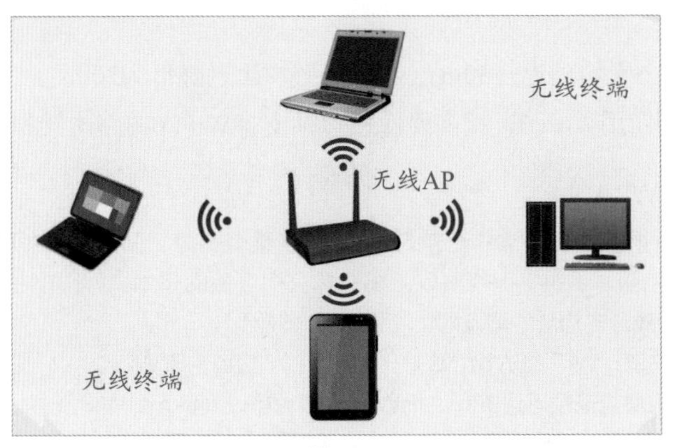

图 4-4

知识点拨

BSSID与ESSID

BSSID指接入点的MAC地址，不可修改。ESSID就是人们常说的SSID，可以修改。ESSID用来区分不同的无线网络，最多可以有32个字符。通过无线信号扫描可以发现AP发出的ESSID号，安全起见，可以隐藏无线AP的ESSID号。

3. 桥接模式

桥接模式也可以叫混合模式，如图4-5所示。在该种模式中，无线AP和节点1之间使用了基础结构的网络，而节点2通过节点1连接无线AP。

图 4-5

4. Mesh组网

Mesh组网即“无线网格网络”，是一种“多跳（multi-hop）”网络，由Ad-Hoc网络（对等网）发展而来。Ad-Hoc网络中的每一个节点都是可移动的，并且能以任意方式动态地保持与其他节点的连接，如图4-6所示。在网络演进的过程中，无线网络是一个不可或缺的技术，无线Mesh能够与其他网络协同通信，形成一个动态的、可不断扩展的网络架构，并且在任意的两个设备之间均可保持无线互联。

- Mesh组网是为了解决单一无线路由器无法覆盖到全部的范围，而采用的一种新型的组网技术，可以很轻松地达到无线覆盖。

- Mesh组网是一种多跳技术，让用户的WiFi设备机智地跳到一个最合适的天线上。
- Mesh组网之间一般支持有线/无线组阵列。
- Mesh组网之间的无线回程时，会拿出专属信道做Mesh组网间的联络，极限情况是会损失1/2的带宽来做Mesh组网的内部通信。所以当多个Mesh用无线回程级联几次以后，前后传输速度会相差很大。
- Mesh组网和AC+AP，前者是多跳网络，后者是天线管理。

Mesh路由器标配三个发射频段：一个2.4GHz频段和两个5GHz频段，Mesh组网使用5GHz高频段160M做无线接入点之间的高速数据流传输，而5GHz低频段80M以及2.4GHz频段则用来进行无线接入点与终端中速覆盖数据传输。

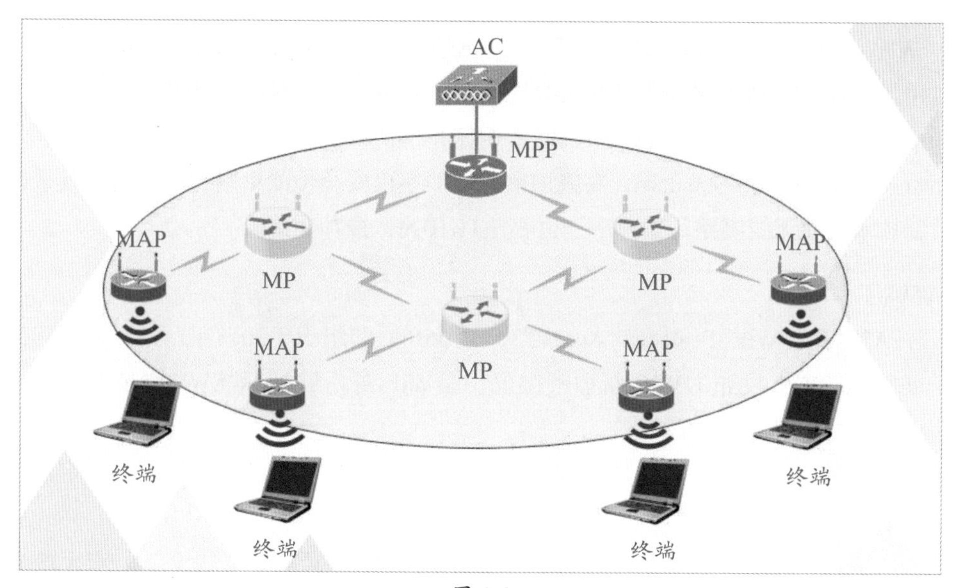

图 4-6

图4-6中，AC（Access Controller）控制和管理WLAN内所有的AP；MPP（Mesh Portal Point）控制有线与AC连接的无线接入点；MAP（Mesh Access Point）同时提供Mesh服务和接入服务的无线接入点；MP（Mesh Point）通过无线与MPP连接，但是不接入无线终端的无线接入点。

知识点拨

Mesh组网的优势

- **部署简便：** Mesh组网的设计目标是将有线设备和无线接入点的数量降至最低，因此能大大降低总拥有成本和安装时间。
- **稳定性强：** Mesh组网比单跳网络更加健壮，因为它不依赖于某一个单一节点的性能。
- **结构灵活：** 在多跳网络中，设备可以通过不同的节点同时连接到网络。
- **超高带宽：** 一个节点不仅能传送和接收信息，还能充当路由器对其附近节点转发信息，随着更多节点的相互连接和可能的路径数量的增加，总的带宽也会大大增加。

4.1.5 无线安全技术

对于公共场所中安全性要求较高的用户，需要引入一些无线安全机制，如加密技术。常见的无线安全加密技术有WPA/WPA2、WPA-PSK/WPA2-PSK、WPA3。

1. WPA/WPA2

WPA/WPA2是一种安全的加密类型，不过由于此加密类型需要安装Radius服务器，因此，普通用户一般用不到，只有企业用户为了无线加密更安全才会使用此种加密方式，在设备连接无线WiFi时需要Radius服务器认证，而且还需要输入Radius密码。

2. WPA-PSK/WPA2-PSK

WPA-PSK/WPA2-PSK是现在最普遍的加密类型，这种加密类型安全性能高，而且设置也相当简单。WPA-PSK/WPA2-PSK数据加密算法主要有两种：TKIP和AES，其中TKIP（Temporal Key Integrity Protocol，临时密钥完整性协议）是一种旧的加密标准，而AES（Advanced Encryption Standard，高级加密标准）不仅安全性能更高，而且由于其采用的是最新技术，在无线网络传输速率上也要比TKIP快，推荐使用。

3. WPA3

WPA3全名为WiFi Protected Access 3，是WiFi联盟组织于2018年1月8日在国际消费电子展（CES）上发布的WiFi新加密协议，是WiFi身份验证标准WPA2技术的后续版本。WPA3主要改进的地方如下。

（1）对使用弱密码的人采取“强有力的保护”。如果密码多次输错，将锁定攻击行为，屏蔽WiFi身份验证过程来防止暴力攻击。

（2）WPA3将简化显示接口受限，甚至包括不具备显示接口的设备的安全配置流程。能够使用附近的WiFi设备作为其他设备的配置面板，为物联网设备提供更好的安全性。用户将能够使用手机或平板计算机来为另一个没有屏幕的设备（如智能锁、智能灯泡或门铃等小型物联网设备）设置密码和凭证，而不是允许任何人访问和控制。

（3）在接入开放性网络时，通过个性化数据加密增强用户隐私的安全性，这是对每个设备与路由器或接入点之间的连接进行加密的一个特征。

（4）WPA3的密码算法提升至192位的CNSA等级算法，与之前的128位加密算法相比，增加了字典法暴力密码破解的难度，并使用新的握手重传方法取代WPA2的四次握手，WiFi联盟将其描述为“192位安全套件”。该套件与美国国家安全系统委员会国家商用安全算法（CNSA）套件相兼容，将进一步保护政府、国防和工业等更高安全要求的WiFi网络。

4.2 无线局域网常用设备

无线局域网的设备均具备无线功能，具有无线信号的接收和发送能力。常见的无线设备包括无线路由器、无线AP、无线控制器、无线网桥和无线网卡等。

4.2.1 无线路由器

无线路由器是小型无线局域网的核心设备，所使用的网络拓扑仍然是星形结构。下面介绍无线路由器的相关知识。

1. 无线路由器简介

因为无线路由器仍属于路由器的一种，所以其具备寻址、数据转发的基本功能，同时具有无线信号传输的作用。小型的路由器如图4-7所示，主要在家庭和小型公司等小型局域网中使用，一般具备有线接口和无线功能，可以连接各种有线及无线设备，起到设备互联和共享上网的目的，如图4-8所示。而大、中型企业通常使用的是无线管理+AP的模式来提供网络连接和共享上网的功能。

图 4-7

图 4-8

2. 无线路由器的参数

在了解路由器及选购路由器时，需要了解以下一些常见指标。

（1）接口。

无线路由器的接口一般是RJ-45接口，一般具备连接外网的WAN接口，一般是一个，有些面对多条网线的情况，需要提供多个WAN口。下行的LAN接口一般提供2～4个。有些路由器提供的接口是WAN/LAN自适应，如图4-9所示。有些还带有光纤接口。其他的接口和功能有关，例如提供可以存储功能的USB接口，提供外接硬盘的SATA接口等。

整机接口	4×10/100/1000/2500M 自适应WAN/LAN口 1×10/100/1000/2500/5000/10000M自适应WAN/LAN口 1×1000M/2500M/10000M SFP+网口 1×USB 3.0接口

图 4-9

（2）标准。

在有线方面，因为现在WAN口运营商的网络带宽大多以1000Mb/s起步，所以大部分无线路由器的WAN口都是1000Mb/s网口。至于LAN口，为了适应家庭和公司未来发展，建议也选择支持1000Mb/s的网口，这种路由器也叫作全千兆路由器。在查看路由器参数时，一定要查看参数是否遵循IEEE 802.3a/b标准，该标准规定了千兆有线传输。

注意事项 网线的选择

如果搭建的是全千兆网络，那么除了路由器支持千兆、用户计算机网卡也是千兆外，网络设备之间的连接线也需要满足六类及以上的网线，或者线缆材质较好、传输距离较短的超五类网线。

在无线方面，WiFi 6在未来会是主流；在速度方面，WiFi 6的速度将是WiFi 5的1.5倍，可以达到3Gb/s。当然，不同的路由器，有不同的表现。无线路由器并发高，支持的设备更多，网络延迟低，信号覆盖也强，这种高带宽还需要WiFi 6网络终端的支持，如手机、智能家电等，所以用户在选购其他智能设备时，需要根据未来的发展方向进行选择。在选购时，注意其标准一定要支持802.11ax，如图4-10所示。

LED指示灯	7个（SYSTEM指示灯*1，INTERNET指示灯*1，网口灯*4，AIoT状态灯*1）
系统重置按键	1个
电源输入接口	1个
协议标准	IEEE 802.11a/b/g/n/ac/ax，IEEE 802.3/3u/3ab
认证标准	GB/T9254-2008；GB4943.1-2011

图 4-10

（3）频率与速度。

在选购路由器时，经常看到路由器的宣传卖点，如双频、三频、万兆无线等。三频指路由器的无线电波同时使用的是2.4GHz、5.2GHz和5.8GHz三个频段传输信号。2.4GHz的穿墙能力强，传播距离远，带宽相对较低。5GHz的穿墙能力弱，传播距离相对较近，但是传输数据的带宽很高。万兆无线是三个频段相加得到的，如图4-11所示。

2.4G WiFi	4×4（理论最高速率可达1376.4Mb/s）
5.2G WiFi	4×4（理论最高速率可达5764.8Mb/s）
5.8G WiFi	4×4（理论最高速率可达2882.4Mb/s）

图 4-11

路由器是支持三个频段一起工作的，但与之相连的设备仅仅工作在一个模式下，而且终端设备的无线也不一定支持那么高的工作频率，所以用户的实际传输速度还需要参考其连接的频段所支持的最高带宽。

（4）MIMO。

在路由器的介绍中，经常看到的2×2、3×3、4×4指的就是MIMO（Multi Input Multi Output，多入多出），是为了极大地提高信道容量，在发送端和接收端都使用多根天线，在收发之间构成多个信道的天线系统。这样一来，就可以在不改变频谱效率和天线的发射功率的情况下，利用多路天线传输的办法来增加数据传输的速度。如4×4，第一个4代表路由器，第二个4代表接收端，这里不仅需要路由器支持该功能，在智能设备端也需要支持该功能，才能享受到相应的高带宽。

注意事项 天线越多，信号越强？

决定信号强弱的并不是天线的多少，而是WiFi芯片的发射功率。发射功率越大，信号自然就越强，覆盖范围也就越广。不过出于安全考虑，国家对芯片的发射功率有最高不超过20dBm，也就是100mW的发射功率的硬件限制。

另外，天线与路由器的速度也没有直接关系，需要看路由器采用了哪种MIMO技术，以及接收端是否支持，如果两个条件都满足，就可以享受对应的高带宽。

（5）硬件参数。

路由器本身相当于微型的计算机，CPU、内存（运存）、硬盘（闪存）等都有。路由器的硬件水平也能反映路由器的性能，常见的硬件参数及说明如下。

- 运算芯片的速度决定路由器的数据处理速度。
- 内存（运存）的大小影响运行速度和连接的设备数量。
- 信号放大器主要提高穿墙能力、传播数据时的稳定性和覆盖范围的大小。
- 天线的多少对穿墙能力、信号好坏、带宽的影响基本可以忽略不计，而应该查看多天线使用的传输技术，如常见的MIMO技术。
- **散热：** 散热需要重点考虑，因为路由器在家中基本不会关闭，所以路由器在长时间工作后，需要考虑其散热性，否则容易造成路由器死机。

4.2.2 无线AP

无线接入点（Access Point，AP）是无线局域网的一种典型应用，就是所谓的“无线访问节点”，无线AP是无线网和有线网之间沟通的桥梁，是组建无线局域网（WLAN）的核心设备。

无线AP包含内容很广泛，不仅包含单纯性无线接入点，也同样是无线路由器（含无线网关、无线网桥）等类设备的统称。无线AP主要提供无线工作站对有线局域网和从有线局域网对无线工作站的访问，在访问接入点覆盖范围内的无线工作站可以通过它进行相互通信。常见的无线AP如图4-12所示。

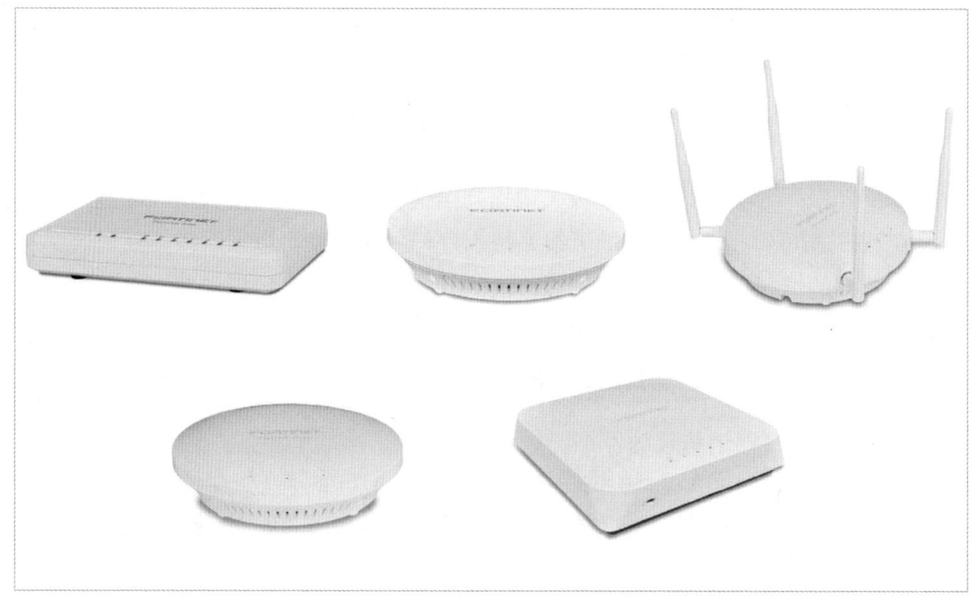

图 4-12

1. 无线AP的功能

一般的无线AP，其作用有三个。

- **共享：** 为接入AP中的无线设备提供共享上网，或者无线设备之间的数据通信和共享。
- **中继：** 放大接收到的无线信号，使远端设备可以接收到更强的无线信号，扩大无线局域网的覆盖范围，并为其中的无线设备提供数据传输服务。
- **互联：** 将两个距离较远的局域网通过两个无线AP桥接在一起，形成一个更大的局域网。此时两台AP地位相同，也不提供无线接入服务，只在两台AP之间收发数据。

2. 胖AP与瘦AP

胖AP除了能提供无线接入的功能外，同时还具备WAN口、LAN口等，功能比较全，一台设备就能实现接入、认证、路由、VPN、地址翻译等功能，有些还具备防火墙功能。胖AP可以简单地理解为具有管理功能的AP，其本身具有自配置的能力，它不光存储自己的配置，还可以执行自身的配置，同时有广播SSID及连接终端的功能。

知识点拨

路由器与AP

从上面的介绍可以知道，通常见到的无线路由器其实就是AP的一种——胖AP。

瘦AP通俗地理解就是将胖AP进行瘦身，去掉路由、DNS、DHCP服务器等功能，仅保留无线接入的部分。瘦AP一般指无线网关或网桥，它不能独立工作，必须配合无线控制器（AC）的管理才能成为一个完整的系统，多用于终端较多、无线质量要求较高的场合，要实现认证一般需要认证服务器或者支持认证功能的设备配合。

瘦AP硬件往往会更简单，多数充当一个被管理者的角色，因为很多业务的处理必须要在AC上完成，所以这样统一管理比单独管理要方便和高效很多。如大企业或校园部署无线覆盖，可能需要几百个无线AP，如果采用胖AP一个个地去设置会非常麻烦，而采用瘦AP可以统一管理及分发设置，效率会高很多。

胖AP不能实现无线漫游，从一个覆盖区域到另一个覆盖区域需要重新认证，不能无缝切换。瘦AP从一个覆盖区域到另一个覆盖区域能自动切换，且不需要重新认证，使用较方便。当然，现在很多AP都是胖瘦一体式，可以随时切换。

AC+瘦AP的组网方式现在使用得比较多，一般企业都会选择这种方式，主要是后期的管理维护会方便很多。胖AP的组网一般都是家庭在使用，一台AP就能覆盖所有的区域，不存在需要多台设备单独维护的情况。

3. 常见的AP种类

常见的AP分为吸顶式、面板式以及室外专用的AP等。

（1）吸顶式AP。

吸顶式AP如图4-13所示，安装在天花板上，提供多个工作频段，提供1个千兆接口，有些还提供管理接口。一般可以使用电源适配器供电，或者使用PoE交换机供电，这样一条网线就解决了数据和电源的问题。吸顶式AP可以单独使用，或者由对应品牌的AC统一管理，通过功能调节按钮设置工作模式，如图4-14所示。挑选时，需要查看其工作频段的带宽以及带机数量。

图 4-13

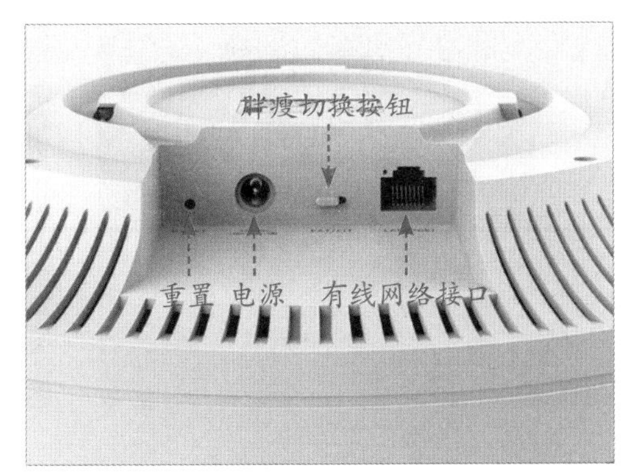

图 4-14

（2）面板式AP。

面板式AP是有线与无线的结合体，布置在墙体上，和信息盒类似，通过网线连接到AC或者交换机，并对外提供有线及无线连接，用户可以选择支持最新的WiFi 6的面板式AP。接口为千兆口，也可以调节胖瘦模式，支持PoE供电。面板式AP也可以实现无缝漫游功能，如图4-15所示。通过AC可以实现瘦模式上网功能，如图4-16所示。有些面板还提供USB接口供电，或者提供双网口。

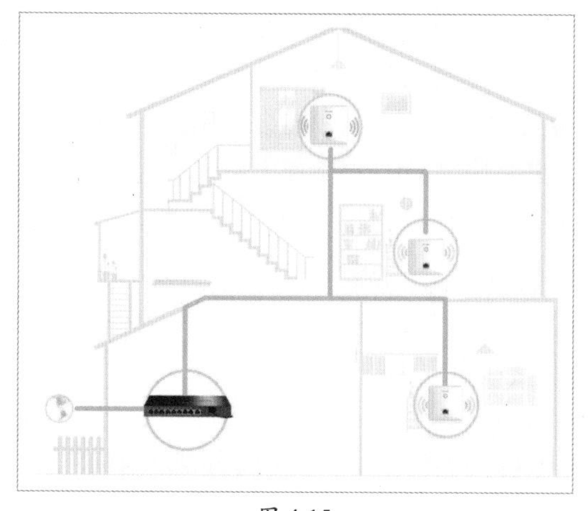

图 4-15

图 4-16

（3）室外AP。

在室外，如公园、景区、广场、学校等，使用的AP需要带机数量高、覆盖范围广、抗干扰强，如图4-17所示。现在的室外AP还提供智能识别、剔除弱信号设备、自动调节功率、自动选择信道、胖瘦一体、支持多个SSID号以设置不同的权限和策略等功能。在选购时，还需要选择具有抗老化强、工业级防尘防水、稳定的散热以及长时间工作特性的产品。另外，还要考虑安装方便、供电方便。有条件的用户在远距离传输时，还可以使用带有光纤接口的室外AP，如图4-18所示。

图 4-17

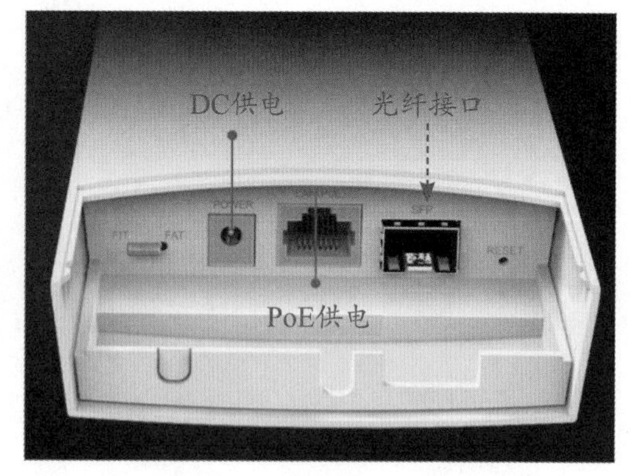

图 4-18

4. 无线AP的参数

无线AP在选择时，需要重点关注以下几个参数。

（1）带机数量。

AP的带机数量决定了此AP可以接入的设备数量。一般单频无线AP带机数量为

10～25；双频无线AP带机数量为50～70；高密度无线AP带机数量为100～140。

（2）供电方式。

AP的供电方式分DC（直流）供电（图4-19）和PoE供电（图4-20）。两种供电方式都不会影响设备工作的稳定性，但是相比DC供电，PoE供电方式在布线和安装上更加简单、方便、美观。

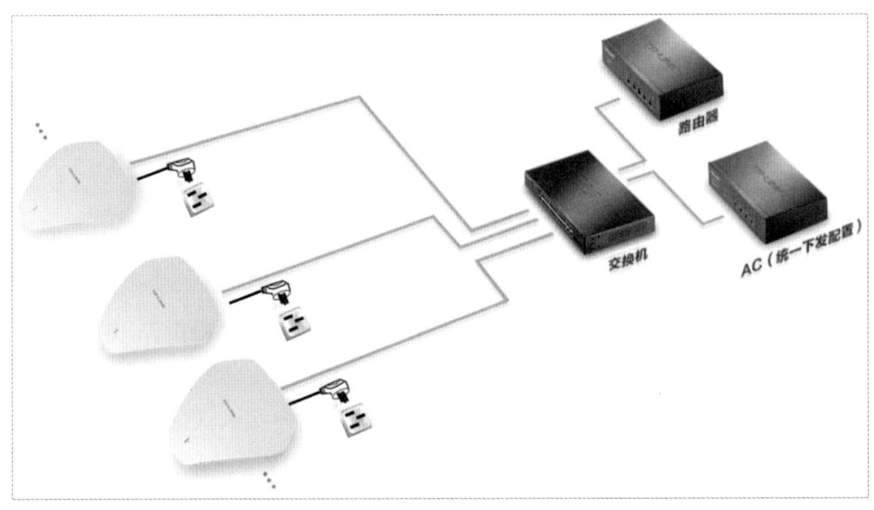

图 4-19

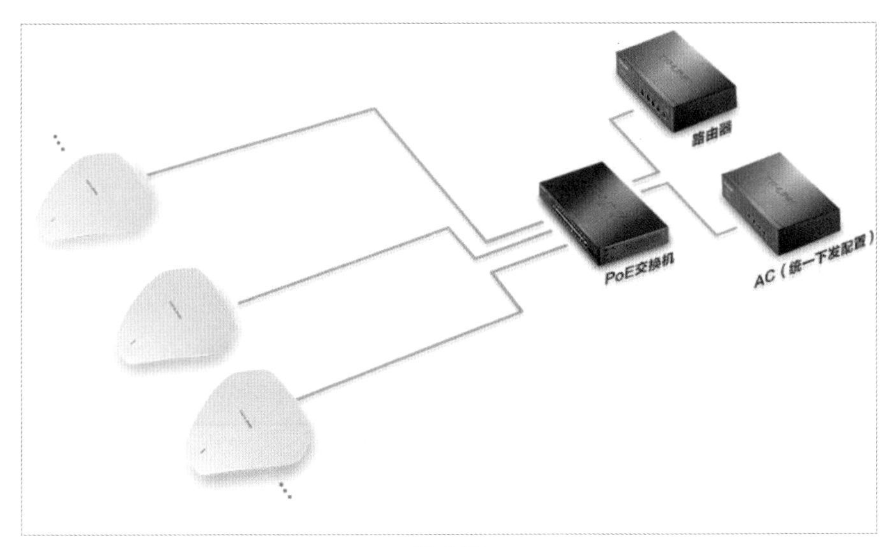

图 4-20

4.2.3 无线AC

无线控制器（Wireless Access Point Controller）简称无线AC，如图4-21所示，是一种专业化的网络设备，用来集中化控制无线AP，是一个无线网络的核心，负责管理无线网络中的所有无线AP。

图 4-21

1. 无线AC的作用

无线AC主要用来集中控制无线AP（瘦AP），负责把来自不同AP的数据进行汇聚并接入Internet。同时完成AP设备的配置管理，主要内容如下。

- 统一配置无线网络，支持SSID与Tag VLAN映射，也就是根据SSID号划分不同VLAN。
- 支持MAC认证、Portal认证、微信连WiFi等多种用户接入认证方式。
- 支持AP负载均衡，均匀分配AP连接的无线客户端数量，在大场所布置AP时经常使用到。AP覆盖范围重叠时，可以进行连接端的透明分流。
- 禁止弱信号客户端接入和剔除弱信号客户端。

AC的管理模式可以使用Web管理（图4-22）、串口CLI管理、Telnet管理。

图 4-22

2. 无线AC的存在形式

无线AC的存在形式包括独立AC以及一体式AC两种。

（1）独立AC。

独立AC为单纯的AC控制器（图4-21），可以自动发现并统一管理同厂家的AP，根据不同型号有不同的带机量。在实际使用时采用AC旁挂组网，如图4-23所示，无须更改现有网络架构，部署方便。

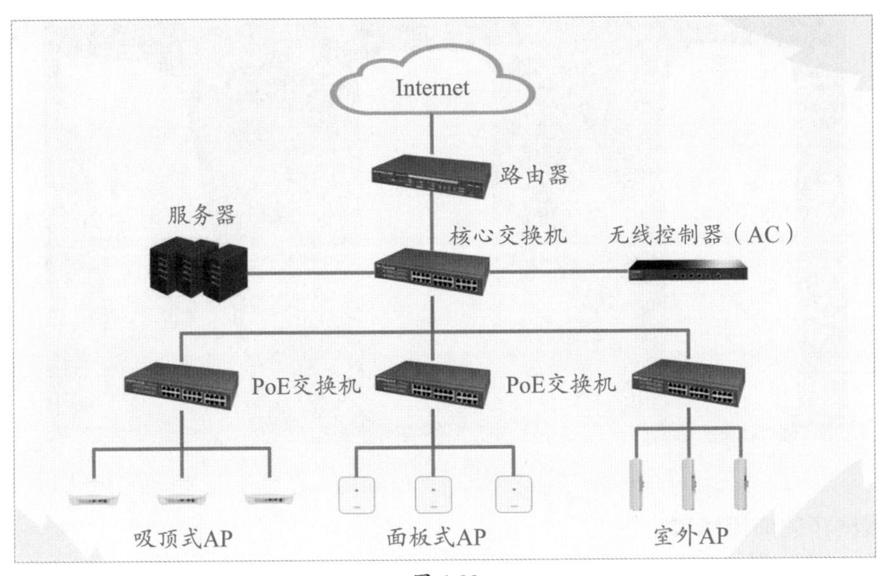

图 4-23

（2）一体式AC。

所谓的一体式，指的是AC、路由器一体式的网关设备。不仅可以实现正常路由器的路由功能、防火墙功能、VPN功能，还自带AC功能，这样组合性价比较高。如果是中、小企业使用，AP较少，还可以使用PoE、AC一体化路由器，如图4-24所示。

图 4-24

知识点拨

AC和AP选择同一品牌还是不同品牌

如果是大规模部署，从兼容性、稳定性考虑，尽量选择同一品牌，还可以实现同品牌生态的一些专业功能。小规模从成本上考虑，可以选择不同的品牌。

4.2.4 无线网桥

无线网桥如图4-25所示，它利用无线传输方式实现在两个或多个网络之间搭起通信的桥梁，从通信机制上分为电路型网桥和数据型网桥。无线网桥工作在2.4GHz或5.8GHz的免申请无线执照的频段，因而比其他有线网络设备更方便部署。无线网桥根据不同的品牌和性能，可以实现几百米到几十千米的传输。很多监控使用无线网桥来进行传输。

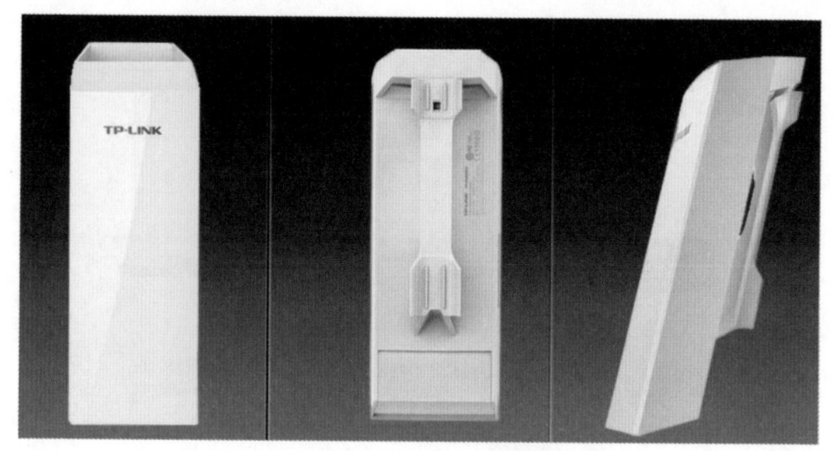

图 4-25

1. 无线网桥的应用场景

无线网桥的主要作用是在不容易布线的地方，架设起的可以收发信号的通信装置，如图4-26所示，这样，主网桥就能将信号通过无线网桥传输到子网桥处，实现共享上网。

图 4-26

除了共享上网、传输数据外，无线网桥还用在视频监控方面（图4-27），以及电梯监控中（图4-28）。

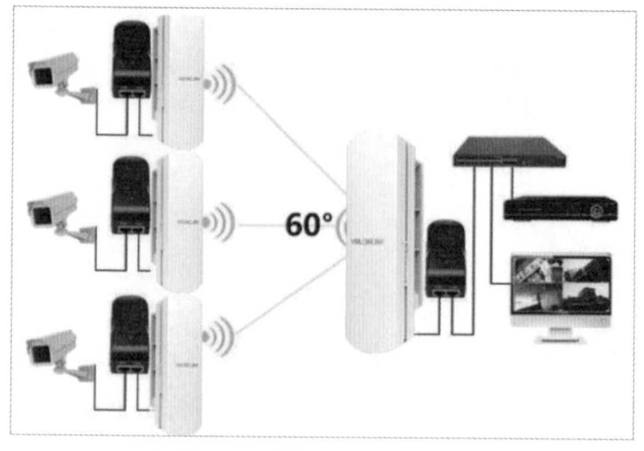

图 4-27

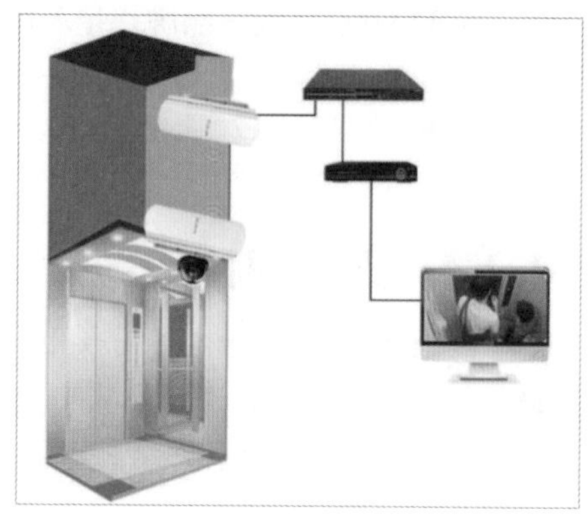

图 4-28

在一定范围内，可以通过无线网桥和WLAN技术等，实现大型的局域网，如果跨度过大，还可以使用无线网桥实现中继功能，如图4-29所示。

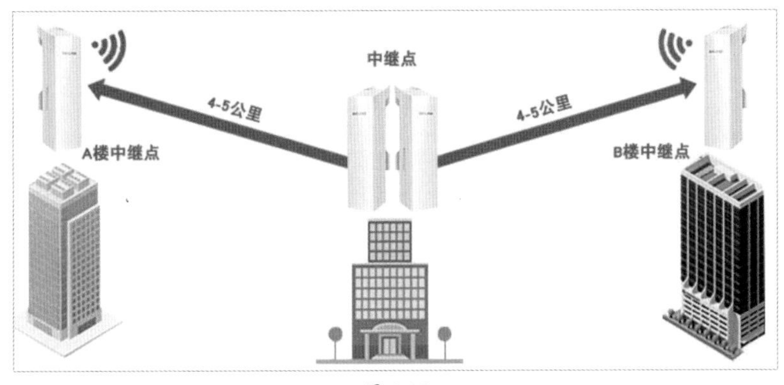

图 4-29

2. BS与CPE

在使用无线网桥时，经常会听到BS与CPE，下面介绍这两种设备的区别。

（1）BS。

BS（Base Station）就是基站的意思，经常可以在周围楼顶看到。与CPE不同，BS一般需外接天线使用，针对不同的应用场景，可接入碟形天线、扇区天线、全向天线。如使用碟形天线进行点对点传输，距离可达30km，如图4-30所示。如果使用扇区天线120° 点对多点无线传输，距离可达5km，如图4-31所示。如使用全向天线点对多点无线传输，距离可达1km，如图4-32所示。

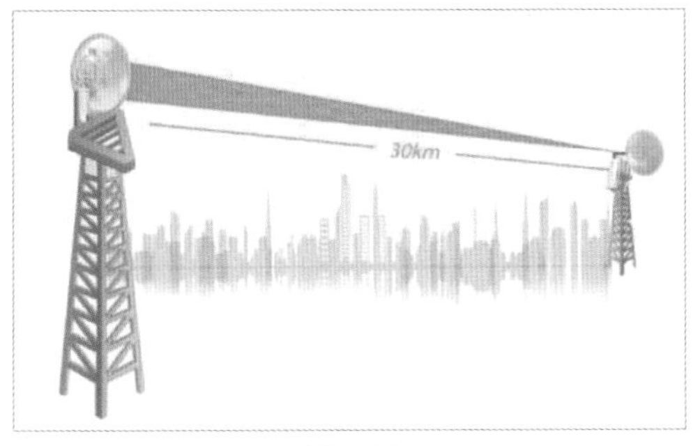

图 4-30

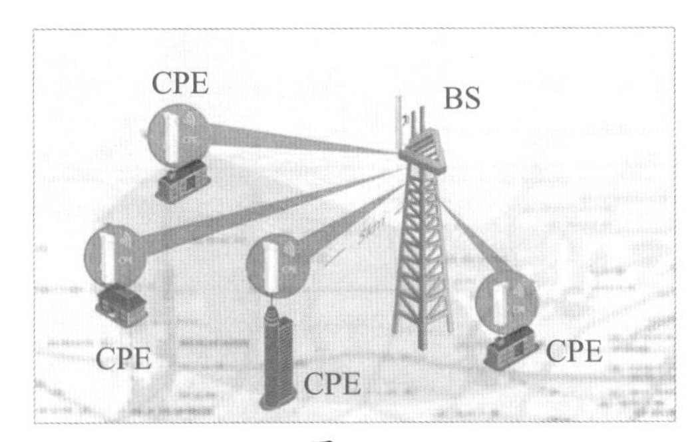

图 4-31

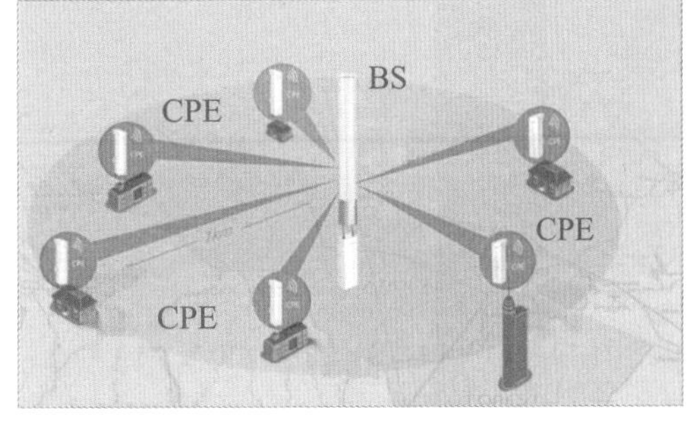

图 4-32

（2）CPE。

CPE（Customer Premises Equipment）是一种接收无线信号的无线终端接入设备，可取代无线网卡等无线客户端设备。CPE可以接收无线路由器、无线AP、无线基站等发射的无线信号，是一种新型的无线终端接入设备，同时也是一种将高速4G信号转换成WiFi信号的设备。不过需要外接电源，但可支持同时上网的移动终端数量也较多。CPE可大量应用于农村、城镇、医院、单位、工厂、小区等场所，能节省铺设有线网络的费用。

知识点拨

CPE的供电

根据型号不同，CPE有不同的天线技术，不同的传输距离，使用PoE或DC供电可以在AP及Client之间快速切换，实现一键配对。可以和BS配合，也可以在CPE之间进行数据传输。如使用Passive PoE供电组网，成本较低，如图4-33所示。还可以使用Web管理系统进行管理，如图4-34所示。

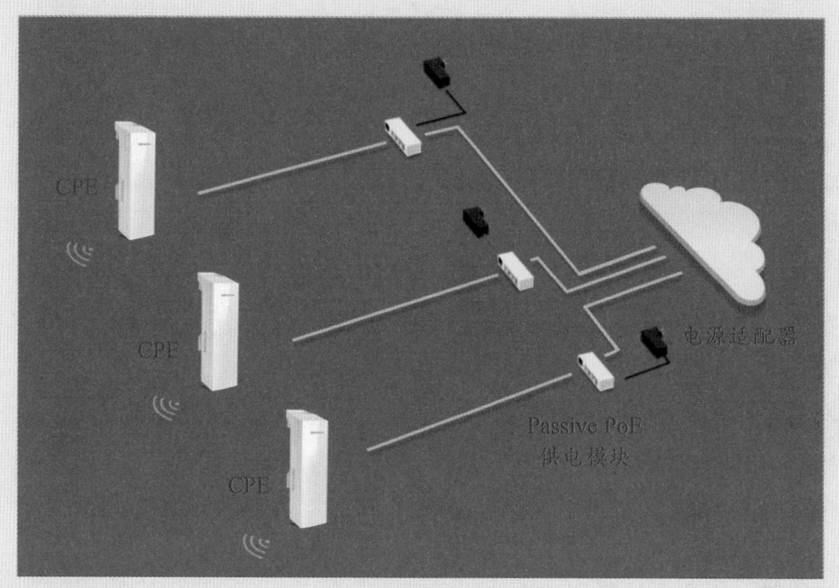

图 4-33

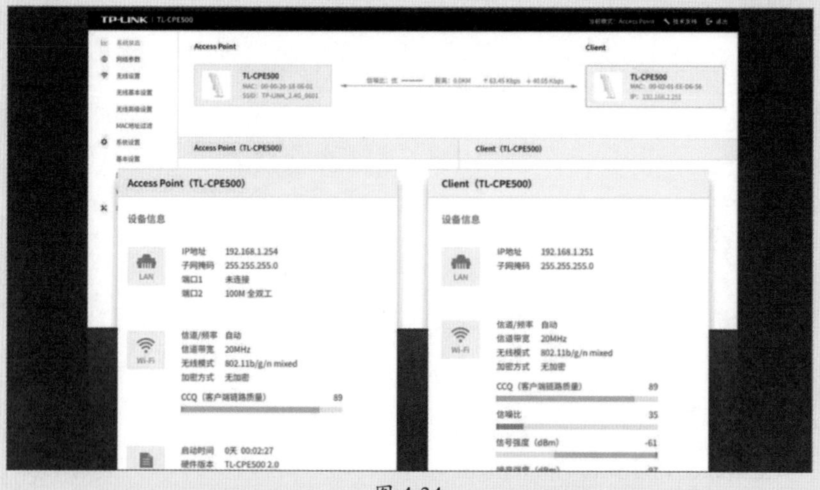

图 4-34

4.2.5 其他无线设备

随着科技的发展，无线设备的种类和功能也层出不穷，除了4.2.1～4.2.4节介绍的无线设备外，还有其他一些常见的无线设备。

1. 无线网卡

无线网卡和有线网卡相对应，无线网卡在无线局域网的覆盖下，通过无线信号连接进行上网。有了无线网卡，还需要一个可以连接的无线网络，因此需要配合无线路由器或者无线AP使用。无线网卡的种类较多，如笔记本电脑自带的无线网卡，如图4-35所示，以及常见的USB无线网卡，如图4-36所示。

图 4-35

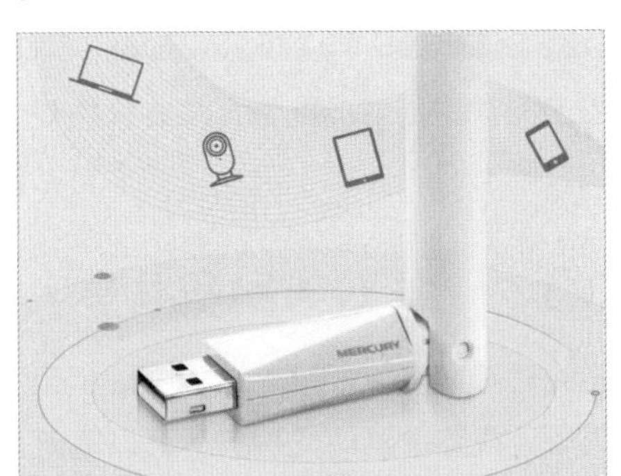

图 4-36

2. 随身WiFi

随身WiFi既可作为USB无线网卡使用，也可以接入计算机中。通过专属软件开启无线热点的随身WiFi如图4-37所示，可以搭建临时的无线环境，非常方便。

3. 无线中继器

无线中继器也叫无线放大器，如图4-38所示，其作用其实并不会放大原始信号，仅仅是作为中继增加网络的覆盖范围。因为无线中继器不仅连接了上级的无线信号，还要给无线终端提供信号，所以在带宽上要降一半。其实用户将普通的路由器改成中继模式，也可以叫无线中继器。配置简单、安装方便是其最大优势。无线名称和主路由的SSID可以保持一致，可以按照用户的户型和信号强度来决定添加的个数。

图 4-37

图 4-38

无线中继器和Mesh的区别

无线中继器属于傻瓜式，功能简单，就是连接上级无线信号，并为无线终端提供接入。如果再有下级，可以像菊花链一样一直扩展。但中间某台中继如果坏掉，下级的中继器就都无法使用。而且因为上下级都要连接，带宽会额外消耗很多。

Mesh可以理解为智能的、无线网络式组网。它会根据实际情况智能地选择频段和设备进行设备间的通信，也就是相当于多路由环境，可以根据路由表智能选择转发路径。设备如果性能较好，可以实现无缝漫游，随意切换。结合有线回程，Mesh的实际效果远好于无线中继器。

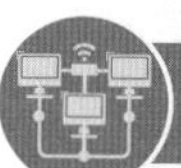

4.3 无线功能的配置

关于无线路由器的配置，将在网络设备配置章节中详细介绍。下面介绍无线对等网和无线共享上网的配置，以及一些常见设备在Windows中使用的配置。

4.3.1 无线对等网和共享上网的配置

无线对等网可以通过一台设备虚拟出一个无线网络，其他设备加入该网络中即可通信，无须无线路由器的支持。下面以笔记本电脑和手机组成的对等网络来进行介绍。

1. 无线对等网的互联

无线对等网的互联可以按照下面的操作方法进行配置。

Step 01 搜索cmd，并在弹出的菜单中选择“以管理员身份运行”选项，如图4-39所示。

Step 02 输入命令netsh wlan show drivers，检测笔记本电脑的无线网卡是否支持虚拟AP的功能，如图4-40所示。

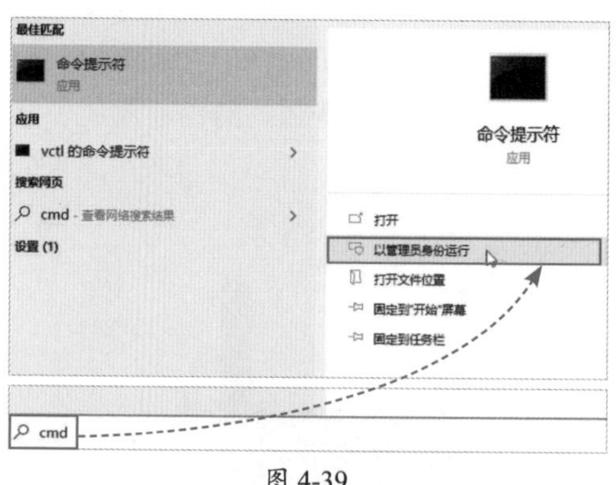

图 4-39

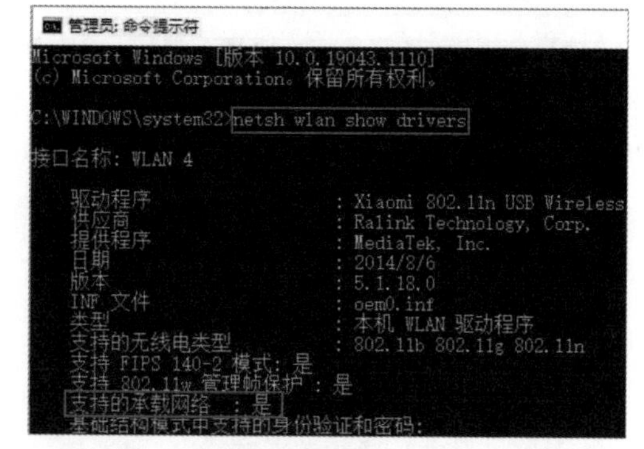

图 4-40

注意事项 判断是否支持虚拟AP

如果显示“支持的承载网络：是”说明支持，如果显示“否”说明不支持，需要更换驱动尝试或者更换网卡。

Step 03 使用命令netsh wlan set hostednetwork mode=allow ssid=test key=12345678设置SSID为test，密码为12345678的虚拟无线，如图4-41所示。

图 4-41

Step 04 使用命令netsh wlan start hostednetwork开启该无线AP功能，如图4-42所示。

图 4-42

Step 05 此时搜索并进入“网络连接”界面，可以看到该虚拟的无线AP如图4-43所示。设置其IP地址，如图4-44所示。

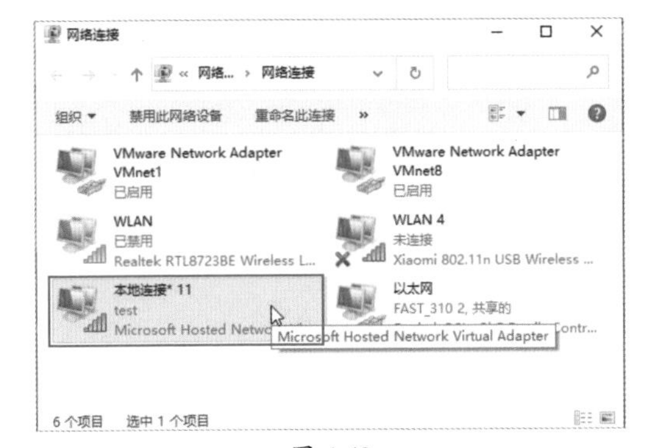

图 4-43

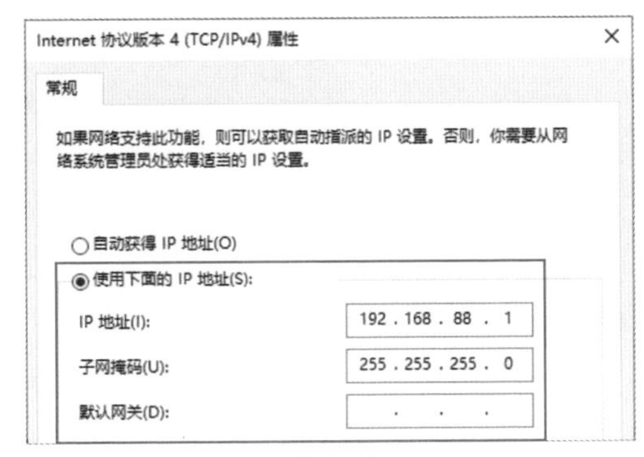

图 4-44

Step 06 使用其他终端设备，如手机连接到该网络后，手动给手机设置固定IP地址，如图4-45所示，完成后使用计算机ping手机，查看是否可以通信，如图4-46所示。

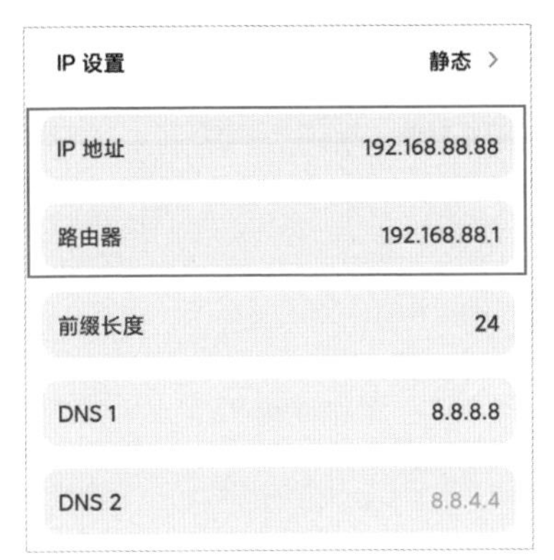

图 4-45

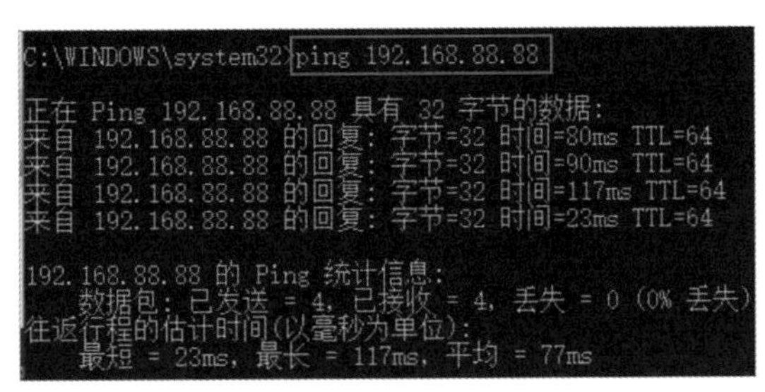

图 4-46

到此对等网的连接工作就完成了，接下来通过各种第三方软件就可以传递文件。

2. 无线对等网共享上网

无线对等网的共享上网和有线对等网的共享上网其实是一样的。本例笔记本计算机使用有线网卡上网，然后为所有连接到虚拟无线的所有设备代理上网。下面介绍共享上网的配置方法。

Step 01 进入“网络连接”界面，在有线网卡上右击，在弹出的快捷菜单中选择“属性”选项，如图4-47所示。

Step 02 切换到“共享”选项卡，勾选“允许……来连接”复选框，并选择共享网卡，完成后确认即可，如图4-48所示。

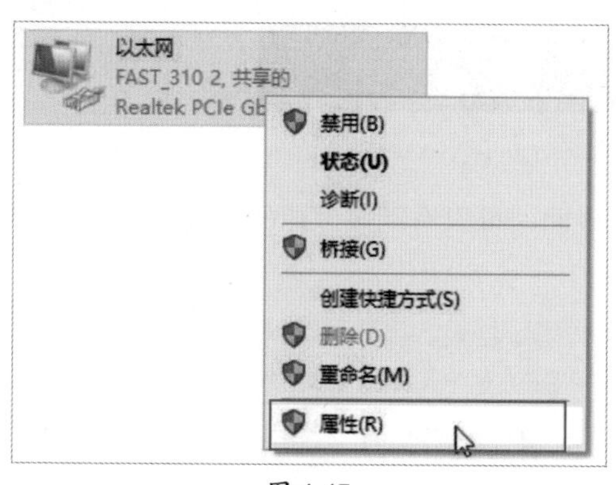

图 4-47

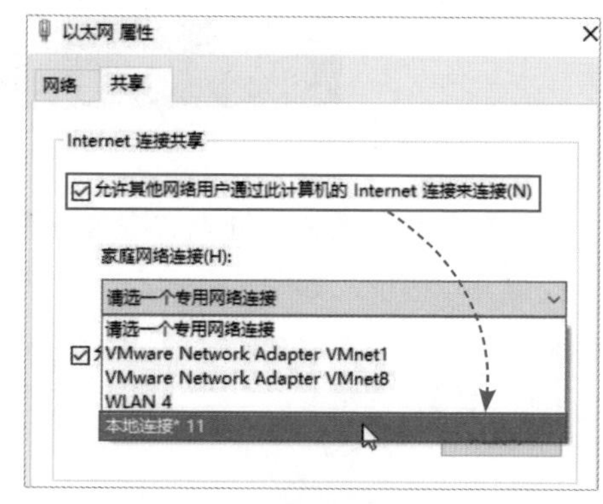

图 4-48

Step 03 系统会提示自动将“本地连接11”这块网卡的IP设置成192.168.137.1，单击“是”按钮，如图4-49所示。

Step 04 连接该无线网络后，更改手机端的IP，也必须在192.168.137.0/24网段中，如图4-50所示，并且将网关和DNS1设置为笔记本电脑虚拟AP的IP地址。

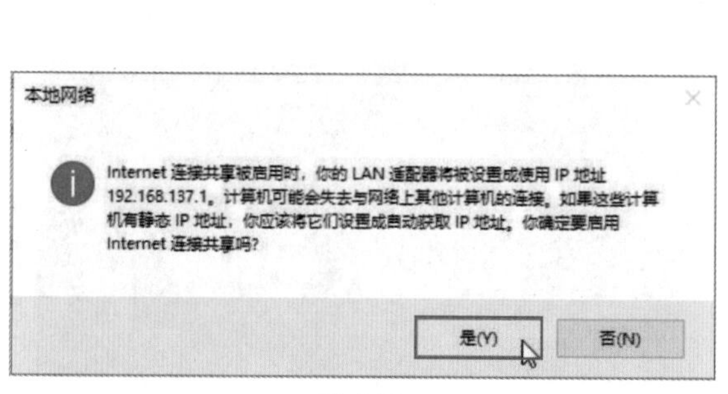

图 4-49

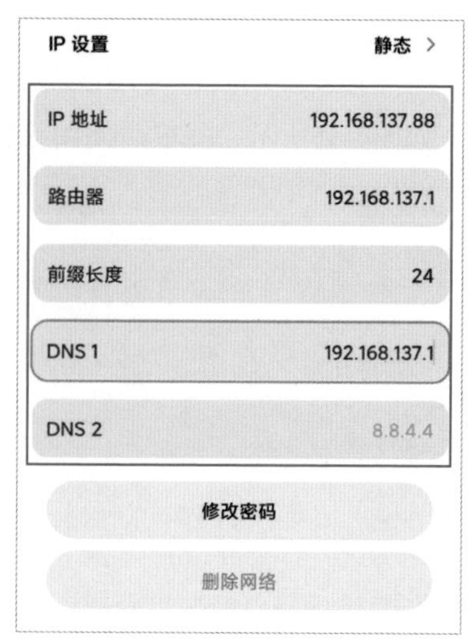

图 4-50

到此无线对等网的共享上网配置结束，用户可以使用手机端上网。

关闭虚拟AP

要关闭虚拟AP，可以使用命令“netsh wlan stop hostednetwork”，如图4-51所示。

```
C:\WINDOWS\system32>netsh wlan stop hostednetwork
已停止承载网络。
```

图 4-51

4.3.2 Mesh路由器的配置

使用Mesh路由器后，需要进行简单的设置，包括主路由和子路由器。

Step 01 用计算机连接主路由后，进入配置向导，单击“开始配置路由器上网”按钮，如图4-52所示。

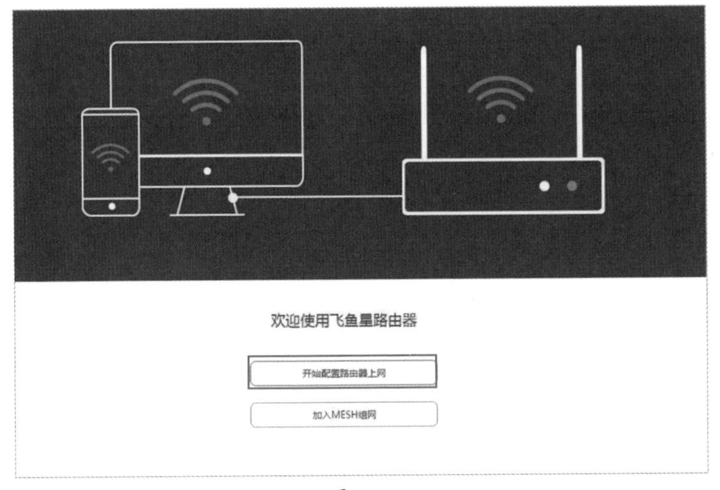

图 4-52

Step 02 进行宽带拨号设置，如图4-53所示。

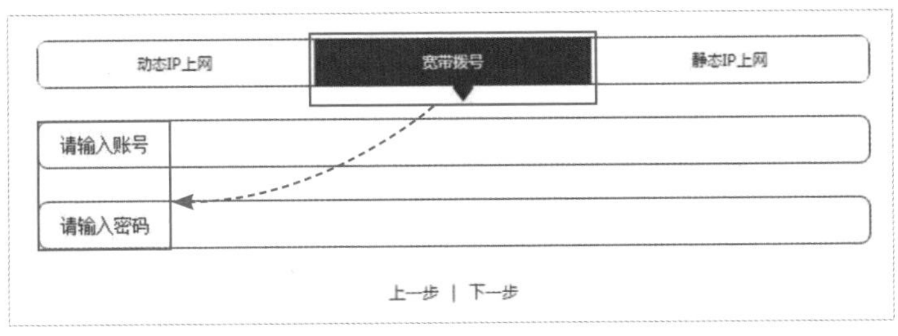

图 4-53

Step 03 设置WiFi名称和密码，并勾选“开启MESH自组网”复选框，如图4-54所示。

图 4-54

Step 04 设置管理员密码，如图4-55所示。

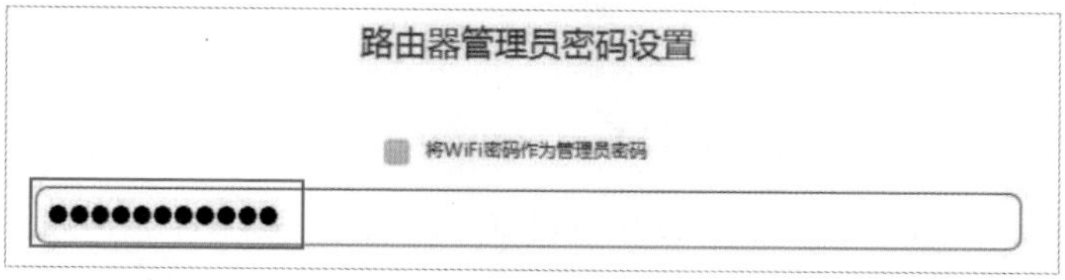

路由器管理员密码设置

将WiFi密码作为管理员密码

●●●●●●●●●●●●

图 4-55

Step 05 接下来路由器会应用配置并重启。继续配置子路由器，在初始界面中单击“加入MESH组网”按钮，如图4-56所示。

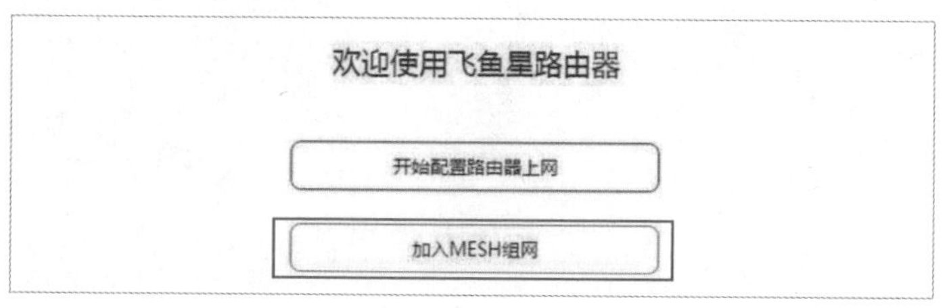

图 4-56

Step 06 路由器会自动搜索并加入到其中。完成后，进入路由器管理界面的“MESH组网”中，可以查看当前的组网状态，如图4-57所示。

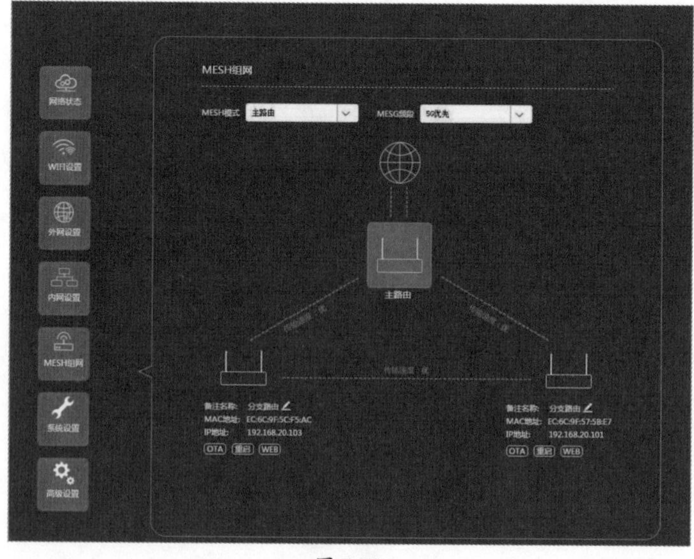

图 4-57

动手练 随身WiFi网络的配置和管理

如果感觉使用对等网或者使用Windows 10的热点功能比较麻烦，用户可以购买和使用随身WiFi。

1. 使用随身WiFi功能

安装好计算机端的随身WiFi程序后，插入随身WiFi，自动安装好驱动后，启动程序。

Step 01 系统检测到随身WiFi后，会自动开启随身WiFi的功能，并生成其他设备可以连接的无线名称和无线密码，用户可以单击名称或密码进行修改，如图4-58所示。

Step 02 其他设备可以通过SSID号和密码进行连接，连接后，单击“设备”图标，可以查看到当前连接的设备，并可以对连接的设备“限速”或“拉入黑名单”，如图4-59所示。

图 4-58

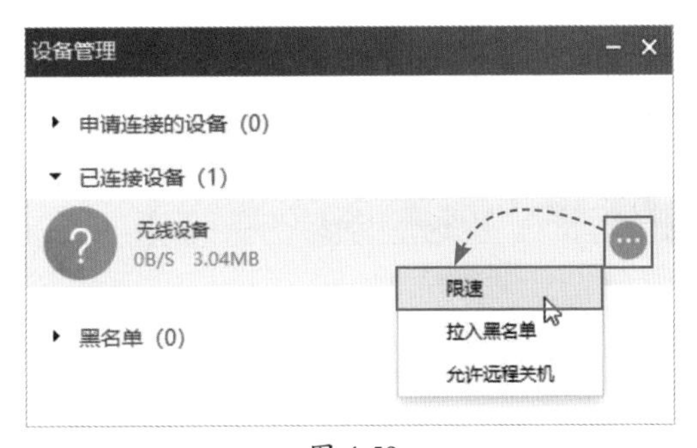

图 4-59

知识点拨

随身WiFi的其他功能

通过单击“云U盘”图标，可以登录云盘，如图4-60所示，单击“添加共享文件”按钮，可以设置计算机上的共享文件夹，可以和手机端共享文件，如图4-61所示。

图 4-60

图 4-61

2. 使用无线网卡功能

随身WiFi除了可以作为热点提供无线网络外，本身还可以作为无线网卡来使用。下面介绍设置的步骤。

Step 01 在功能面板上单击“选项”按钮，在弹出的菜单中选择“切换到网卡模式”选项，如图4-62所示。

Step 02 在弹出的界面中单击“开启”按钮，如图4-63所示。

图 4-62

图 4-63

Step 03 随身WiFi完成模式切换，面板中其他随身WiFi的管理功能和共享功能就无法使用了，如图4-64所示。

Step 04 接下来可以像计算机无线网卡一样，手动选择其他无线网络名称，连接到对应的无线网络中，如图4-65所示。

图 4-64

图 4-65

切换回随身WiFi模式

在面板中单击“选项”按钮，在弹出的菜单中选择“切换到WiFi模式”选项，就可以切换回去，如图4-66所示。

图 4-66

知识延伸：将笔记本电脑变成无线热点

使用带有无线网卡的计算机或者笔记本电脑，就可以开启热点供其他人访问。当前实验环境是笔记本电脑用有线连接Internet，用无线实现热点的创建。

使用Win+I组合键启动“Windows设置”，单击“网络和Internet”按钮，如图4-67所示，可以查看到当前的状态是使用有线连接的“以太网专用网络”并连接Internet。在“设置”界面左侧选择“移动热点”选项，如图4-68所示。

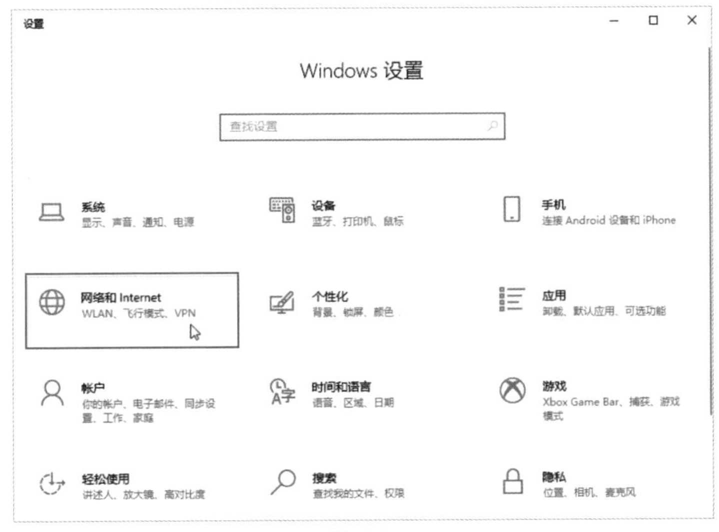

图 4-67

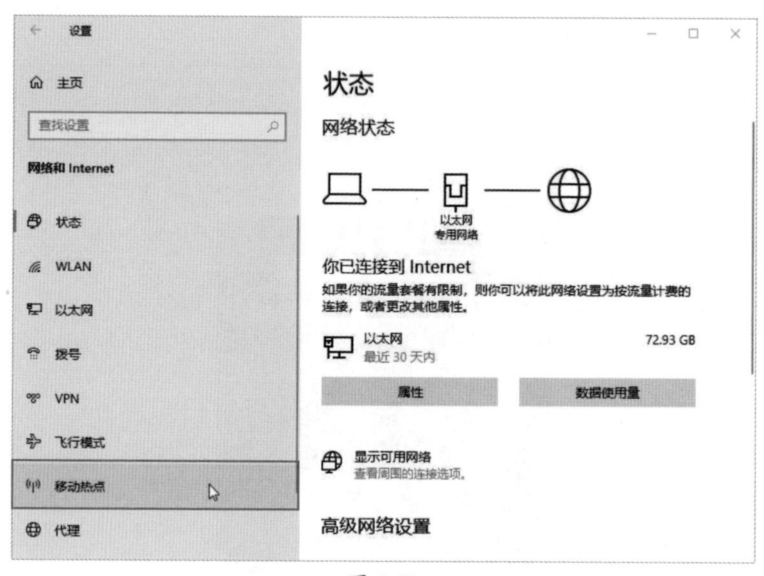

图 4-68

选择连接到Internet的连接，单击“关”按钮，启动热点，如图4-69所示。单击“编辑”按钮，可更改SSID号和密码，单击“保存”按钮，如图4-70所示。此时热点启动，用户可以通过其他无线终端连接该热点。

图 4-69

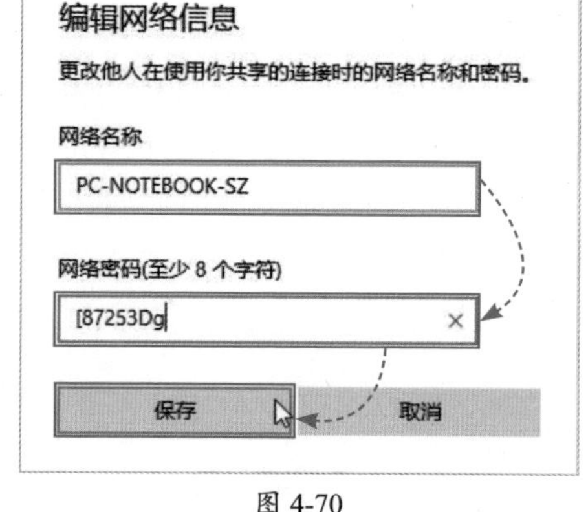

图 4-70

选择连接到Internet的连接时，无论此时是通过有线上网还是通过无线上网都可以。如果是无线网卡，系统会在当前无线网卡的基础上虚拟出一块无线网卡，两个无线逻辑网卡共用一块物理无线网卡，在一块网卡上虚拟出两个IP、两个网段，从而实现单无线网卡既能上网，又可作为热点。当然也可以设置为用有线网卡上网，用无线网卡搭建AP，非常灵活。

第5章 局域网规划与施工

局域网在施工前，需要先对局域网进行规划，包括需求分析、总体设计、设备的选择等，然后才能进行局域网的布线、建设。本章将介绍局域网的规划要点和布线、施工的注意事项。

重点难点

- 需求分析与规划
- 综合布线
- 方案与设备的选择要点

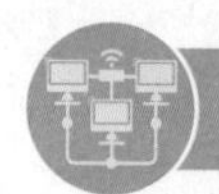

5.1 小型局域网规划

局域网的分析与规划与局域网的使用对象、条件、用途等有密切关系。下面对小型局域网和大、中型局域网的规划要点和注意事项进行详细介绍。

5.1.1 小型局域网的规划准备

小型局域网的覆盖范围一般不大，但使用范围非常广，基本上占据了我们所能接触到的绝大多数的网络。在局域网设计中，需要建立一个“系统”的概念，按照一定的技术方法，让这个系统在设计范畴内有机地运转。小型局域网在组建时，需要考虑以下几个问题。

1. 有什么

有什么指的是局域网的环境和用户的手头设备。这在进行网络规划前必须要知道。

2. 需要什么

需要什么指的是用户的需求，这点在网络规划前也必须知道，也是最重要的一部分。不考虑用户需求的网络规划会产生很多矛盾。

3. 怎么做

怎么做是指在规划完成后，需要对设计的内容进行细化及深入设计。规划是纲，和具体实施，如设备选型、布线、连接等还是有区别的。只有可以落地，并可以实现所有功能的设计才是好的规划设计。

5.1.2 小型局域网的需求分析

需求分析的主要内容包括5.1.1节提到的有什么、需要什么。需求分析对所有工程而言都是必须要做的。需求分析对工程目标的确定、新系统的设计和实施方案的制定得越细致，后期实施中出现的问题就越少。

1. 用户现状分析

用户现状分析是需求分析首先要解决的问题，需要知道用户现在的网络状态，主要需要了解以下几方面。

（1）环境现状。

了解房间布置和走线的基本信息，包括现有的信息点位置等，如图5-1所示。如果是未装修房屋或需要改造的房屋，则需要进行布线，了解房间数量、房型、墙体材料、走线路径信息等。必要情况下，还要考虑强电的走线和强电接口位置，这是为了在施工中避免造成损失、避免干扰、引电与取电便利性等方面进行的考虑。

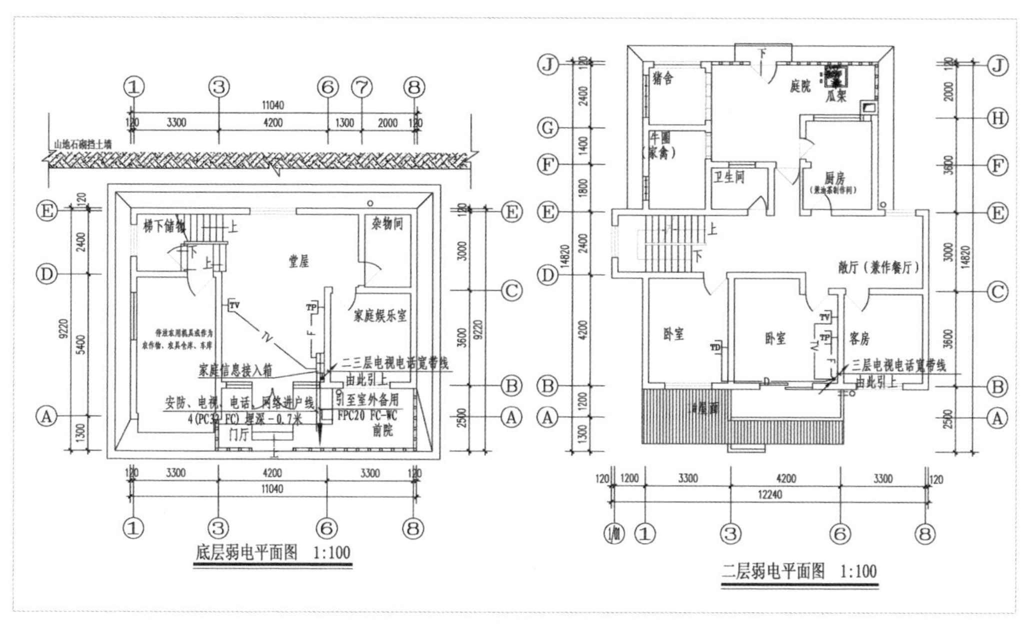

图 5-1

（2）设备现状。

一方面了解用户需要联网的大致设备数量，必须要考虑设备的兼容性；另一方面，要考虑用户已经有的设备是否还能继续使用，是否需要更换为性能更好的设备，可以用在哪些地方，会不会对整套系统造成严重影响，等等。

（3）施工范围。

确定组网范围，同一建筑中或同一层上，和跨楼层、跨建筑的组网方式是有区别的。如果跨度比较大，吞吐量较高，那么需要考虑使用光纤，如图5-2所示。有些特殊的用户，还需要室外网桥或者无线AP的支持。

图 5-2

2. 用户需求分析

需求是设计的基础，网络本身就是为了解决用户的问题或者满足用户需要，而不同的用户有着不同的需求。在规划设计前，需要和用户沟通，确定其需求，才能开始设计。常见的组网需求包括以下几方面。

（1）共享上网。

家庭用户组建局域网100%需要共享上网，大部分小型公司也是如此。除了计算机、智能手机外，一些智能设备，如互联网电视（图5-3）、智能插座、智能冰箱、智能安防等都需要联网才可以使用。通过远程进行设备管理、获取监控状态、提供报警等，所以共享访问互联网已经是基础功能了。

图 5-3

（2）共享资源。

局域网的另一个主要作用就是资源共享，包括共享本地主机的文档、视频、照片、打印机等资源，如图5-4所示。也可以专门搭建服务器，用于各种文件的存储和访问，如图5-5所示。局域网的访问速度非常快。

图 5-4

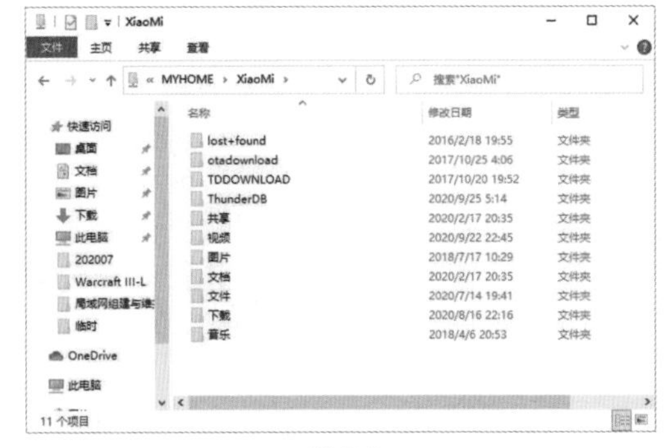

图 5-5

（3）无线支持。

小型局域网的面积一般不会太大，所以使用无线路由器的无线网络功能即可，有条件的用户也可以采用无线AP方案。无线技术对于新添加的设备有很好的冗余作用。这里需要了解用户对于无线的要求，确定是使用单AP还是Mesh组网方案。

（4）网络控制。

网络控制包括控制局域网中可以上网的设备、设备上网的限速、上网时间限制、可以浏览的网站、可以玩的游戏、可以访问的资源等，如图5-6所示。还有一些网络设备需要通过网络控制其工作状态，或者在设备之间进行联动，如图5-7所示。因此，能够方便地对网络进行控制管理是非常有必要的。

图 5-6

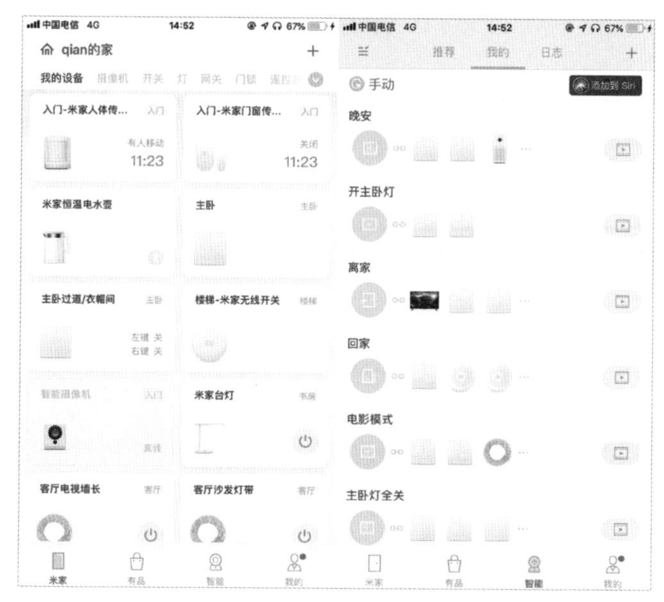

图 5-7

（5）安全需求。

在企业中，除了常用的防毒、杀毒等单机防护外，小型企业还可能会考虑软件防火墙技术，以及局域网计算机管理软件。另外无线的安全性也需要考虑。通过网络摄像机对家庭和企业内部进行有效的安全监控，在规划时要将监控终端也考虑进去。

（6）简单方便。

小型企业局域网一般在50个节点以下，网络结构一般为星形结构，但跨楼层的企业也有可能采用混合网络结构。由于无线技术的普及，现在以无线路由器为中心的各种门店等场所结构更加简单。简单的网络结构确保了低故障率和易管理性，所以在规划时一定不要设置得过于复杂。

（7）适当扩展。

成长较快的企业，通常只需一两年，网络规模和应用就会发生非常大的改变，所以在选择网络设备时要充分考虑网络的扩展，在端口方面要留有一定量的余地。

（8）资金预算。

用户的经费预算是一切设计的前提条件。根据用户的资金预算和用途，选择性价比较高、稳定性较高的产品。

5.1.3 小型局域网的总体规划

总体规划其实就是将5.1.2节中的问题落实到图纸和文件中，用户同意后，就可以采购设备进行施工。

1. 家庭局域网的总体规划要点

家庭局域网的总体规划需要说明并注意以下几个问题。

（1）功能性。

功能性需要结合用户提出的要求进行分析，然后设计用户需要的网络。没有功能性就谈不上进行网络设计。

（2）可靠性。

家庭局域网的可靠性没有企业级别要求那么高，主要表现在连接互联网的稳定性上，这取决于用户选择的无线路由器质量。另外在布线时，需要选择合格产品，并进行专业安装。

（3）性能。

家庭局域网设备基本上能满足用户对性能的需求。但是对于游戏级用户来说，低延时依然是主要的性能指标。带宽大小和宽带的延时并不是成正比的，而是和运营商之间互联的出口大小以及游戏的分区选择有巨大关系。

（4）可扩展性。

家庭局域网的可扩展性及可升级性比企业级别的要求要低，满足起来也简单得多，但是在基础布线及网络产品的选择上，应该根据网络发展趋势及未来网络产品的更新情况准备。

（5）易管理、易维护。

家庭局域网产品都有着专门的管理维护渠道，如浏览器配置或者手机App控制。除非发生重大网络问题，否则一般家庭产品都不会过多地关注配置问题。

（6）安全性。

家庭局域网的安全性问题主要表现在系统漏洞、人为损坏和设备故障上。尤其是防范网络摄像机恶意开启、计算机木马、计算机病毒等泄露个人隐私情况的发生。

2. 小型企业局域网总体规划要点

小型企业局域网的总体规划需要注意以下几个关键的地方。

（1）层次清晰。

小型企业局域网一般在50个节点左右，是一种结构简单、应用简单的小型局域网。通常由少数多口接入级交换机以及一个核心交换机或企业级路由器组成，没有汇聚层交换机，有些还可能只是一个没有层级结构的、仅由交换机作为核心的纯局域网环境。网络一般为星形结构，但跨楼层的企业也有可能采用混合网络结构，所以设备接口数量的选择尽量与人员配置相符，略有冗余即可。

（2）核心设备选型。

出于实际需求以及成本考虑，不必追求高新技术，只需采用最普通的双绞线与千兆核心交换机连接、百兆位到桌面的以太网接入技术即可。有条件和需求的企业可选择千兆以太网端口交换机，以最大限度地节约企业的投资为目标。

（3）合理搭配软件实现功能。

出于成本和应用需求的考虑，对于那些价格昂贵，且对网络应用实际影响不是很大的路由器和防火墙，可以采用软件类型。与因特网连接方面，可以采用路由器或者采用软件网关和代理服务器方案，防火墙产品通常也是采用软件防火墙。

（4）适当考虑扩展性。

网络扩展方面的考虑主要体现在交换机端口和所支持的技术上。在端口方面要留有一定量的余地。在主交换机方面，最好选择支持千兆以太网的交换机，或者至少有两个以上的双绞线千兆位以太网端口，如支持光纤模块接口的企业级交换机。

（5）划分VLAN。

小型企业基本上不需要划分子网，如果有特别需要，也可以使用可管理型交换机，划分不同的VLAN提供给需要互相隔绝的终端。

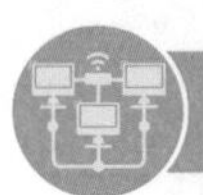

5.2 大、中型局域网规划

这里的大、中型局域网主要是指大、中型企业局域网，它的规划就复杂得多，需要考虑规划组建、设备选型、服务器搭建、设备功能配置等，这些都需要专业的技术和经验。

5.2.1 大、中型局域网的需求分析

需求分析永远是重要的一环。大、中型企业的需求分析包括以下几个方面。

- 对现行企业环境和业务现状进行调查和分析。主要包括建设目标、企业地理布局、现有状况以及预算经费。
- 整理用户的需求和存在的问题，研究解决的办法。每个企业都会在网络上存在或多或少的问题，通过网络的改造将存在的问题解决，也是改造的优势所在。
- 提出实现网络系统的设想，对系统作概要设计，可以提出多个方案。
- 计算成本。成本包括硬件成本和软件成本，需要估算系统建设的总体投资，并结合建成后的各种功能，突出经济上的优势。
- 设计人员内部对所设想的网络系统进行评价，给出多种设计方案的比较结果。
- 编制系统概要设计书——纲要性文件，对网络系统进行分析和说明。用户需求分析的主要结果就是“系统概要设计”，这是组网工程的纲要性文件。
- 概要设计审查，验证与用户需求是否一致，重点对系统概要设计进行汇报及审查，要求设计、管理、质量管理人员共同参与。
- 把基本调研情况连同系统概要设计书提交给用户，并进行说明。
- 用户对基本调研的工作和系统概要设计书进行评价，并提出意见。
- 确认系统概要书。设计人员对系统概要设计书进行修改。用户负责人应在系统中进行监督。

5.2.2 大、中型局域网的规划设计原则

大、中型企业的规划设计原则需要按照以下几个方面进行考虑。

1. 先进性

设计思想、网络结构、软硬件设备、系统的主机系统、网络平台、数据库系统、应用软件均应使用目前国际上较先进、较成熟的技术，符合国际标准和规范，满足未来3～5年的需求。

2. 标准性

采用技术的标准化，可以保证网络发展的一致性，增强网络的兼容性，以达到网络的互连与开放。为确保将来不同厂家设备、不同应用、不同协议连接，整个网络从设计、

技术，到设备的选择，都必须支持国际标准的网络接口和协议，以提供高度的开放性。

3. 兼容性

网络规划与现有传输网及将要改造的网络应具有良好的兼容性，在采用先进技术的前提下，最大可能地保护已有投资产品，并能在已有的网络上扩展多种业务。

4. 可升级和可扩展性

随着技术不断发展，新的标准和功能不断增加，网络设备必须可以通过网络进行升级，以提供更先进、更多的功能。在网络建成后，随着应用和用户的增加，核心骨干网络设备的交换能力和容量必须能满足线性的增长。设备应能提供高端口密度、模块化的设计，以及多种类接口、技术的选择，以方便未来更灵活地进行扩展。

5. 安全性

网络的安全性对网络设计是非常重要的，合理的网络安全控制，可以使应用环境中的信息资源得到有效保护，可以有效地控制网络的访问，灵活地实施网络的安全控制策略。

注意事项 常见的安全性策略

在大、中型企业局域网络中，对于关键应用服务器、核心网络设备，只有系统管理人员才有操作、控制的权限。应用客户端只有访问共享资源的权限，网络应该能够阻止任何的非法操作。在企业网络设备上应该可以进行基于协议、基于MAC地址、基于IP地址的包过滤控制功能。

6. 可靠性

一般网络系统是7×24小时连续运行的，需要从硬件和软件两方面来保证系统的高可靠性。硬件可靠性：系统的主要部件采用冗余结构，如传输方式的备份提供备份组网结构；主要的计算机设备（如数据库服务器）支持双机或多机高可用结构；配备不间断电源。软件可靠性：充分考虑异常情况的处理，具有较强的容错能力、错误恢复能力、错误记录及预警能力，并给用户以提示；具有进程监控管理功能，保证各进程的可靠运行。

网络结构稳定性：当增加或扩充应用子系统时，不影响网络的整体结构以及整体性能，对关键的网络连接采用主备方式，以保证数据传输的可靠性。另外还应具有较强的容灾、容错能力，具有完善的系统恢复和安全机制。

7. 易操作性

网络设计采用中文方式的图形用户界面，简单易学，方便实用。

8. 可管理性

网络中的任何设备均可以通过网络管理平台进行控制，网络的设备状态、故障报警等都可以通过网管平台进行监控，通过网络管理平台简化管理工作，提高网络管理的效率。

5.2.3 大、中型局域网的实施步骤

大、中型企业局域网组建项目的总体实施步骤如下。

（1）构思阶段。

用户调查、需求分析、系统规划、资金落实、组织实施人员。

（2）准备阶段。

网络系统初步设计、系统招标和标书评审、确定集成商和供货商、合同谈判。

（3）设计阶段。

网络系统详细设计、端站点详细设计、中继站点详细设计。

（4）部件准备阶段。

机房装修、设备订货、设备到货验收、电源的准备和检查、网络布线和测试、远程网络线路租借。

（5）安装调试阶段。

计算机安装和分调、网络设备安装和分调、网络系统调试、软件安装分调、系统联调。

（6）测试验收阶段。

系统测试、系统初步验收、系统最终验收。

（7）用户培训阶段。

（8）系统维护管理阶段。

5.3 综合布线系统

大、中型企业的网络布线设计需要考虑很多因素：怎样设计布线系统，这个系统有多少信息量，多少语音点，怎样通过水平干线、垂直干线、楼宇管理子系统把它们连接起来，需要选择哪些传输介质（线缆），需要哪些线材（槽管），其材料价格如何，施工有关费用需多少等。

5.3.1 综合布线简介

结构化布线系统是一种模块化、灵活性极高的建筑物和建筑群内的信息传输系统。结构化综合布线系统（SCS）是一种集成化的通用传输系统，它利用双绞线或光缆来传输建筑物内的多种信息。结构化布线也叫综合布线，是一套标准的继承化分布式布线系统。结构化布线是用标准化、简洁化、结构化的方式对建筑物中的各种系统（网络、电话、电源、照明、电视、监控等）所需要的各种传输线路进行统一编制、布置和连接，形成完整、统一、高效兼容的建筑物布线系统。

5.3.2 综合布线系统

根据综合布线国际标准ISO 11801的定义，综合布线系统可由以下几个子系统组成。

1. 工作区子系统

工作区子系统（Work Area Subsystem）由信息插座延伸至用户终端设备的布线组成，包括信息插座和相应的连接软线。用户能方便地把计算机、电话、传真等不同的终端设备接入大楼的通信网络系统。

2. 水平布线子系统

水平布线子系统（Horizontal Subsystem）由楼层配线间延伸至信息插座的布线组成，通常采用超五类双绞线，也可采用光缆，以满足高传输带宽应用或长距离传输的要求。水平布线子系统提供大楼网络通信系统到用户终端设备的信息传输。

3. 建筑物主干子系统

建筑物主干子系统（Building Backbone Subsystem）由大楼配线间延伸至各楼层配线间的布线组成，该子系统亦包括各配线间的配线架、跳接线等。采用的线缆是超五类双绞线。大楼配线间和楼层配线间通常也用于放置网络设备和其他有源设备。建筑物主干子系统提供大楼内通信网络信息交换的主干通道。

4. 建筑群布线子系统

建筑群布线子系统（Campus Cabling Subsystem）由建筑群配线间延伸至各大楼配线间的布线组成。采用的线缆为光纤。建筑群配线间通常也用于放置电信接入设备和广域网连接设备。建筑群布线子系统提供各建筑物间通信网络连接和信息交换的通道。

为了满足大、中型企业局域网将来灵活组网的需要，在总部办公楼、分公司等建筑物内各设有配线间。整个企业设备间机房安置在总部大楼，各分公司的设备间机房安置在各分公司的一楼。为充分满足大、中型企业局域网内部及对外高速、高容量信息通信的需要，系统采用高速、高容量的多模光纤作为企业的网络主干。建筑物内采用先进的超五类非屏蔽布线系统。

5.3.3 施工注意事项

在布线施工中，需要注意以下事项。

1. 仔细查阅图纸

在施工前，必须仔细查阅其他专业的施工图纸，尤其是土建结构施工图和水、电、通风施工图。因为水平路由的长短会对设计的等级有一定影响，而土建结构施工图和水、电、通风施工图对水平布线子系统管线路由的走向影响最大。审图时需认真测量，为水平布线子系统找出最合理的路由走向，既节省水平线缆的长度，又避免与其他专业管路发生冲突，由于电气专业管线不可避免地要与其他各专业管路产生交叉重叠、发生矛盾，给土建专业带来地面超高等问题。所以综合布线一般由专业公司负责安装调试，施工方仅做管路预埋、线缆敷设，如果在施工中敷衍了事，不遵循“管线路由最短”的原则，就会增加水平布线子系统管线的长度，不利于提高综合布线系统的通信能力，不利于通信系统的稳定性，不利于通信传输速率的提高。

2. 满足设计裕量

因为在实际施工中，不可能使水平线缆一直保持直线路由，所以在实际安装中，需要的线缆总会比图纸上统计的量大得多，这就需要电气工程师考虑一定的裕量。裕量的计算方法是，将一张平面图纸上离配线架最远的信息点的线缆图纸长度，和最近的信息点的线缆图纸长度相加，然后除以2，得出的数值为信息点的平均图纸长度，取平均长度的30%作为裕量，否则就会造成不必要的材料浪费或材料不足。

3. 质量第一

因为在大多数设计中，水平布线子系统是被设计在吊顶、墙体或底板内的，所以可以认为水平子系统是不可更改、永久的系统。在安装过程中，应尽量使用性能优良、质量可靠的管路和线缆，保证用户日后不破坏建筑结构。

4. 严格遵守规范

良好的安装质量可以使水平布线子系统在其工作周期内，始终保证良好的工作状态和稳定的工作性能，尤其对于高性能的通信线缆和光纤，安装质量的好坏对系统的开通影响尤其显著，因此在安装线缆的过程中，要严格遵守EIA/TIA569规范标准。

5. 选材标准一致

综合布线系统所选用的线缆、信息插座、跳线、连接线等部件，必须与选择的类型一致，如选用超五类标准，则线缆、信息插座、跳线、连接线等部件必须为超五类及以上标准；如系统采用屏蔽措施，则系统选用的所有部件均为屏蔽部件，只有这样才能保证系统的屏蔽效果达到整个系统的设计性能指标。

5.4 设备连接及选型

在进行了规划设计后，就可以进行设备的选择。下面介绍一些常见方案及设备选型与连接。

5.4.1 小型局域网的设备连接

小型局域网的设备不多且大多数为无线终端，所以选购和连接非常简单，按照拓扑图连接即可。

1. 家庭局域网的设备连接

家庭局域网的拓扑结构如图5-8所示。

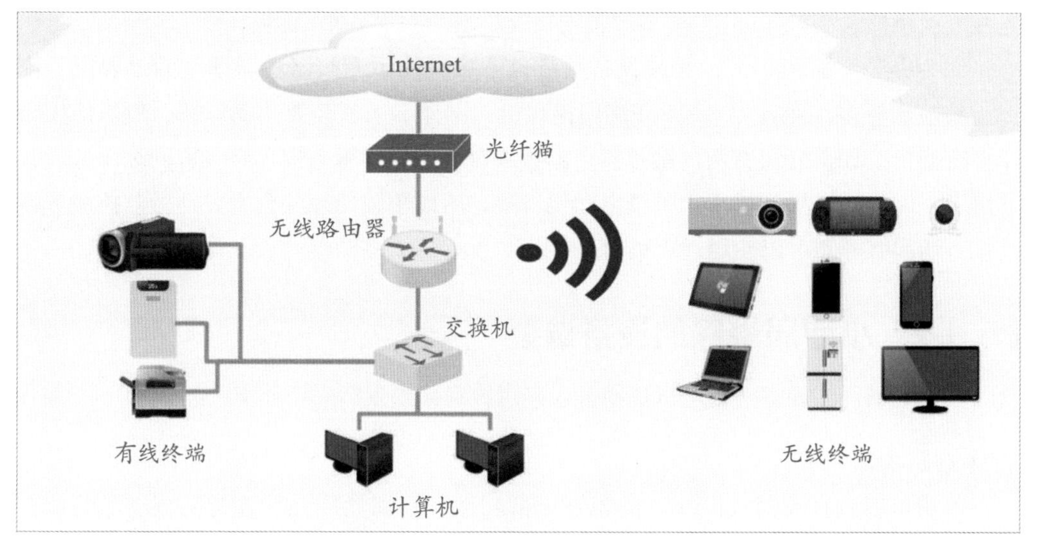

图 5-8

一般光纤猫放置在进户后的信息盒中。将光纤猫出来的网线接入路由器WAN口，将房间的网线接入路由器的LAN口。然后使用跳线，将房间中的信息盒上的网口同设备的网口连接即可。无线设备基本不需要进行设置。连接后，路由器拨号上网成功，其他设备通过DHCP获取网络参数后也可以上网。

2. 小型企业局域网的设备连接

小型企业局域网的拓扑结构与家庭局域网的结构类似，如图5-9所示。

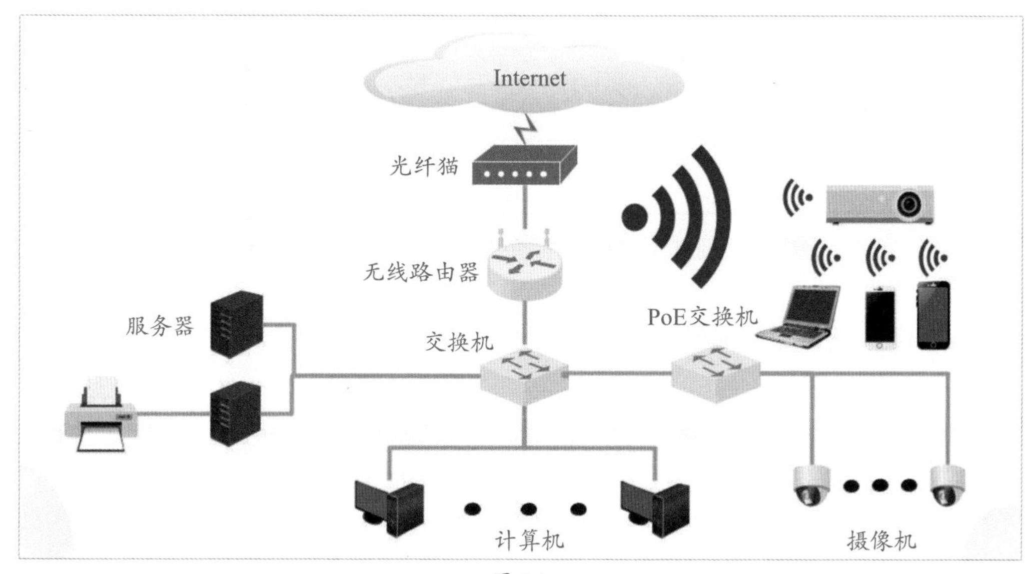

图 5-9

小型局域网设备的连接方式和家庭局域网类似，不过小型局域网会用到交换机，此时路由器LAN口的网线需要连接交换机的上行端口，其他有线设备，包括PoE交换机，连接交换机任意端口即可。PoE摄像机连接PoE交换机的LAN口即可。

因为办公室面积不大，无线设备数量也不多，使用无线路由器即可满足要求。因为无线应用较多，而且加入了PoE网络摄像机，网速要求就需要达到千兆，所以使用全千兆交换机。如果公司有两台服务器，那么一台作为打印服务器，并设置网页服务和共享服务，因为网络摄像机占用磁盘空间比较多，所以单独使用一台服务器做监控服务器使用。访问服务器可以使用远程桌面。

5.4.2 小型局域网的设备选型

小型局域网的设备选型可以选择普通家用级别，或入门的企业级产品。

1. 无线路由器

家用可以选择支持WiFi 6，高带宽、低功耗、穿墙性能强、带有防沉迷和恶意扣费、能加速网卡和端游（客户端游戏）的华为AX3 Pro，如图5-10所示。双频并发理论连接速率高达976Mb/s（2.4GHz 574Mb/s + 5GHz 2402Mb/s），四核强劲性能，充分发挥WiFi 6速度，连接5GHz频段，实际下载速率可超过1Gb/s。提供4个10Mb/s/100b/s/1000Mb/s自适应速率的以太网接口，支持WAN/LAN自适应（网口盲插）网口传输协议支持802.3、802.3u、802.3ab。

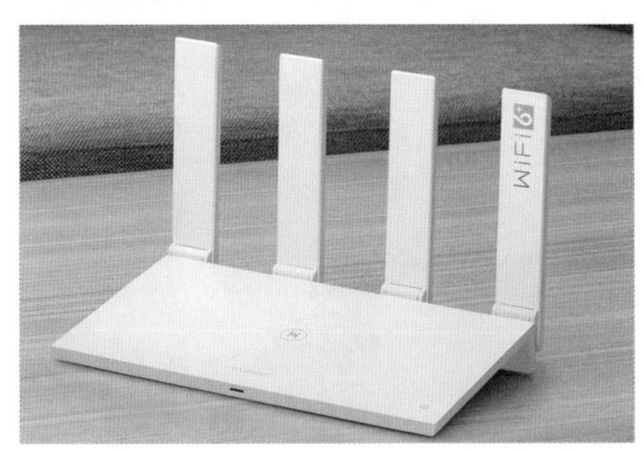

图 5-10

注意事项 网口盲插

以前的路由器，连接外网的网线需要连接到路由器的WAN口，而连接内网的端口叫LAN口。现在的路由器，用户可以随便连接网线，路由器可以自动甄别该口连接的是外网还是内网，从而自动进行调整，更加人性化。

如果选择入门级的企业路由器，可以选择TL-XVR6000L，如图5-11所示，其属于企业级别的WiFi 6无线路由器。和家庭使用的路由器相比，TL-XVR6000L主要针对多用户、大空间、高负载下的性能和稳定性，且在企业网络数据安全和员工上网行为管理等方面，都要优于家用路由器。

图 5-11

2. 交换机

家庭中如果需要多个有线接口，那么就需要配置交换机。家用的交换机没有特别的要求，尽量选择全千兆口的，如TP-LINK的8端口千兆交换机TL-SG1008U，如图5-12所示。

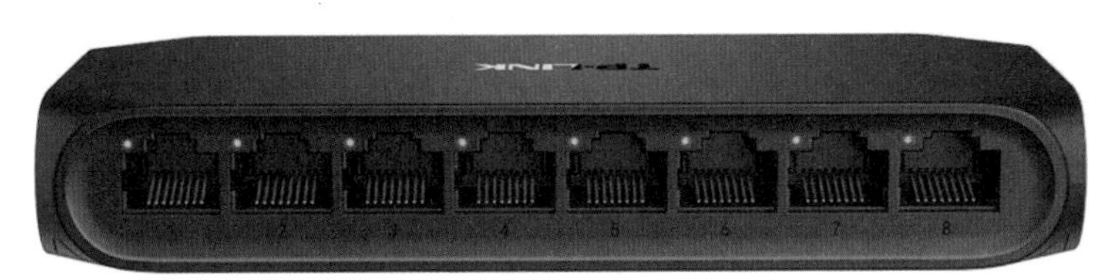

图 5-12

如果局域网中的有线设备较多，可以选择更多端口的交换机，如24端口或48端口交换机。在速度方面，根据网线和局域网的传输速度需求，可以选择100Mb/s或1000Mb/s的，全千兆网管交换机TL-SG3452（图5-13）。

图 5-13

3. PoE交换机

如果局域网中需要多个监控摄像机或多个无线AP，可以选择带有PoE供电功能的交换机。家庭使用可以选择接口数量少的，企业使用可以选择接口数量较多的，如TL-SG3452P交换机（图5-14）。

图 5-14

4. 服务器

小型企业局域网有可能需要Web服务器、FTP服务器、OA服务器以及其他作为存储中心的服务器。可以使用NAS设备，也可以使用服务器来达到更加稳定的目的。用户可以选择的服务器有很多，鉴于小型企业局域网的数据通信量相对不高，可选择DELL的PowerEdge T140塔式服务器，如图5-15所示。用户可根据需要选择不同的硬盘容量配置。

图 5-15

5.4.3 大、中型企业局域网的方案说明

大、中型企业局域网的设备都是专业级别的，需要专业人员进行安装、连接及管理。常见的大、中型企业局域网的拓扑结构如图5-16所示，此拓扑采用了分层结构。

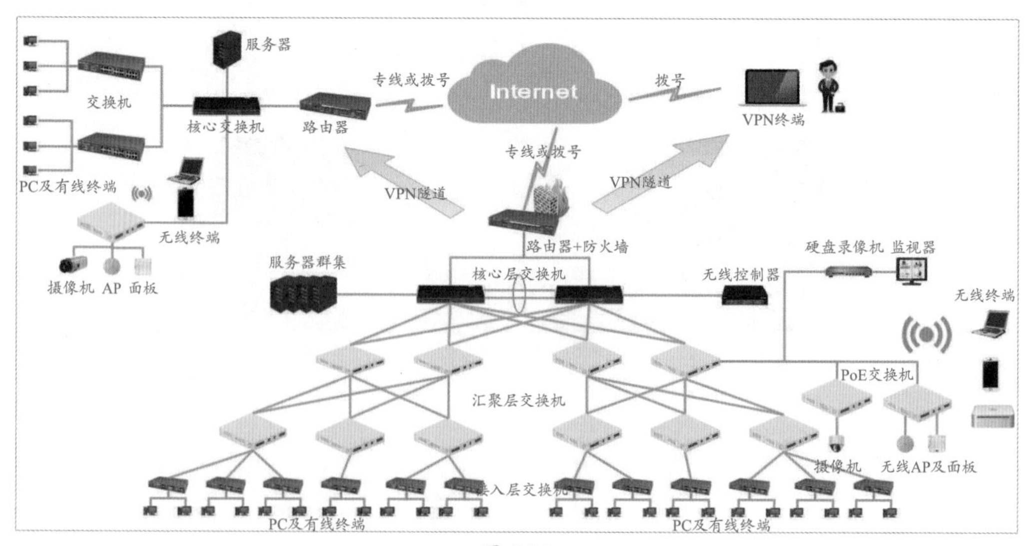

图 5-16

本方案主要选用的Cisco公司的网络产品，在性能及稳定性上均有强大的表现。无线功能选用TP-LINK公司的无线产品，性价比较高且实施方便。本方案说明如下。

（1）在核心交换上采用双核心交换，并使用链路聚合技术，提高了性能和安全性，以防止由于外损坏带来的整个局域网的故障。

（2）全千兆有线网络，冗余备份，高速稳定：设备支持全千兆线速转发，核心交换机更是提供万兆转发。核心层交换机支持堆叠功能，提供更多端口，结合端口汇聚轻松实现线路冗余备份。汇聚层和接入层支持端口汇聚，成倍提高上行端口的传输速率，解决上行端口的传输瓶颈问题。

（3）三层路由、VLAN、DHCP中继等丰富网管功能，清晰划分部门权限：支持DHCP Sever、VLAN、L2～L4的ACL等功能，实现部门、VLAN、IP地址一一对应，清晰划分部门权限，简化管理。支持三层静态路由，实现服务器资源共享。支持DHCP中继，使不同网段的DHCP客户端能共享一个DHCP服务器，减少服务器数量。支持ARP代理，使处于同一逻辑子网但不同交换机的设备能互访，实现同一个部门多地办公。

（4）有线网络支持四元绑定、IEEE 802.1×认证，无线网络支持多种认证方式：支持IP-MAC-端口-VLAN四元绑定，支持IEEE 802.1×认证。支持IP源防护、MAC地址泛洪攻击防护，木马、蠕虫等病毒抑制，保护服务器安全。支持MAC认证、Web认证、微信认证等多种用户接入认证方式，防止非法设备接入无线网络。

（5）室内室外无线全覆盖：TP-LINK提供无线吸顶式、面板式、室外等各种AP，可实现办公室、园区、仓库等所有区域的无线全覆盖。

（6）统一配置，集中管理，支持AC备份，AP离线自管理功能：TP-LINK AC（无线控制器）能自动发现所有的TP-LINK AP，并对AP进行统一配置和管理。AC与AP既支持二层组网，也支持AP在内网、AC在外网的跨NAT三层组网模式，AC跨NAT远程管理所有AP。真正实现AP零配置即插即用，极大降低网络维护工作的难度。支持AP离线自管理、AC双链路备份功能，保障网络的高稳定性。

（7）VPN互联，实现服务器共享和远程办公：总部和分支机构的路由器均支持IPSec VPN，可实现VPN互联，实现总部服务器共享，提高企业沟通效率。总部路由器支持PPTP/L2TP VPN，出差员工可随时访问总部服务器，实现远程办公。

（8）规范员工上网行为，保障办公效率：出口路由器具有上网行为管控功能，能够管控IM软件、炒股软件、下载软件等数十种常见网络应用。可实现网址分类过滤、URL过滤及网页安全等功能，管控员工访问网站的权限及浏览网页的安全性。

5.4.4 大、中型企业局域网设备选型

在大、中型企业局域网中，主要产品包括核心交换机、汇聚层交换机、接入层交换机、路由器及防火墙，以及一些无线产品。

1. 核心交换机

核心交换机在大、中型企业局域网中属于关键数据的中心枢纽，作用极其重要。本例使用的产品是思科的Catalyst 9600系列交换机，如图5-17及图5-18所示。

图 5-17

图 5-18

作为业界首批专为企业园区量身打造的模块化40和100千兆以太网交换机系列，Catalyst 9600系列交换机可为企业应用提供无与伦比的表规模（MAC表、路由表、访问控制列表）及缓冲性能。思科的Catalyst 9606R机箱的硬件最多可支持25.6Tb/s的有线交换容量，每个插槽最高可提供6.4Tb/s的带宽，支持通过精细的端口密度满足不同的园区需求，包括非阻塞40和100千兆以太网（GE）四通道小型封装热插拔（QSFP+、

QSFP28）及1、10、25GE增强型小型封装热插拔（SFP、SFP+、SFP28）。该系列交换机还支持高级路由和基础设施服务（例如多协议标签交换、第2层和第3层VPN、组播VPN、网络地址转换）、思科软件定义接入功能（例如主机跟踪数据库、跨域连接、VPN路由和转发感知、定位/ID分离协议），以及基于思科StackWise虚拟技术的网络系统虚拟化。

2. 汇聚层交换机

本例的汇聚层级交换机采用的是思科公司的Catalyst 9400系列交换机，如图5-19所示。Catalyst 9400是业界部署最广泛的下一代企业交换机，这款模块化接入交换机专为物联网（IoT）和云环境打造，且内置安全功能。该交换机可提供一流的高可用性，可作为思科领先企业架构SD-Access的组件使用。

图 5-19

3. 接入层交换机

本例的接入层交换机使用了思科的MS390-48系列交换机，如图5-20所示，是适用于高性能网络的基于云端管理的交换机。

图 5-20

4. 路由器

本例使用的路由器为思科4000系列的集成多业务路由器，如图5-21所示。

图 5-21

利用思科4000系列集成多业务路由器（ISR）全数字化就绪型平台，让用户的分支机构站点获得保护，并面向未来做好准备，简化日常IT管理，提供可扩展且灵活的基础，以便用户迅速将软件定义广域网和边缘计算等领先IT项目集成到同一个平台，同时满足因采用基于云的应用而带来的网络性能需求的爆炸性增长。4000系列在单一平台上提供高度安全的软件定义广域网连接、应用体验、统一通信、网络自动化、虚拟化，以及分支机构网络和直接互联网访问安全等多种解决方案。

5. 无线AP

室外AP可采用TL-AP1750GP扇区、AC1750双频室外高功率无线AP，如图5-22所示。优点：AC1750双频无线传输，千兆端口，IP66防尘防水，Passive PoE供电，供电传输距离达60m，自动选择信道，智能剔除弱信号设备，功率线性可调，降低AP间干扰，设备异常时自动恢复，统一管理，安装简便，胖瘦一体。

图 5-22

室内AP可采用TL-HDAP2600C-PoE AC2600高密度无线吸顶式AP，如图5-23所示。优点：四频AP，4倍带机量，2.4G/5G双频并发，自动选择适宜信道，内置阵列专业天线，提升覆盖区域信号质量，标准PoE供电，施工方便。

室内AP面板可选用TL-AP1758GI-PoE AC1750双频千兆无线面板式AP，如图5-24所示。优点：千兆有线接口+特设穿透口，频谱导航（5G优先），无线信道自动调整，管理简单，施工方便，使用可靠安全。

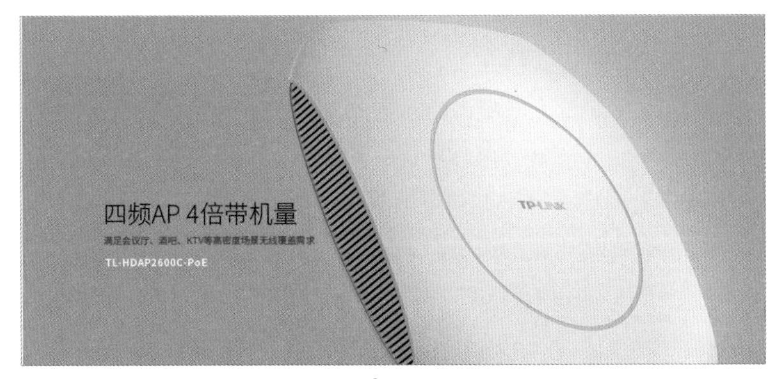

图 5-23

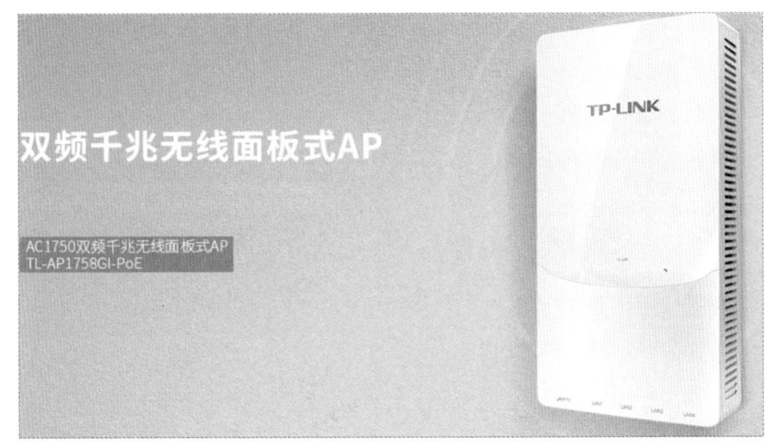

图 5-24

6. 无线控制器

本例无线控制器选择TL-AC10000无线控制器，如图5-25所示。优点：自动发现并统一管理AP，最多可管理10000个AP；AC旁挂组网，无须更改现有网络架构，部署方便；统一配置无线网络，支持SSID与Tag VLAN映射；支持MAC认证、Portal认证等多种用户接入认证方式。

图 5-25

知识延伸：分层设计

和OSI七层模型一样，在大型项目中，面对复杂的网络，也可以使用分层设计的思想解决，如图5-26所示，一般是按照核心层、汇聚层、接入层进行划分。在局域网的三层结构中，数据被接入层接入网络，被汇聚层汇聚到高速链路上，由核心层处理后返回到汇聚层和接入层，最终到达目的设备。

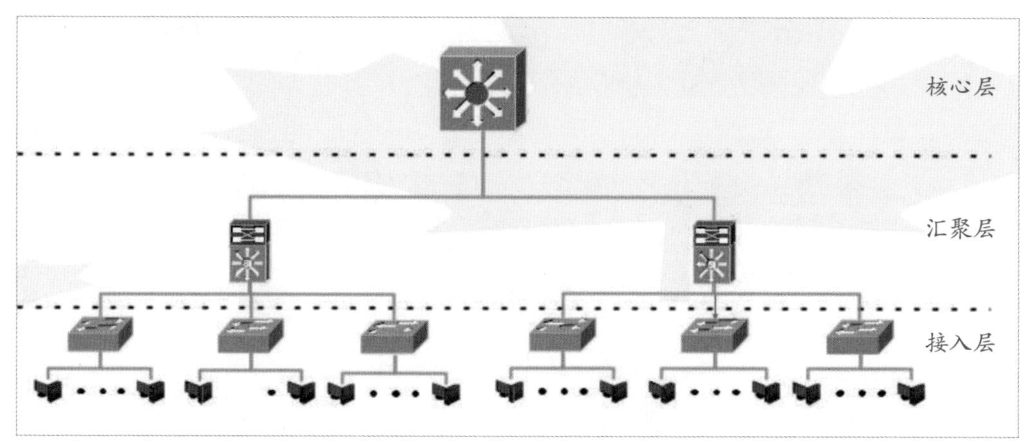

图 5-26

（1）核心层。

核心层是大、中型企业网的核心部分。主要目的是尽可能快地交换数据。核心层不应该涉及费力的数据包操作或者减慢数据交换的处理。应该避免在核心层中使用像访问控制列表和数据包过滤之类的功能。核心层主要负责提供交换区块间的连接、提供到其他区块的访问、尽可能快地交换数据帧或数据包、VLAN间路由等工作。

（2）汇聚层。

汇聚层也叫分布层，是网络接入层和核心层之间的分界点。该分层提供边界定义，并在该处对潜在的数据包操作进行处理，包括VLAN聚合、部门级和工作组接入、广播域或组播域的定义、介质转换、安全功能。

（3）接入层。

接入层的主要作用是将流量导入网络、访问控制、提供第二层服务，例如基于广播或MAC地址的VLAN成员资格和数据流过滤。

VLAN的划分一般是在接入层实现的，但VLAN之间的通信必须借助核心层的三层设备才能实现。由于接入层是用户接入网络的入口，所以也是黑客入侵的门户。接入层通常用包过滤策略提供基本的安全性，保护局部网免受网络内外的攻击。接入层的主要准则是能够通过低成本、高端口密度的设备提供这些功能。相对于核心层采用的高端交换机，接入层采用的是相对“低端”的设备，常称之为工作组交换机或接入层交换机。

第6章 局域网设备的配置

局域网的网络设备在安装及连接后，还需要对网络设备进行配置才能使用。家庭和小型局域网设备的配置比较简单，而大、中型企业中使用的企业级路由器、交换机等设备需要根据网络需要进行专业配置才能生效并使用。本章介绍局域网设备的配置过程。

重点难点

- 交换机的配置
- 路由器的配置
- 网卡的配置

6.1 交换机的配置

家用交换机的配置比较简单，一般只要将网线接入到交换机的LAN口就可以，如果有上行端口，可以将光纤猫的网线接入到交换机的上行端口。下面介绍大、中型企业局域网交换机的常见配置。

6.1.1 VLAN的配置

VLAN（Virtual Local Area Network）即虚拟局域网，是一组逻辑上的设备和用户，这些设备和用户不受物理位置的限制，可以根据功能、部门及应用等因素将它们组织起来，它们之间的通信就好像在同一个网段中一样，由此得名虚拟局域网，如图6-1所示。

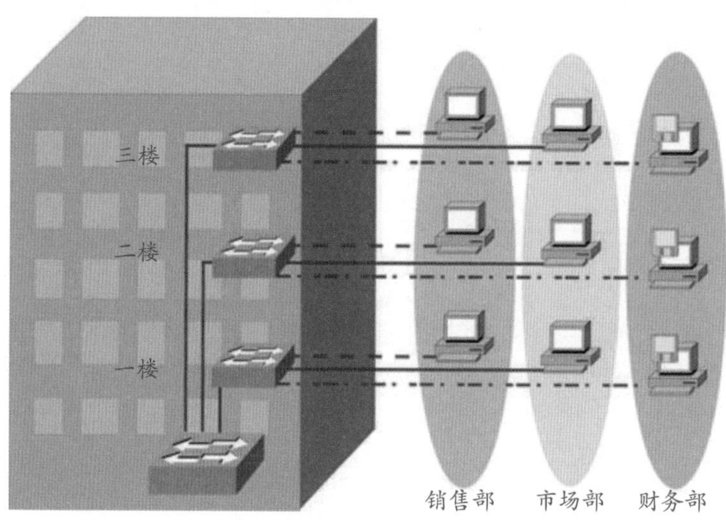

图 6-1

1. VLAN简介

VLAN是一种比较成熟的技术，涉及OSI参考模型的第二层和第三层，在局域网中可以划分多个广播域，一个VLAN就是单独的一个广播域，一个广播域对应一个特定的用户组，默认情况下这些不同的广播域是相互隔离的。不同的广播域之间要想通信，需要通过一个或多个路由器。这样的一个广播域就称为一个VLAN。

2. VLAN的优势

VLAN可以增加网络灵活性，使网络设备的移动、添加和修改的管理开销减少；可以灵活地控制广播活动，每个VLAN一个网段，广播只在一个网段内泛洪，不会传播并影响其他网段，减少了广播风波的波及面；可以提高网络的安全性，划分VLAN后，各VLAN间隔离开，彼此依靠路由或三层交换机进行通信，通过设置后，某些VLAN可以禁止与其他VLAN通信，增加了安全性。

TRUNK

TRUNK指VLAN的端口聚合，是用来在不同的交换机之间进行连接，以保证在跨越多个交换机上建立的同一个VLAN的成员能够相互通信。其中交换机之间互联用的端口称为TRUNK端口。

动手练 VLAN的配置

下面介绍VLAN的配置步骤，VLAN的拓扑结构如图6-2所示。

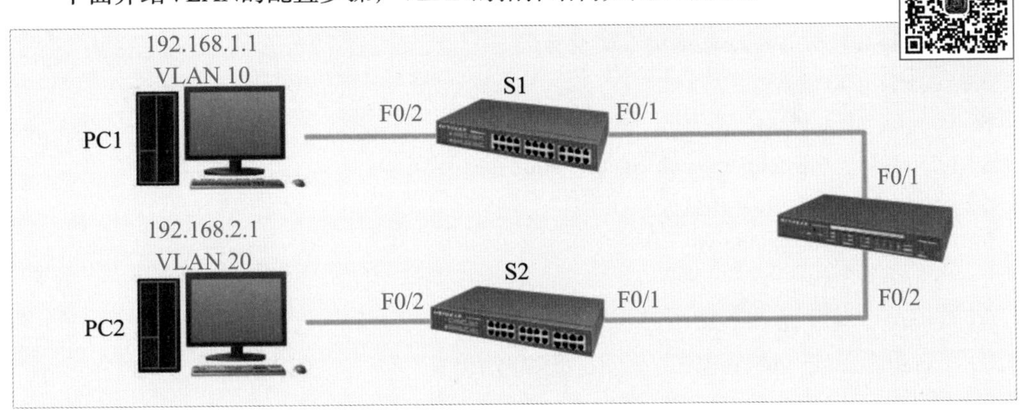

图 6-2

Step 01 进入交换机S1的配置界面，开始进行配置。

```
Switch1#conf ter                                    // 进入配置模式
Enter configuration commands， one per line. End with CNTL/Z.
Switch（config）#hostname S1                        // 命名交换机为 S1
S1（config）#vlan 10                                // 创建 VLAN 10
S1（config-vlan）#exit                              // 退出 VLAN 设置模式
S1（config）#vlan 20                                // 创建 VLAN 20
S1（config-vlan）#exit
S1（config）#interface f0/2                         // 进入 F0/2 端口
S1（config-if）#switchport  access vlan 10          // 端口加入 VLAN10
S1（config-if）#no shutdown                         // 开启端口
S1（config-if）#exit                                // 退出端口模式
S1（config）#in f0/1
S1（config-if）#switchport mode trunk               // 开启 TRUNK 模式
S1（config-if）#no shutdown
S1config-if）#exit
```

Step 02 按照同样方法配置交换机S2，注意交换机名称配置为S2。

Step 03 配置三层交换机S3。

```
Switch（config）#hostname S3
S3（config）#vlan 10
S3（config-vlan）#exit
S3（config）#vlan 20
S3（config-vlan）#exit
S3（config）#in f0/1
S3（config-if）#switchport trunk encapsulation dot1q          //选择封装模式
S3（config-if）#switchport mo trunk
S3（config-if）#no shutdown
S3（config-if）#exit
S3（config）#in f0/2
S3（config-if）#switchport trunk encapsulation dot1q
S3（config-if）#sw mo trunk
S3（config-if）#no shutdown
S3（config-if）#exit
S3（config）#in vlan 10
S3（config-if）#ip address 192.168.1.10 255.255.255.0
//配置 VLAN10 IP 地址
S3（config）#in vlan 20
S3（config-if）#ip address 192.168.2.10 255.255.255.0
S3（config）#ip routing                                      //开启三层交换路由模式
```

完成后，测试两台计算机是否能ping通，正常情况如图6-3所示。

```
FastEthernet0 Connection:(default port)

   Link-local IPv6 Address.........: FE80::210:11FF:FE6C:705C
   IP Address......................: 192.168.1.1
   Subnet Mask.....................: 255.255.255.0
   Default Gateway.................: 192.168.1.10

PC>ping 192.168.2.1

Pinging 192.168.2.1 with 32 bytes of data:

Reply from 192.168.2.1: bytes=32 time=10ms TTL=127
Reply from 192.168.2.1: bytes=32 time=2ms TTL=127
Reply from 192.168.2.1: bytes=32 time=13ms TTL=127
Reply from 192.168.2.1: bytes=32 time=0ms TTL=127

Ping statistics for 192.168.2.1:
    Packets: Sent = 4, Received = 4, Lost = 0 (0% loss),
Approximate round trip times in milli-seconds:
    Minimum = 0ms, Maximum = 13ms, Average = 6ms
```

图 6-3

6.1.2 链路聚合的配置

链路聚合也叫端口聚合，是指将多个物理端口捆绑在一起，成为一个逻辑端口，以实现出/入流量在各成员端口中的负荷分担，如图6-4所示。交换机根据用户配置的端口负荷分担策略决定报文从哪一个成员端口发送到对端的交换机。当交换机检测到其中一个成员端口的链路发生故障时，就停止在此端口上发送报文，并根据负荷分担策略在剩下的链路中重新计算报文发送的端口，故障端口恢复后再次重新计算报文发送端口。链路聚合在增加链路带宽、实现链路传输弹性和冗余等方面是一项很重要的技术。

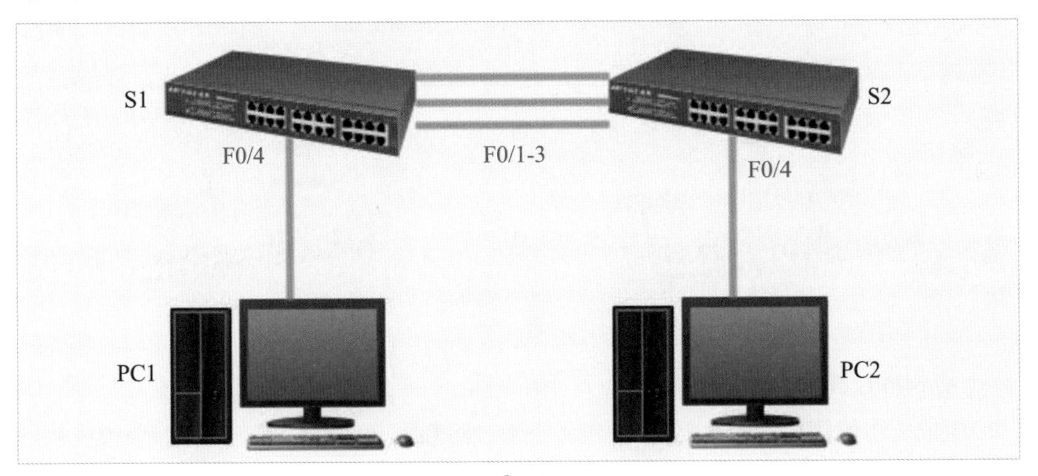

图 6-4

配置过程如下：

```
Switch>en
Switch#configure terminal
Enter configuration commands， one per line. End with CNTL/Z.
Switch（config）#hostname S1
S1（config）#in range f0/1 – 3                          //进入聚合端口
S1（config-if-range）#channel-group 1 mode on          //将1号通道在这3个端口开通
S1（config-if-range）#no shut
S1（config-if-range）#switchport mode trunk
```

完成后，可以查看当前的聚合状态，如图6-5所示。

图 6-5

6.1.3 生成树协议

生成树协议是在出现环路后，交换机通过智能算法屏蔽某条线路，将环形拓扑改成非环形拓扑，而被屏蔽的线路在其他线路故障时自动启动，形成冗余，如图6-6所示。

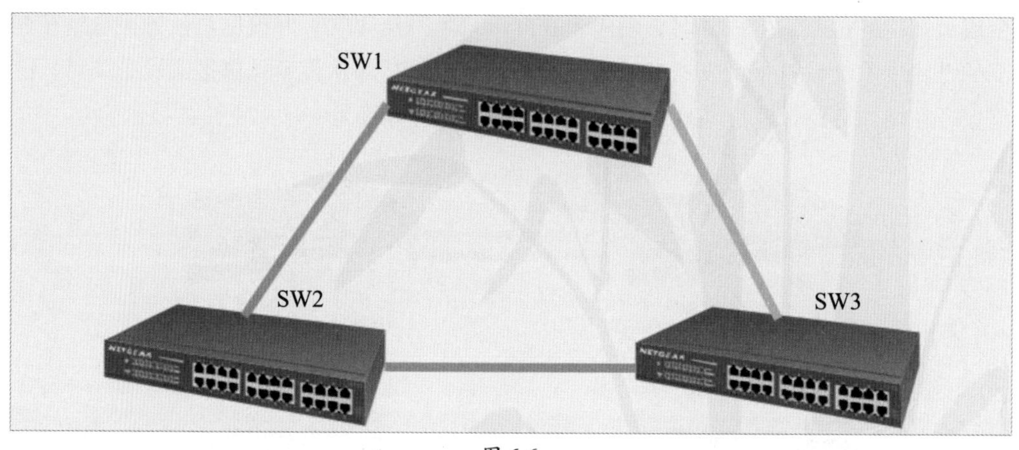

图 6-6

1. 生成树协议简介

生成树协议简称为STP，STP的作用是通过阻断冗余链路，把一个有回路的桥接网络修剪成一个无回路的树形拓扑结构。

STP检测到网络上存在环路时，自动断开环路链路。当交换机间存在多条链路时，交换机的生成树算法只启动最主要的一条链路，而将其他链路都阻塞掉，将这些链路变为备用链路。当主链路出现问题时，生成树协议将自动起用备用链路接替主链路的工作，不需要任何人工干预。

2. 生成树协议的计算

STP首先根据交换机MAC地址选择根桥交换机，然后计算根端口到达其他交换机的路径代价，找代价低的路径。到达的交换机端口为指定端口，发出的端口为根端口。最后肯定有线路未使用，或者端口为非根、非指定端口，交换机就会禁用该端口，然后通过BPDU通知其他所有交换机，这样就完成了STP收敛。最后，环路消失，完成生成树协议的计算。

BPDU

STP BPDU是一种二层报文，目的MAC是组播地址01-80-C2-00-00-00，所有支持STP的交换机都会接收并处理收到的BPDU报文，该报文中包含用于生成树计算的基本信息。

动手练 生成树协议的配置

下面介绍生成树协议的配置步骤，网络拓扑结构如图6-7所示。

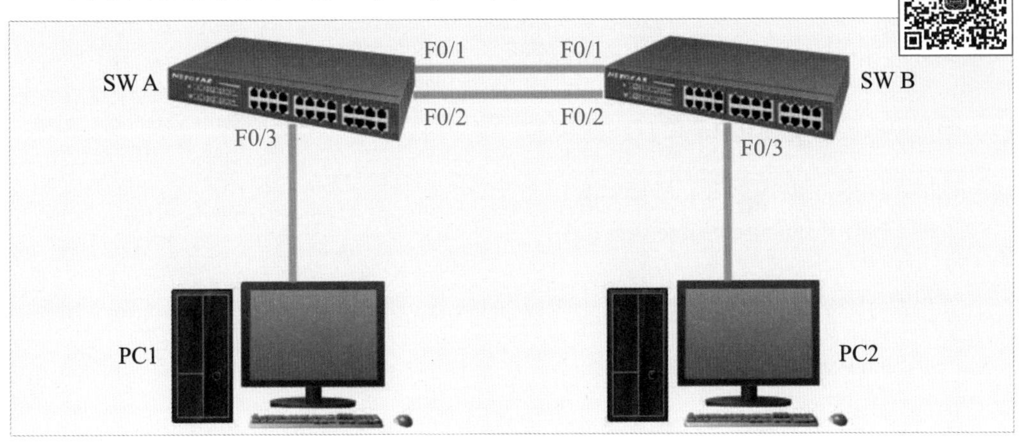

图 6-7

Step 01 交换机A的基本配置与交换机B配置相同。

```
Switch>en
Switch#config ter
Enter configuration commands， one per line. End with CNTL/Z.
Switch（config）#hostname SwitchA
SwitchA（config）#vlan 10
SwitchA（config-vlan）#exit
SwitchA（config）#interface f0/3
SwitchA（config-if）#no shutdown
SwitchA（config-if）#switchport access vlan 10
SwitchA（config-if）#exit
SwitchA（config）#interface range f0/1-2
SwitchA（config-if-range）#no shutdown
SwitchA（config-if-range）#switchport mode trunk
%LINEPROTO-5-UPDOWN： Line protocol on Interface FastEthernet0/1， changed state to down
%LINEPROTO-5-UPDOWN： Line protocol on Interface FastEthernet0/1， changed state to up
%LINEPROTO-5-UPDOWN： Line protocol on Interface FastEthernet0/2， changed state to down
%LINEPROTO-5-UPDOWN： Line protocol on Interface FastEthernet0/2， changed state to up
SwitchA（config-if-range）#exit
```

Step 02 启用快速生成树协议，A与B相同。

```
SwitchA（config）#spanning-tree
SwitchA（config）#spanning-tree mode rstp
```

```
SwitchA#show spanning-tree
```

Step 03 设置交换机优先级，指定A为根交换。

```
SwitchA（config）#spanning-tree priority 4096
```

Step 04 验证交换机B端口1及2的状态。

```
SwitchB#show spanning-tree interface f0/1
SwitchB#show spanning-tree interface f0/2
```

如果A与B的F0/1链路断掉，验证B端口2的状态，并观察状态转换时间。

```
SwitchB#show spanning-tree interface f0/2
```

使用计算机观察是否依然能够通信。需要注意的是，最好先配置交换机后，再连接交换机。否则容易产生广播风暴，影响实验结果。

知识点拨

快速生成树协议

STP的缺陷主要表现在收敛速度上，当拓扑结构发生变化时，新的BPDU要经过一定的时延才能传播到整个网络，这个时延称为转发延迟（Forward Delay），协议默认值是15s。在所有交换机收到这个变化的消息之前，若旧拓扑结构中处于转发的端口还没有发现自己应该在新的拓扑中停止转发，则可能存在临时环路。

快速生成树协议在IEEE 802.1d协议的基础之上进行了一些改进，产生了IEEE 802.1w协议。作为对802.1d标准的补充，RSTP在STP的基础上做了三点重要改进，使得收敛速度快得多（最快在1s以内）。

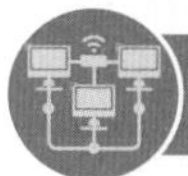

6.2 路由器的配置

日常接触比较多的是消费级无线路由器，可以在计算机中或者手机中进行配置，而企业级路由器的配置则需要更加专业的知识和技术。

6.2.1 消费级无线路由器的配置

消费级无线路由器主要应用在家庭或者小型局域网中，根据品牌的不同，管理界面的进入方式和配置的位置可能不同，可以使用计算机的网页或各种无线终端对无线路由器进行配置。下面以智能手机为例介绍路由器的初始配置及拨号配置。

1. 无线路由器初始化

Step 01 启动无线路由器，用手机连接路由器的无线信号，如图6-8所示。无线信号名称可以参考路由器背部的说明。连接完毕后，打开手机浏览器，输入路由器背部的管理地址或域名进行登录，如图6-9所示。

图 6-8

图 6-9

Step 02 第一次配置路由器，会让用户重新设置管理员密码，用户按要求填写并点击“确定”按钮即可，如图6-10所示。

Step 03 登录后，路由器会自动检测当前的上网方式，一般是PPPoE，也就是宽带拨号上网。输入运营商给的账号和密码，点击“下一步”按钮，如图6-11所示。

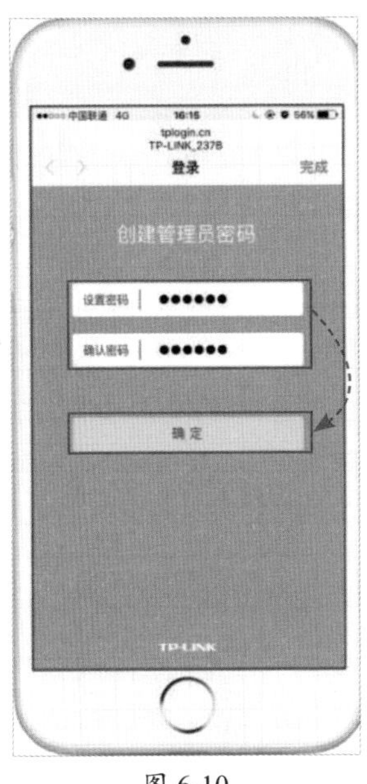

图 6-10

图 6-11

其他上网方式

除了拨号上网外，根据网络的不同，还可以使用“自动获取IP地址”的方式上网（图6−12），以及固定IP的方式上网。固定IP方式需要用户手动设置网络参数，如图6−13所示。

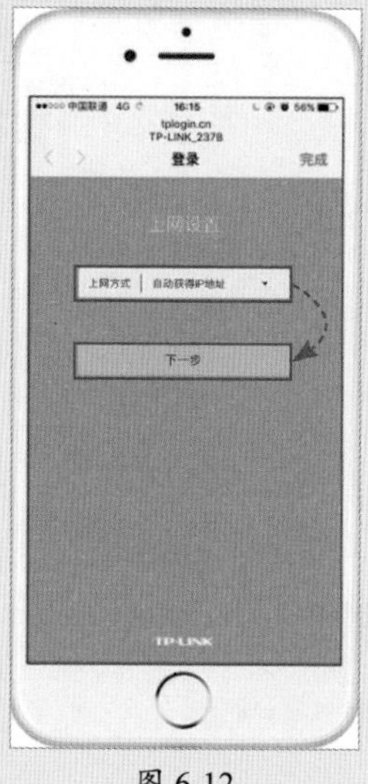

图 6-12

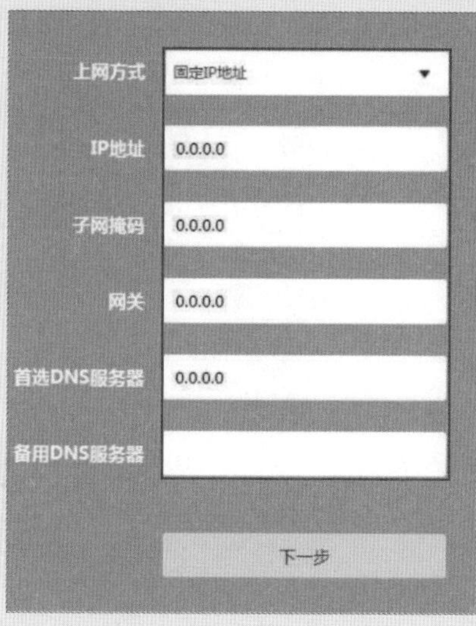

图 6-13

2. 配置无线网络

无线网络的配置包括配置无线名称（SSID）、无线密码、加密方式等。

Step 01 点击图6-13中的“下一步”按钮后，会弹出“无线设置”界面，在这里设置无线名称和无线密码，点击“确定”按钮，如图6-14所示。

Step 02 设置完成后，点击“完成”按钮，如图6-15所示。

图 6-14

图 6-15

完成后，路由器会重新启动，用户使用刚设置的新的无线名称和密码连接即可。

知识点拨

修改上网及无线配置

如果需要修改上网参数或者修改无线SSID号和密码，可以进入路由器的管理界面，找到上网配置，手动修改运营商的拨号账号和密码，点击“应用”按钮，如图6-16所示，也可以修改WiFi设置，如图6-17所示。建议取消多频合一，手动选择使用2.4G或5G频段。

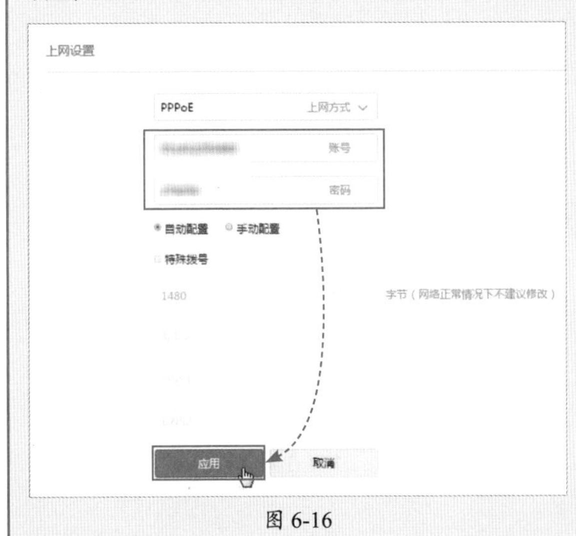

图 6-16

图 6-17

动手练 DHCP参数配置

DHCP默认是192.168.0.0/24网段，或者192.168.1.0/24网段，用户可以手动修改网络号，增强安全性，或者在路由器连接了其他路由器后，需要修改本路由器DHCP分配的网段，以免造成冲突。修改的方法是进入路由器的管理界面，在“局域网设置”或者是“DHCP设置”界面，修改路由器的管理IP地址以及分配的“起始IP”和“结束IP”以及“租约”时间，完成后点击“保存”按钮保存即可，如图6-18所示。

图 6-18

6.2.2 静态路由及默认路由的配置

企业级路由器可以实现更多更加专业的功能，下面几个案例介绍企业级路由器的配置，首先介绍静态路由和默认路由的配置。

1. 静态路由的配置

静态路由就是人工指定去往某个网络的数据包应该走哪个端口。因为数据的传输总是双向的，既然指定去的包，那么也必须保证包可以回来，所以在另一台路由上也要做静态路由的配置。接下来以图6-19所示的拓扑结构为例，进行配置的介绍。

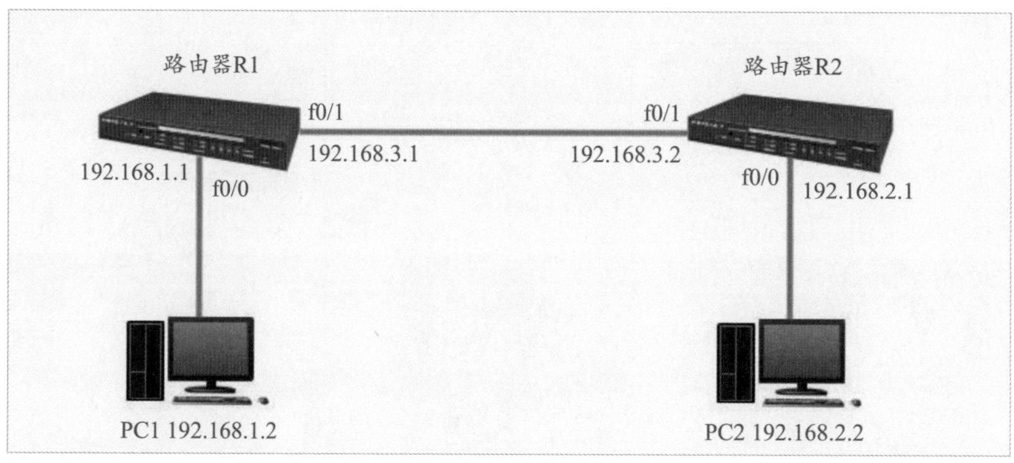

图 6-19

Step 01 配置R1的路由的基本参数。

```
Router>en
Router#conf ter
Enter configuration commands， one per line. End with CNTL/Z.
Router（config）#hostname R1
R1（config）#in f0/0
R1（config-if）#no shut
R1（config-if）#
%LINK-5-CHANGED： Interface FastEthernet0/0， changed state to up
%LINEPROTO-5-UPDOWN： Line protocol on Interface FastEthernet0/0， changed state to up
R1（config-if）#ip address 192.168.1.1 255.255.255.0          //配置 IP 地址
R1（config-if）#in f0/1
R1（config-if）#ip address 192.168.3.1 255.255.255.0
R1（config-if）#no shut
%LINK-5-CHANGED： Interface FastEthernet0/1， changed state to up
R1（config-if）#exit
R1（config）#
```

Step 02 R2的配置过程与R1相同，注意IP地址和端口等参数，详见图6-19所示的拓扑结构。此时PC1可以ping通192.168.3.1。通过查看路由表可以看到R1的路由表中，只有1.0及3.0网段，如图6-20所示。

```
Gateway of last resort is not set

C    192.168.1.0/24 is directly connected, FastEthernet0/0
C    192.168.3.0/24 is directly connected, FastEthernet0/1
Router#
```

图 6-20

Step 03 在R1配置2.0网段的静态路由。

```
R1（config）#ip route 192.168.2.0 255.255.255.0 f0/1
```

让所有去往2.0网段的包全部从F0/1端口发出。配置完毕后可以查看路由表，发现多了一条静态路由，用S表示，如图6-21所示。

```
Gateway of last resort is not set

C    192.168.1.0/24 is directly connected, FastEthernet0/0
S    192.168.2.0/24 is directly connected, FastEthernet0/1
C    192.168.3.0/24 is directly connected, FastEthernet0/1
Router#
```

图 6-21

用其他方式表示该路由项

除了用F0/1表示数据的发出端口外，用户还以使用下一跳“192.168.3.2”来代替“F0/1”。路由器会自动将192.168.3.2表示成“f0/1”端口。

Step 04 在R2上，也创建一条静态路由。

```
R2（config）#ip route 192.168.1.0 255.255.255.0 192.168.3.1
```

使用PC1 ping PC2，就可以通信。可以看到，如果静态路由项过多，配置非常烦琐，如果稍有不慎配置错误，就需要大量的排查工作，所以静态路由只适合简单的、不易经常变动的网络结构使用。

2. 默认路由的配置

配置默认路由相当于配置网关，在网络边界路由器上经常使用。

通过命令“router（config）#ip route 0.0.0.0 0.0.0.0 [下一跳路由器的IP地址/本地接口]”设置即可，其中0.0.0.0 0.0.0.0 意思是到达任意网络、任意子网掩码。以图6-19所示的拓扑结构为例，在R1和R2中分别输入以下命令：

```
R1（config）# ip route 0.0.0.0 0.0.0.0 f0/1
R2（config）# ip route 0.0.0.0 0.0.0.0 f0/1
```

完成后两台计算机即可通信。静态路由在路由表中以“S*”表示，如图6-22所示。默认路由一般都需要配置，以便在条目中找不到目标路由时，可以有默认帮助查找的路由器。

```
Gateway of last resort is 0.0.0.0 to network 0.0.0.0

S    192.168.1.0/24 [1/0] via 192.168.3.1
C    192.168.2.0/24 is directly connected, FastEthernet0/0
C    192.168.3.0/24 is directly connected, FastEthernet0/1
S*   0.0.0.0/0 is directly connected, FastEthernet0/1
Router(config)#
```

图 6-22

6.2.3 RIP及配置

RIP（Routing Information Protocol，路由信息协议）是内部网关协议IGP中最先得到广泛使用的协议。RIP是一种分布式的基于距离向量的路由选择协议，是因特网的标准协议，其最大优点就是简单。

1. RIP原理

RIP要求网络中的每个路由器都要维护从自己到其他每一个目的网络的距离（因此，这是一组距离，即“距离向量”）。RIP将“距离”定义为“从路由器到直接连接的网络的距离定义为1，从路由器到非直接连接的网络的距离定义为所经过的路由器数加1”。加1是因为到达目的网络后就进行直接交付，而到直接连接的网络的距离已经定义为1。

RIP的距离也称为跳数，每经过一个路由器，跳数就加1。RIP认为一个好的路由就是它通过的路由器的数目少，即距离短。RIP允许一条路径最多只能包含15个路由器。因此距离的最大值为16时相当于不可达。可见RIP只适用于小型互联网。

2. RIP要点

RIP有三个要点。

- 仅和相邻路由器交换信息。
- 交换的信息是当前本路由器所知道的全部信息，即自己的路由表。
- 按固定的时间间隔交换路由信息。

这里要强调一点，路由器刚刚开始工作时，只知道到直接连接的网络的距离（此距离定义为1）。以后每个路由器也只和数目非常有限的相邻路由器交换并更新路由器信息。经过若干次更新后，所有的路由器最终都会知道到达本自治系统中任何一个网络的最短距离和下一跳路由器的地址。RIP的收敛（convergence）过程较快。

收敛

所谓收敛，就是在自治系统中所有的节点都得到正确的路由选择信息的过程。

动手练 配置RIP

下面介绍RIP的配置实例，拓扑结构如图6-23所示。

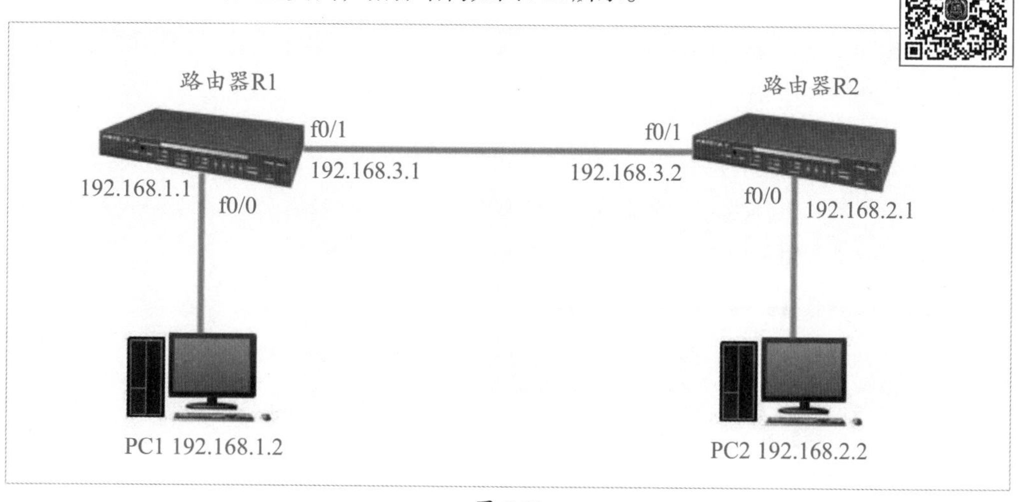

图 6-23

Step 01 进行基础配置。在R1中配置好端口IP信息，R2配置过程相同，IP按拓扑结构上的内容配置。

```
Router>en
Router#conf ter
Enter configuration commands， one per line. End with CNTL/Z.
Router（config）#hostname R1
R1（config）#in f0/0
R1（config-if）#no shut
R1（config-if）#
%LINK-5-CHANGED： Interface FastEthernet0/0， changed state to up
%LINEPROTO-5-UPDOWN： Line protocol on Interface FastEthernet0/0， changed state to up
R1（config-if）#ip address 192.168.1.1 255.255.255.0
R1（config-if）#in f0/1
R1（config-if）#ip address 192.168.3.1 255.255.255.0
R1（config-if）#no shut
%LINK-5-CHANGED： Interface FastEthernet0/1， changed state to up
R1（config-if）#exit
R1（config）#
```

Step 02 配置RIP，在R1中进行如下配置，在R2中也进行相同配置，但宣告2.0和3.0网络。

```
R1（config）#router rip                                  //启动 RIP 配置
```

```
R1（config-router）#network 192.168.1.0        // 宣告直连网段 192.168.1.0
R1（config-router）#network 192.168.3.0        // 宣告直连网段 192.168.3.0
R1（config-router）#version 2                  // 定义 RIP V2
R1（config-router）#no auto-summary            // 关闭路由器自动汇总
R1（config-router）#exit
```

完成后，等待片刻，即可查看路由表，可以看到此时有个R标识的路由条目，是RIP互相通告得到的。具体意思是数据包要到2.0这个网段走F0/1接口发出，如图6-24所示。同样路由器R2也有相关1.0网段的RIP条目出现，这时网络就畅通了。

```
Gateway of last resort is not set

C    192.168.1.0/24 is directly connected, FastEthernet0/0
R    192.168.2.0/24 [120/1] via 192.168.3.2, 00:00:04, FastEthernet0/1
C    192.168.3.0/24 is directly connected, FastEthernet0/1
Router(config)#
```

图 6-24

6.2.4 OSPF协议及配置

OSPF协议的全称为开放最短路径优先（Open Shortest Path First），它是为克服RIP的缺点而开发出来的。

1. OSPF协议的特点

该协议的主要特点如下。

- 使用分布式的链路状态协议。
- 路由器发送的信息是本路由器与哪些路由器相邻，以及链路状态（距离、时延、带宽等）信息。
- 当链路状态发生变化时，用泛洪法向所有路由器发送。
- 为了能够用于规模很大的网络，OSPF将一个自治系统再划分为若干个更小的区域，一个区域内的路由器数不超过200个。

2. 自治系统内部划分区域

划分区域的好处是将利用泛洪法交换链路状态信息的范围局限于每个区域，而不是整个自治系统，这就减少了整个网络的通信量。在一个区域内部的路由器只知道本区域的完整网络拓扑，而不知道其他区域的网络拓扑情况。

知识点拨

OSPF常见术语

- **区域（Area）**：区域号ID相同的一组路由器，区域中的所有路由器的链路状态都相同；区域中的每台路由器都是内部路由器。

- **邻接数据库（Adjacency Database）**：存放的是建立邻接关系之后的所有邻居列表。
- **拓扑数据库（Topological Database）**：存入的是网络中所有其他路由的信息列表，显示的是整个网络拓扑。
- **路由表（Routing Table）**：在拓扑数据库中通过SPF算法计算出的最佳路径。

3. OSPF的执行过程

首先是路由器的初始化过程。每个路由器用数据库描述分组和相邻路由器交换本数据库中已有的链路状态的摘要信息，路由器使用链路状态请求分组，向对方请求发送自己所缺少的某些链路状态项目的详细信息，通过一系列的分组交换，建立全网同步的链路数据库。

然后是网络运行过程。路由器的链路状态发生变化，该路由器就要使用链路状态更新分组，用洪泛法向全网更新链路状态。每个路由器计算出以本路由器为根的最短路径树，根据最短路径树更新路由表。

路由器定期（默认为每10s）在广播域中通过组播224.0.0.5使用Hello包来发现邻居，所有运行OSPF的路由器都侦听和定期发送Hello分组。

OSPF路由器建立了邻居关系之后，并不是任意交换链路状态信息，而是在建立了邻接关系的路由器之间相互交换来同步形成相同的拓扑表，即每个路由器只会跟DR（Designated Router）和BDR（Backup Designed Router）形成邻接关系来交换链路状态信息。

动手练 OSPF的配置

以图6-25所示的拓扑结构为例介绍OSPF的配置过程，其中R2与R3的区域为主干区域Area 0。

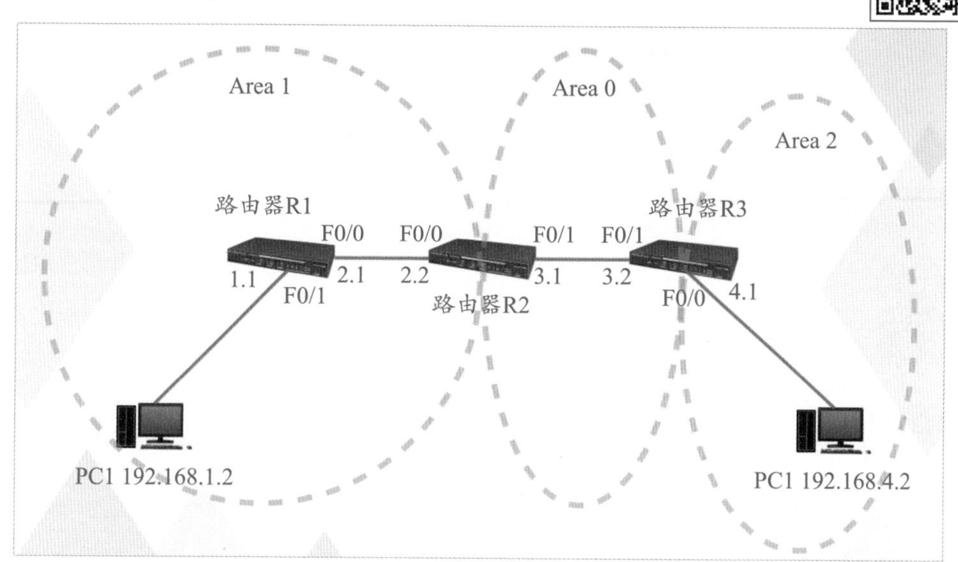

图 6-25

Step 01 配置路由器R1的所有端口及IP地址，R2和R3也按照相同步骤配置IP和端口，参数详见图6-25所示的拓扑图。

```
Router>en
Router#config ter
Enter configuration commands， one per line. End with CNTL/Z.
Router（config）#hostname R1
R1（config）#in f0/1
R1（config-if）#ip address 192.168.1.1 255.255.255.0
R1（config-if）#no shut
R1（config-if）#in f0/0
R1（config-if）#ip address 192.168.2.1 255.255.255.0
R1（config-if）#no shut
R1（config-if）#exit
```

Step 02 接下来为R1配置OSPF设置。R2和R3也按照同样步骤进行设置，参数详见图6-25所示拓扑图。

```
R1（config）#router ospf 1                              // 开启并进入 OSPF 进程 1 配置
R1（config-router）#network 192.168.1.0 0.0.0.255 area 1      // 申告直连网段并分配区域号
R1（config-router）#network 192.168.2.0 0.0.0.255 area 1
R1（config-router）#end
```

完成后就可以ping通，查看路由表，如图6-26所示，其中O就是OSPF协议。

```
Gateway of last resort is not set

C    192.168.1.0/24 is directly connected, FastEthernet0/1
C    192.168.2.0/24 is directly connected, FastEthernet0/0
O IA 192.168.3.0/24 [110/2] via 192.168.2.2, 00:19:05, FastEthernet0/0
O IA 192.168.4.0/24 [110/3] via 192.168.2.2, 00:19:05, FastEthernet0/0
R1#
```

图 6-26

动手练 网卡的配置

一般在家庭和小型局域网中，可通过路由器的DHCP功能自动获取IP地址。但在很多大、中型企业的网络中，终端都按照某标准分配了固定IP，或者需要在固定IP和DHCP之间切换。下面介绍网卡的配置过程。

1. 有线网卡的参数配置

首先介绍有线网卡的IP地址配置。

Step 01 在“网络”图标上右击，在弹出的快捷菜单中选择“属性”选项，如图6-27所示。

Step 02 单击“更改适配器设置”链接，如图6-28所示。

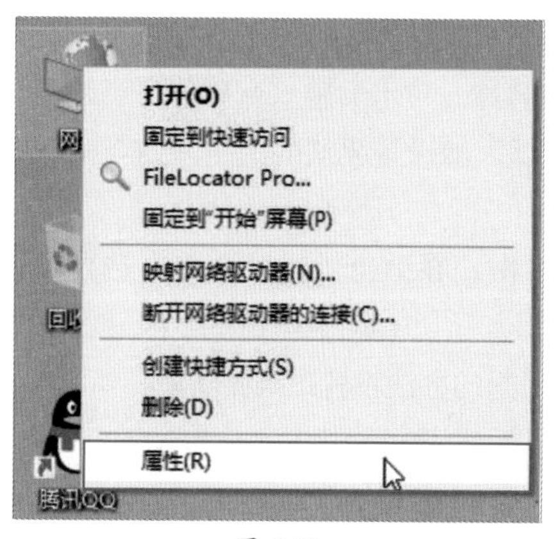

图 6-27

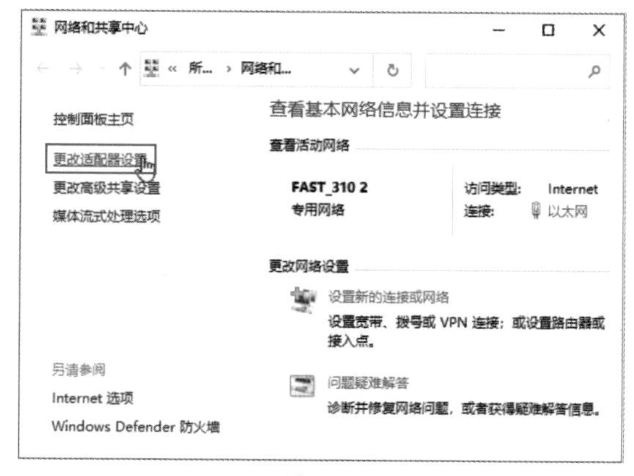

图 6-28

Step 03 在网卡上右击，在弹出的快捷菜单中选择“属性”选项，如图6-29所示。

Step 04 在“属性”界面双击“Internet协议版本4”选项，如图6-30所示。

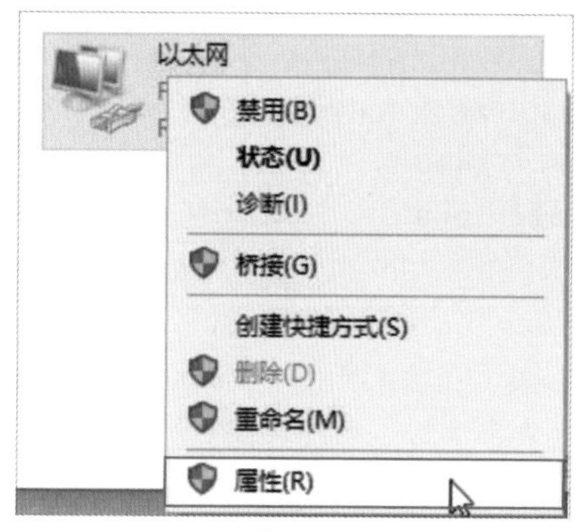

图 6-29

图 6-30

Step 05 选中“使用下面的IP地址”单选按钮，手动输入固定分配的IP地址，如图6-31所示。

Step 06 选中“使用下面的NDS服务器地址”单选按钮，输入DNS服务器IP，如图6-32所示，完成后单击“确定”按钮，完成更改。

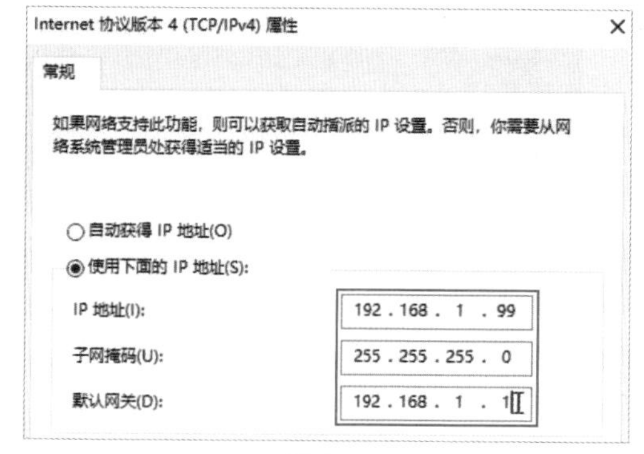

图 6-31

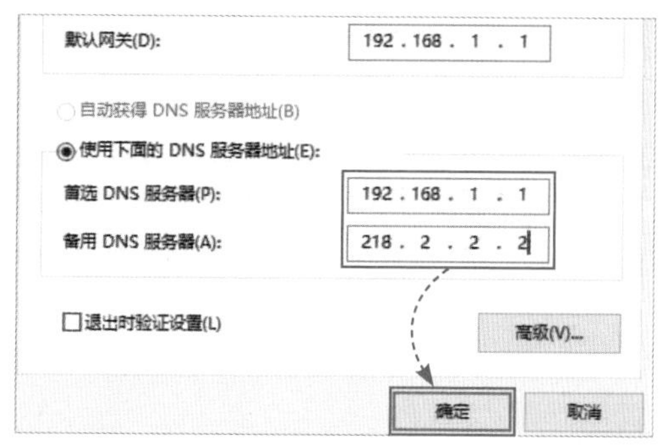

图 6-32

2. 无线网卡的参数设置

计算机的无线网卡和手机类似，找到WiFi信号名称，单击后输入密码就可以访问该无线网络。如果无线也没有分配DHCP，用户也可以手动设置无线的网络参数。操作方法与有线网卡类似。

Step 01 进入网卡的界面后，在无线网卡上右击，在弹出的快捷菜单中选择“属性”选项，如图6-33所示。

Step 02 进入无线网卡的IPv4属性界面，按照相同的方法设置IP地址即可，如图6-34所示。

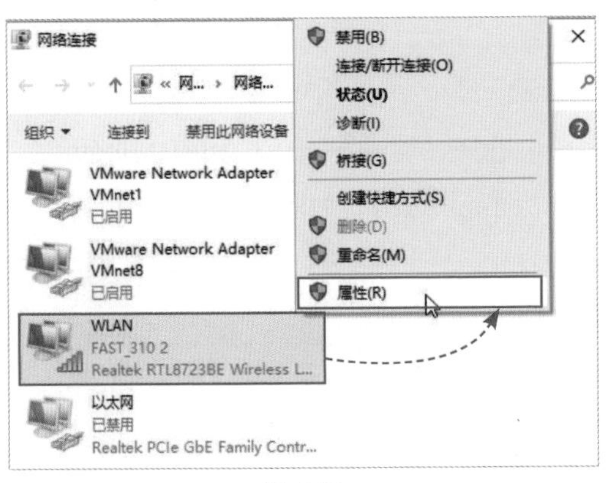

图 6-33

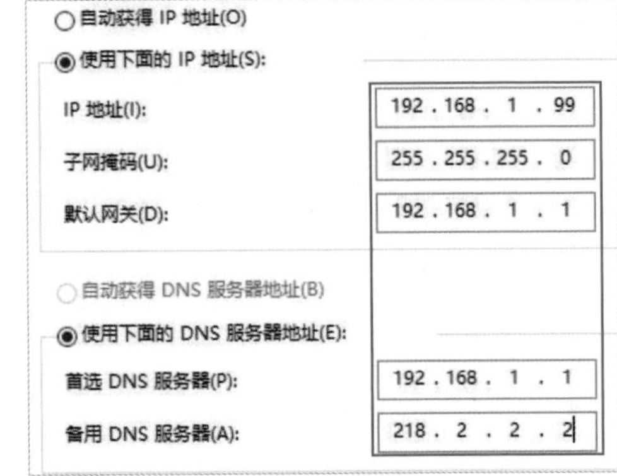

图 6-34

3. 其他终端的设置

其他网络终端的网卡设置方法根据不同的系统有所不同，以无线居多。一般找到并启动设备无线功能后，可以自动扫描到附近的无线网络，选择网络并输入无线密码就可以连接，如网络电视，如图6-35所示。

连接后也可以进入无线网卡的属性界面手动设置IP，如图6-36所示。

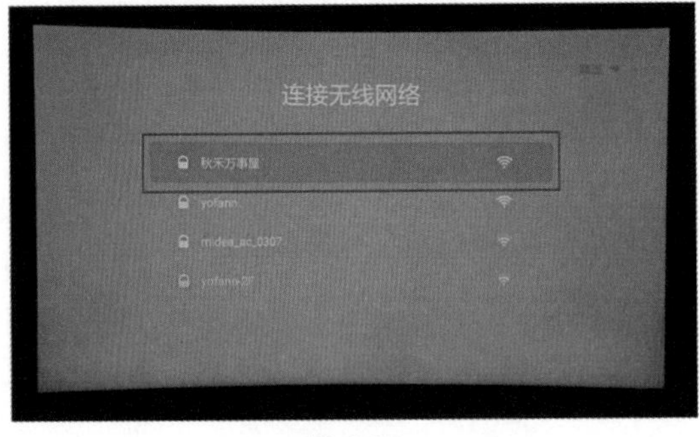

图 6-35

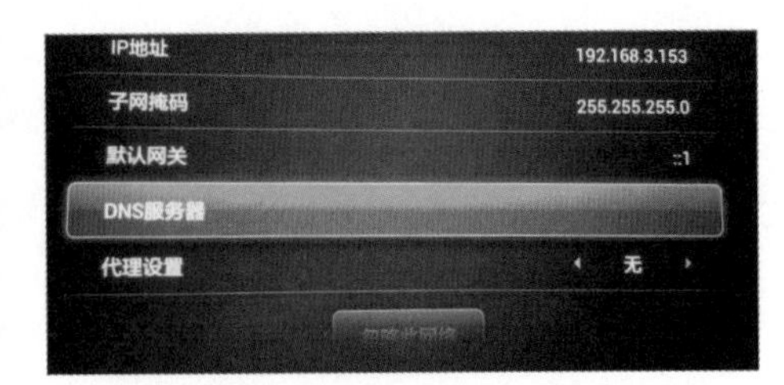

图 6-36

知识延伸：备份及还原路由器配置文件

用户配置完路由器后，可以备份当前的配置信息，路由器出现故障或备份丢失后，可以快速还原。

Step 01 进入路由器的系统状态中，单击“备份与恢复”中的“新建备份”按钮，如图6-37所示。

Step 02 选择备份的内容，单击“开始备份”按钮即可，如图6-38所示。网页会弹出下载对话框，选择保存位置后保存即可。

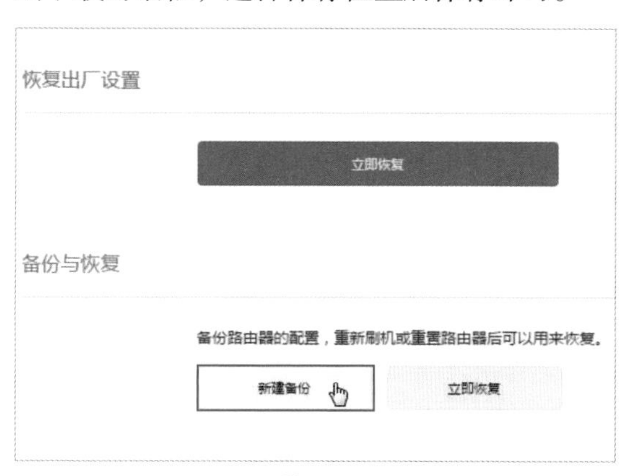

图 6-37

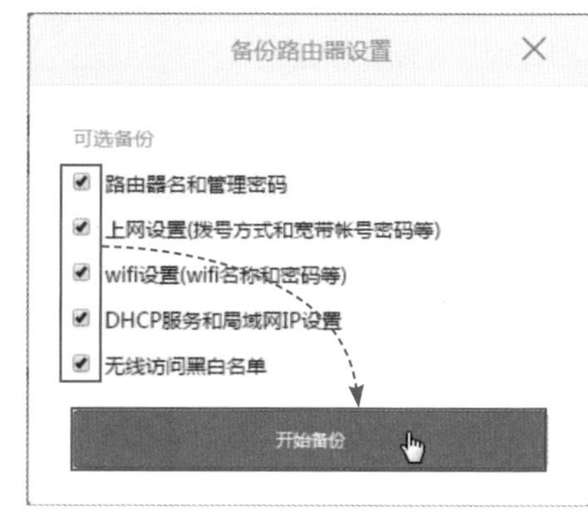

图 6-38

Step 03 如果路由器出现故障，单击“备份与恢复”中的“立即恢复”按钮，如图6-39所示。

Step 04 找到并选中备份文件后，单击“开始恢复”按钮，如图6-40所示。

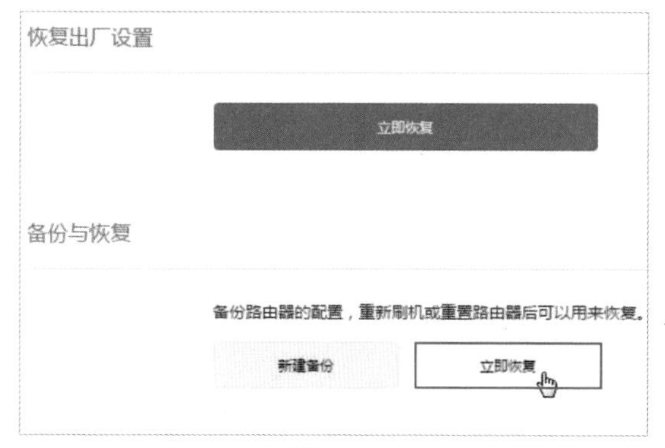

图 6-39

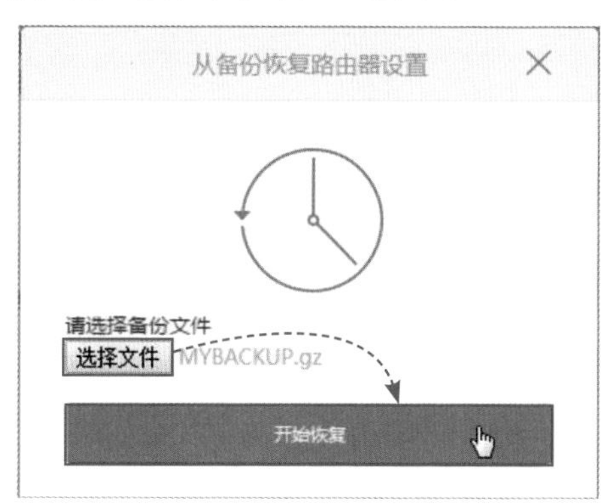

图 6-40

读书笔记

第7章

网络服务的搭建

网络设备是传输数据所必需的。网络中还有一种提供服务的设备，就是服务器。在局域网中，经常会用到一些网络服务，如Web服务、FTP服务、DHCP服务、DNS服务、VPN及NAT服务等，那么就需要架设一台专业的服务器进行服务和管理，这样除了可以满足局域网内部需求外，也可以发布到公网上，对外提供服务。本章将着重介绍如何使用Windows Server 2022系统架设专业的服务器。

重点难点

- 创建DHCP服务
- 创建DNS服务
- 创建FTP服务
- 创建Web服务

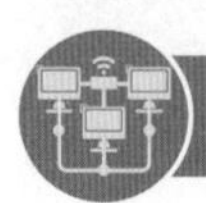

7.1 创建DHCP服务

DHCP服务是现在应用比较广的服务，一般在路由器上实现，也可以在局域网中配置一台DHCP服务器来分配网络参数。下面介绍DHCP服务的相关知识。

7.1.1 DHCP简介

DHCP（Dynamic Host Configuration Protocol，动态主机配置协议）的作用是向网络中的计算机和网络设备自动分配IP地址、子网掩码、网关、DNS等网络信息的服务。计算机和网络设备必须有IP地址才能通信，IP地址的获取方式包括手动配置和自动获取两种。手动配置比较容易出现错误及IP地址冲突，在大型企业中，计算机和网络设备的数量都非常巨大，手动配置极易出现错误并增加管理员负担。从DHCP网络服务器获取网络参数可减轻管理员工作负担，并减少错误。

静态IP与动态IP

手动输入的IP为静态IP。由于从DHCP服务器获取的IP地址有使用时间限制，租约到期后，DHCP服务器会收回该IP，并分配给其他请求的设备。重启计算机和网络设备后，有可能重新获取其他IP地址，所以从DHCP服务器获取的IP地址也叫动态IP。

默认情况下，网络设备使用的是从DHCP服务器获取的IP地址。一些关键设备及服务器采用的是静态IP。当然也可以在DHCP服务器上进行设置，针对这些关键设备固定分配某些IP地址。

7.1.2 安装DHCP服务器

下面介绍使用Windows Server 2022搭建DHCP服务的过程。为了保证测试效果，可以将虚拟机的网络设置在没有DHCP服务的环境中。

为了节约篇幅，会省略采用默认配置的步骤截图，关键配置步骤会详细展示。

Step 01 在“服务器管理器”界面单击“添加角色和功能”链接，如图7-1所示。

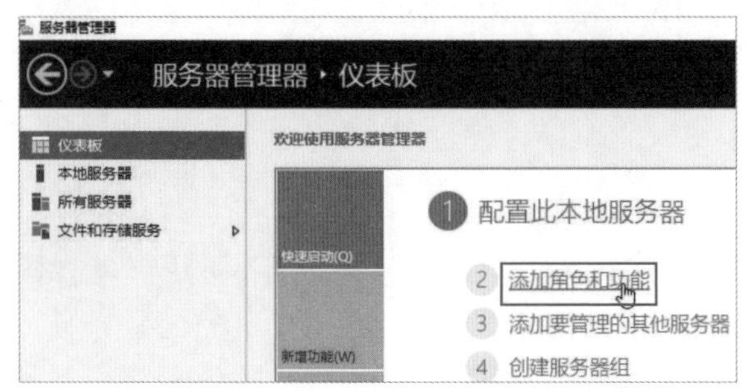

图 7-1

Step 02 选择本服务器，在“选择服务器角色”界面中勾选“DHCP服务器”复选框，如图7-2所示。

图 7-2

Step 03 查看添加的工具，单击“添加功能”按钮，如图7-3所示。

Step 04 在功能选项中保持默认。在注意事项中查看提示信息，单击“下一步”按钮，如图7-4所示。

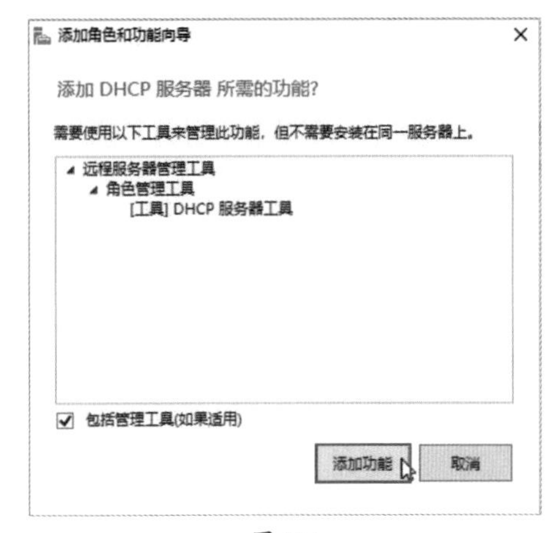

图 7-3

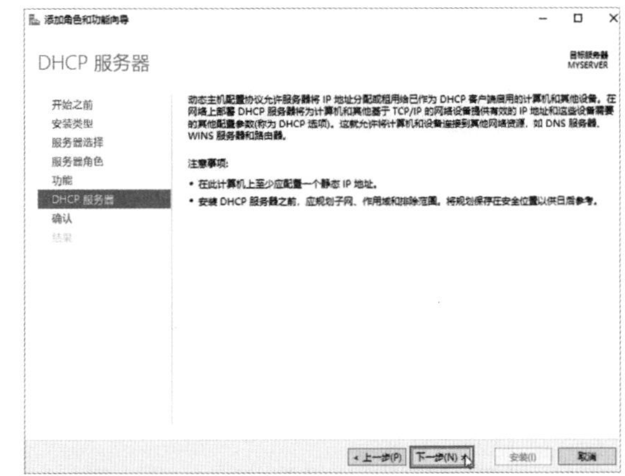

图 7-4

Step 05 在确认界面启动安装，完成后提示安装成功，单击“关闭”按钮，如图7-5所示。

图 7-5

7.1.3 DHCP服务器的配置

DHCP服务器的配置包括基础配置、检测、配置的修改等。服务器在安装完毕后，需要对其参数进行配置才可以正常使用。DHCP服务器的主要配置步骤如下。

Step 01 在“服务器管理器”界面中单击“工具”下拉按钮，在下拉列表中选择“DHCP”选项，如图7-6所示。

Step 02 展开服务器，在“IPv4”选项上右击，在弹出的快捷菜单中选择“新建作用域”选项，如图7-7所示。

图 7-6

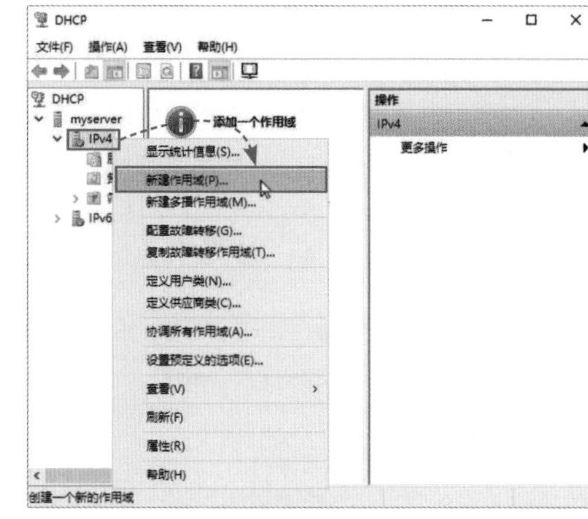

图 7-7

Step 03 设置作用域的“名称”及“描述”，单击“下一步”按钮，如图7-8所示。

Step 04 设置DHCP分配的IP地址的“起始IP地址”和“结束IP地址”以及“子网掩码”，单击“下一步”按钮，如图7-9所示。

图 7-8

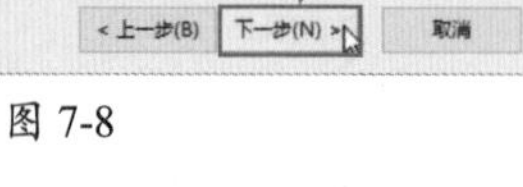

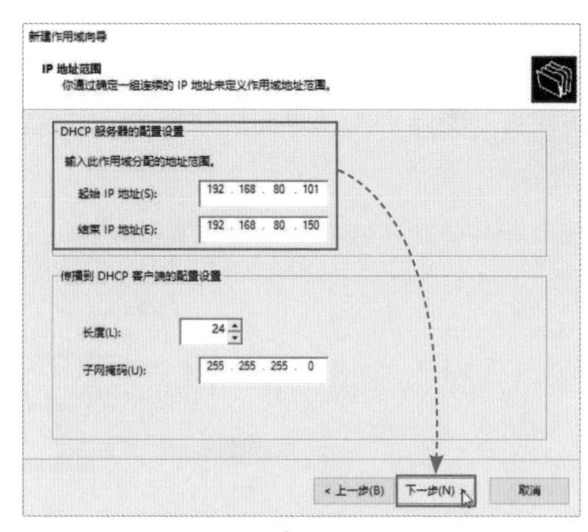

图 7-9

Step 05 设置在地址池中需要排除的IP地址。如果没有，直接单击“下一步”按钮，如图7-10所示。

Step 06 设置租约的时间，单击“下一步”按钮，如图7-11所示。

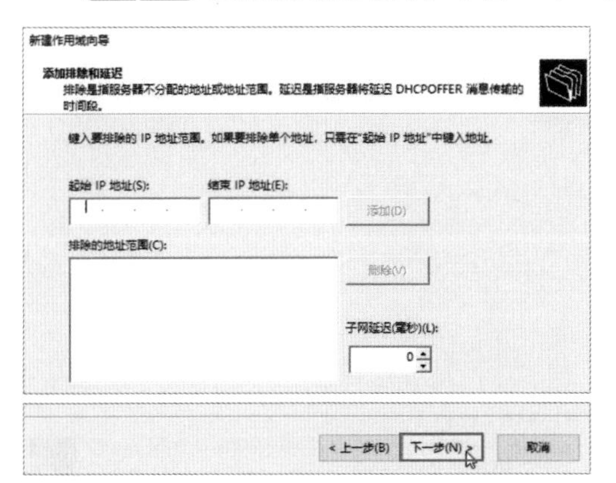

图 7-10

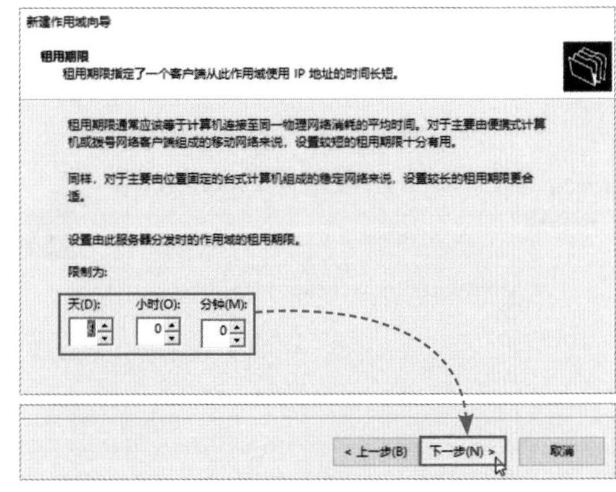

图 7-11

Step 07 如果要配置其他，如网关、DNS服务器的IP地址，选中“是，我想现在配置这些选项”单选按钮，单击“下一步”按钮，如图7-12所示。

Step 08 输入默认网关的IP地址，单击“添加”按钮。完成后单击“下一步”按钮，如图7-13所示。

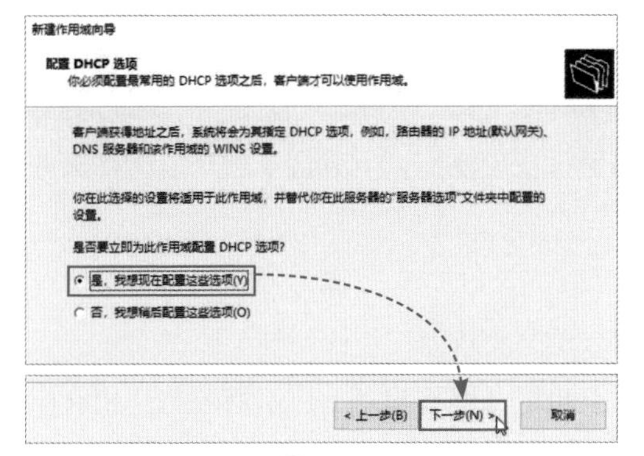

图 7-12

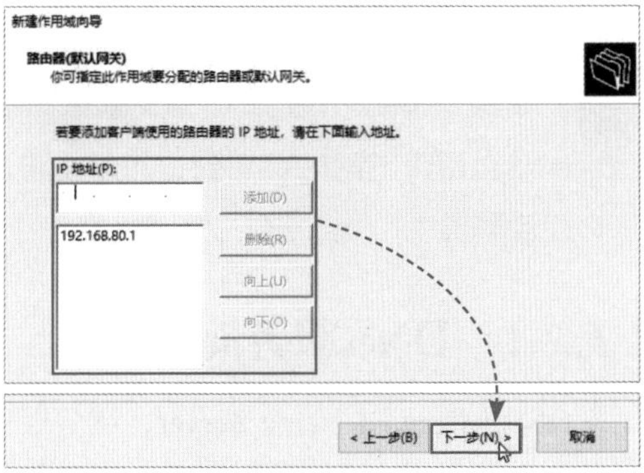

图 7-13

Step 09 设置DNS服务器的地址，单击“下一步”按钮，如图7-14所示。

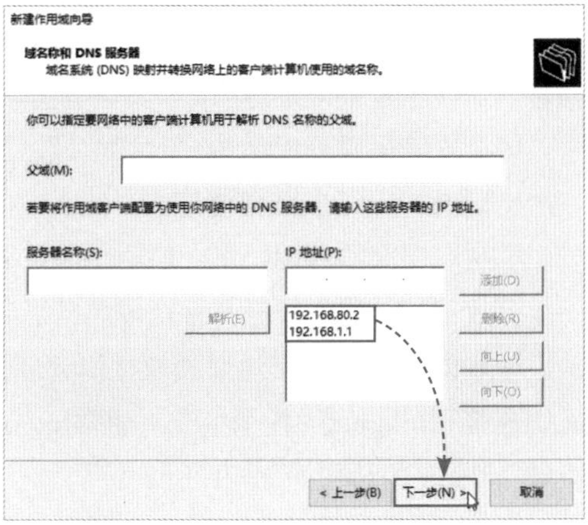

图 7-14

Step 10 配置WINS服务器地址。如果没有，单击“下一步”按钮，如图7-15所示。

Step 11 提示需要激活作用域，选中“是，我想现在激活此作用域”单选按钮，单击“下一步”按钮，如图7-16所示。

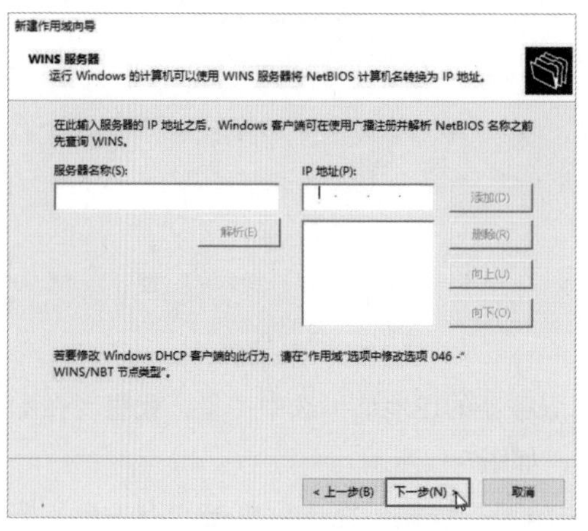

图 7-15

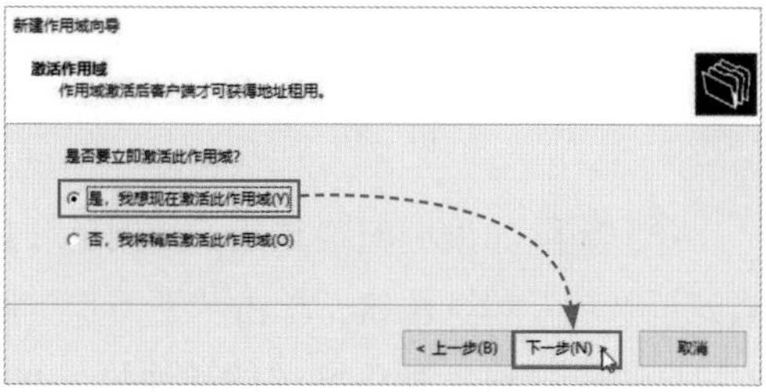

图 7-16

7.2 创建DNS服务

DNS在用户上网时会用到，用途是将域名解析成IP地址。本节将重点介绍DNS服务的搭建步骤。

7.2.1 DNS服务简介

DNS（Domain Name Server，域名服务）也叫域名解析服务，用于域名与其相对应的IP地址之间的转换。互联网中的设备之间的通信都是通过IP地址来确定位置并传输数据的。但记忆IP地址的难度非常高，所以使用更方便记忆的域名来代替IP地址。但域名无法在互联网上确定通信的主机，所以实际上需要DNS服务器将域名转换为IP地址。这种转换对使用者来说是透明的，只要配置好DNS服务器的网络参数即可。

域名空间采用分层结构，包括根域、顶级域、二级域和主机名称。域名空间类似于一棵倒置的树。一个区域就是DNS域名空间中的一部分，维护着该域名空间的数据库记录。在域名层次结构中，每一层称作一个域，每个域用一个点号（.）分开，域又可以进一步分成子域，每个域都有一个域名，最底层是主机。

根域由Internet名字注册授权机构管理，该机构负责把域名空间各部分的管理责任分配给连接到Internet的各个组织。通常Internet主机域名的一般结构为“主机名.二级域.顶级域”。域名的结构如图7-17所示。

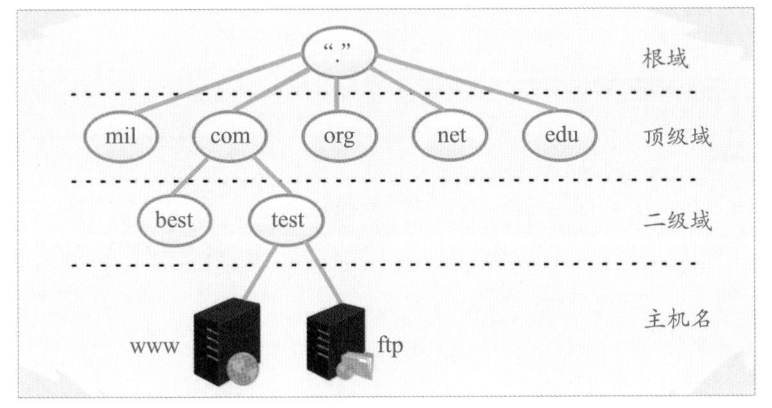

图 7-17

7.2.2 安装DNS服务

DNS服务的搭建同DHCP类似，下面介绍搭建的具体过程。

Step 01 在“管理”下拉列表中选择“添加角色和功能”选项，如图7-18所示。

Step 02 保持默认设置，在“选择服务器角色”界面勾选“DNS服务器”复选框，如图7-19所示。

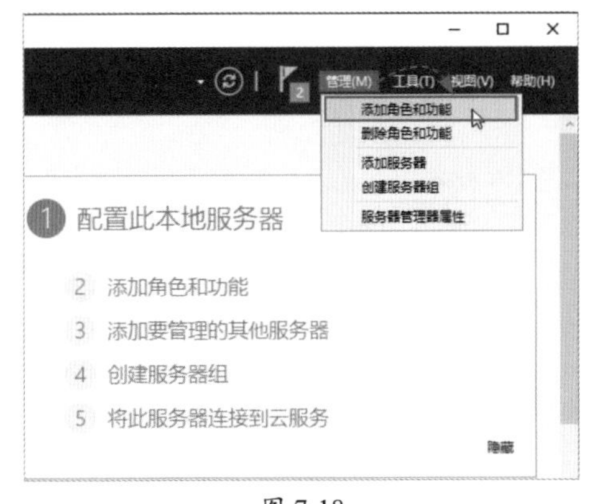

图 7-18

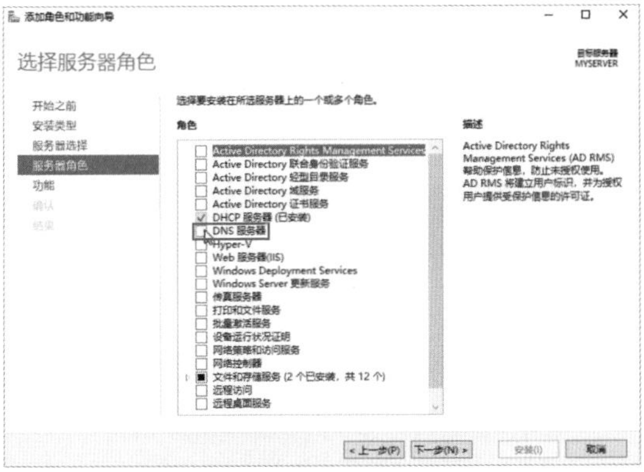

图 7-19

Step 03 查看添加的各种工具，单击“添加功能”按钮，如图7-20所示。

Step 04 在“DNS服务器”界面查看注意事项，单击“下一步”按钮，如图7-21所示。

Step 05 启动安装，完成后显示成功，单击“关闭”按钮，如图7-22所示。

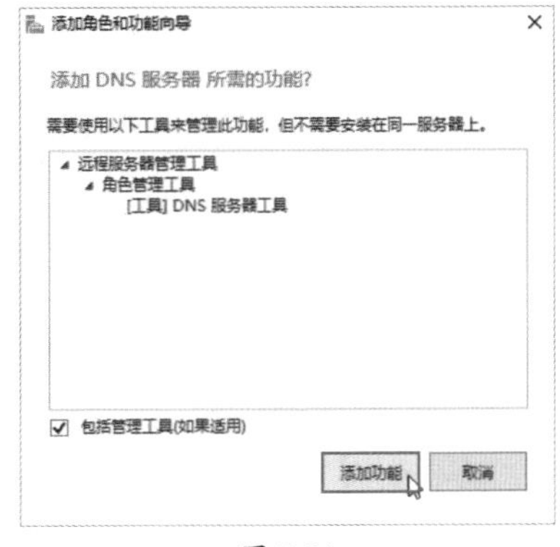

图 7-20

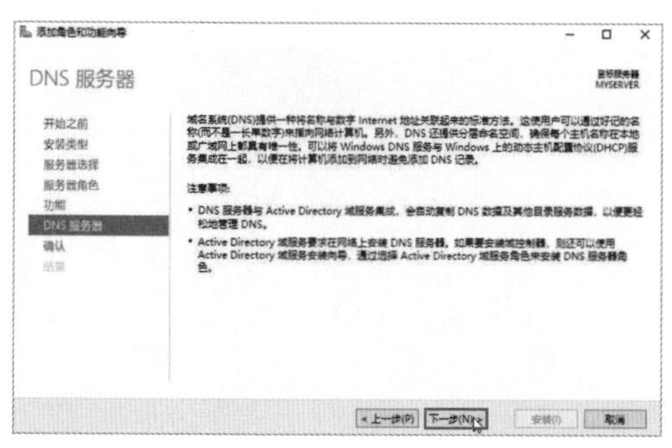

图 7-21

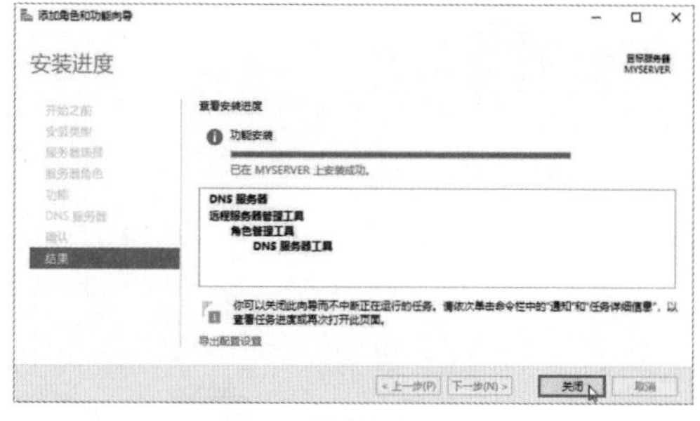

图 7-22

7.2.3 DNS服务的配置

内网的DNS服务一般是在域环境中使用，也可以作为转发使用。下面介绍具体的配置方法。

1. 创建正向查找区域

首先要创建一个正向查找区域，也就是将域名转换为IP地址的记录。在活动目录中，因为需要域名的支持，所以会自动生成，如果是独立的DNS服务器，需要手动创建。

Step 01 单击“工具”下拉按钮，在下拉列表中选择DNS选项，如图7-23所示。

Step 02 展开服务器列表，在“正向查询区域”选项上右击，在弹出的快捷菜单中选择“新建区域”选项，如图7-24所示。

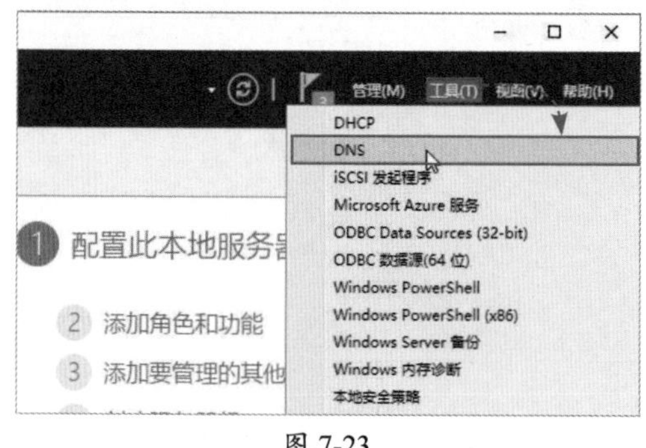

图 7-23

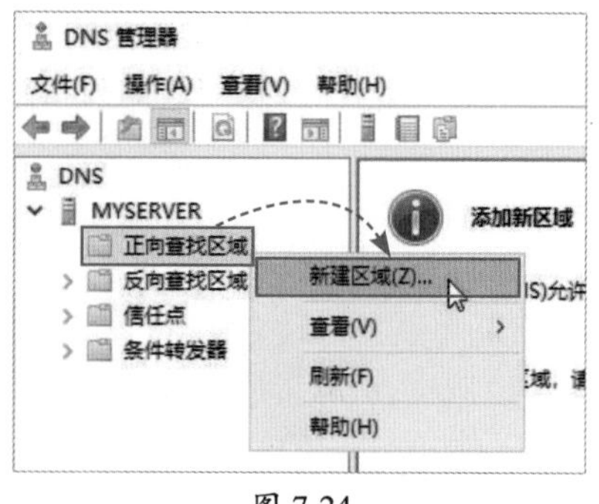

图 7-24

Step 03 启动新建区域向导后，在“区域类型”界面选中“主要区域”单选按钮，单击“下一步”按钮，如图7-25所示。

Step 04 在“区域名称”界面设置“区域名称”，也就是域名，单击“下一步”按钮，如图7-26所示。

Step 05 在“区域文件”界面设置区域文件名，这里保持默认，单击“下一步”按钮，如图7-27所示。

Step 06 在“动态更新”界面选中“不允许动态更新”单选按钮，单击“下一步”按钮，如图7-28所示。

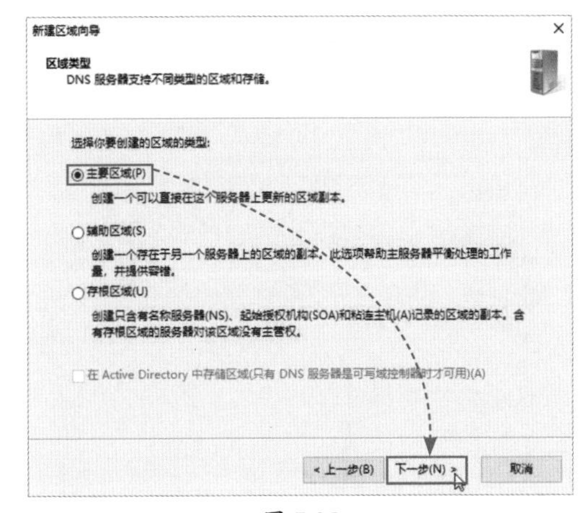

图 7-25

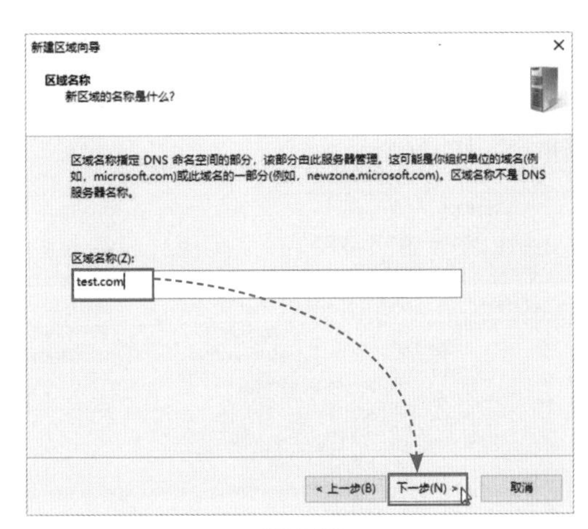

图 7-26

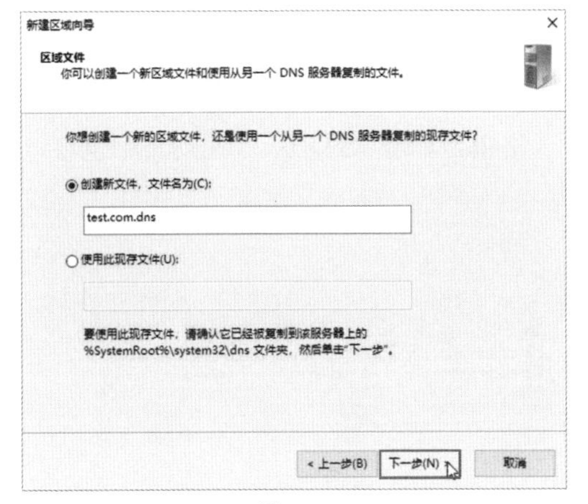

图 7-27

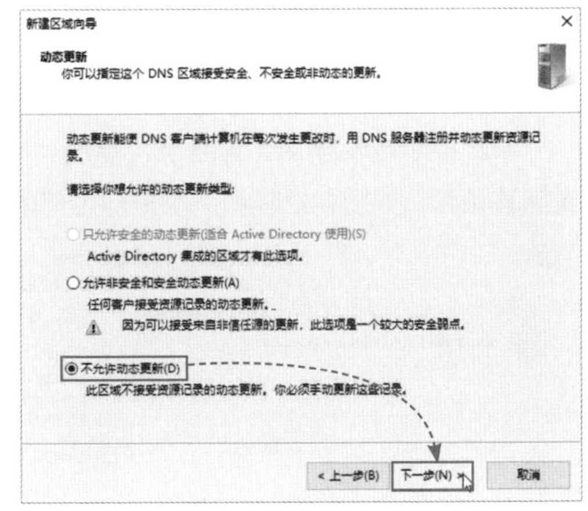

图 7-28

2. 创建A记录

使用命令行工具输入“nslookup 网址”，返回的结果包括域名对应的IP地址（A记录）、别名（CNAME记录）等。还有一些DNS查询站点，如国内外的查询域名的DNS信息。下面介绍创建A记录的操作步骤。

知识点拨

常用的资源记录类型

- **A记录**：此记录列出特定主机名的IP地址，这是名称解析的重要记录。
- **CNAME**：此记录指定标准主机名的别名。
- **MX**：邮件交换器，此记录列出负责接收发到域中的电子邮件的主机。
- **NS**：名称服务器，此记录指定负责给定区域的名称服务器。

Step 01 打开DNS管理器，找到创建好的正向区域，在域名上右击，在弹出的快捷菜单中选择“新建主机（A或AAAA）”选项，如图7-29所示。

Step 02 在弹出的对话框中设置名称后，下方会显示其完全限定的域名（Fully Qualified Domain Name，FQDN），设置该FQDN的IP地址，最后单击“添加主机”按钮，如图7-30所示。

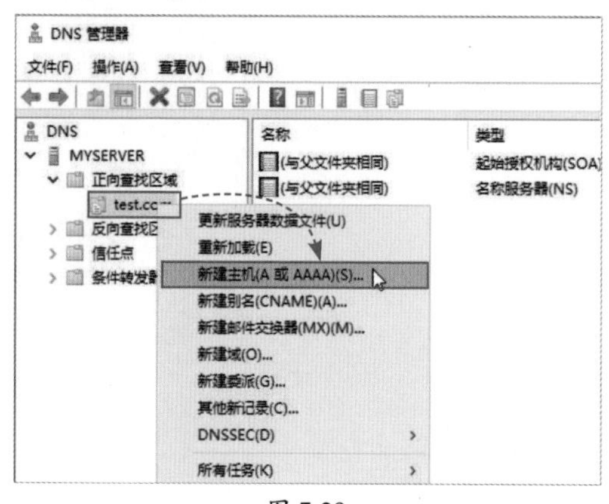

图 7-29

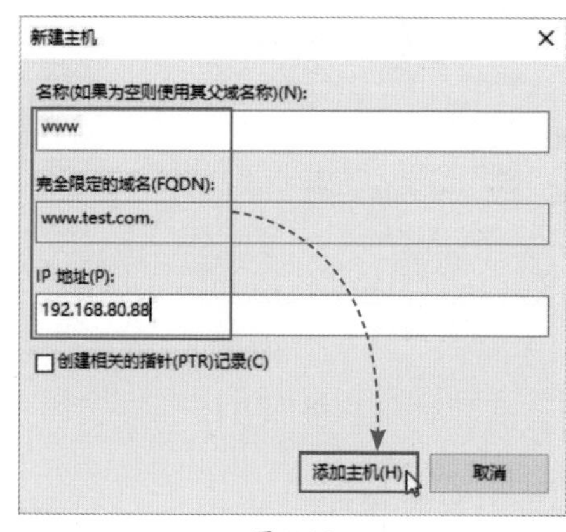

图 7-30

系统提示成功创建了A记录，单击“确定”按钮，如图7-31所示。在列表中也可以看到该条目，如图7-32所示，双击即可修改。

图 7-31

图 7-32

3. 创建反向查询

以上由域名查询IP地址的过程属于正向查询，而由IP地址查询域名的过程就是反向查询。反向查询要求对每个域名进行详细搜索，这需要花费很长时间。为解决该问题，DNS标准定义了一个名为in-addr.arpa的特殊域，该域遵循域名空间的层次命名方案，它是基于IP地址的，而不是基于域名，其中IP地址8位位组的顺序是反向的，例如，如果客户机要查找192.168.80.88的FQDN客户机，查询域名为88.80.168.192.in-addr.arpa的记录即可。

Step 01 在“反向查找区域”选项上右击，在弹出的快捷菜单中选择“新建区域”选项，如图7-33所示。

Step 02 在配置向导中输入当前的“网络 ID”地址段，如图7-34所示。其他保持默认，完成创建。

Step 03 在指定的反向区域上右击，在弹出的快捷菜单中选择“新建指针（PTR）”选项，如图7-35所示。

Step 04 输入主机IP地址或单击“浏览”按钮，如图7-36所示。

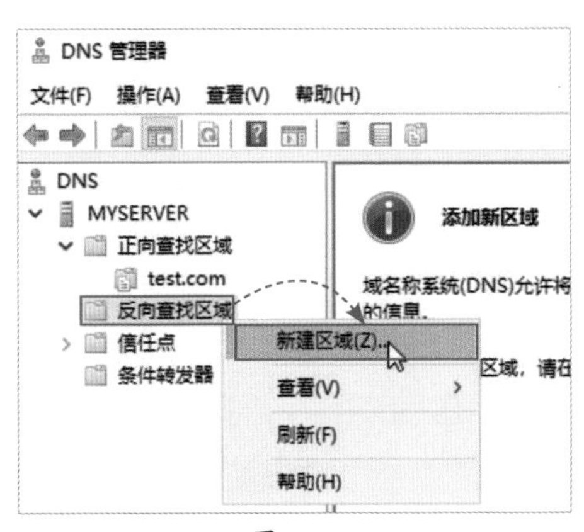

图 7-33

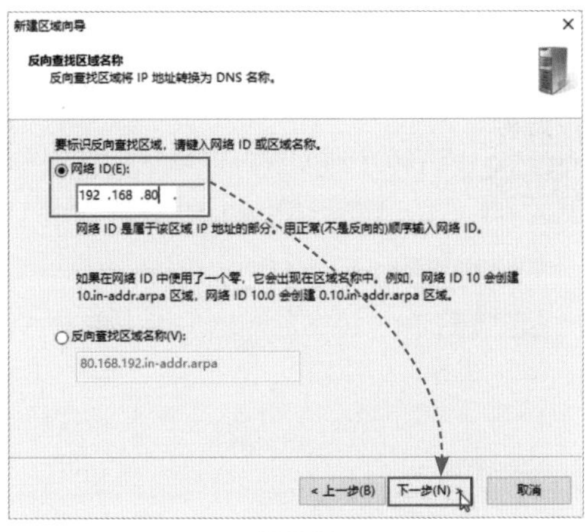

图 7-34

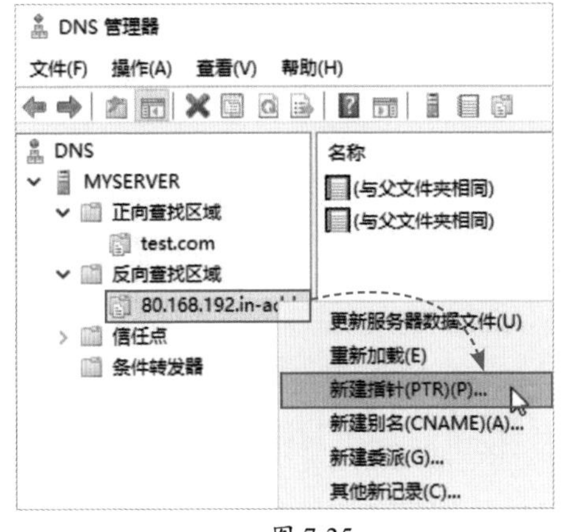

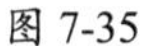

图 7-35

图 7-36

Step 05 找到之前创建的A记录，单击“确定”按钮，其他配置参数保持默认，会自动创建反向查询，如图7-37所示。查看反向查询的条目，如图7-38所示。

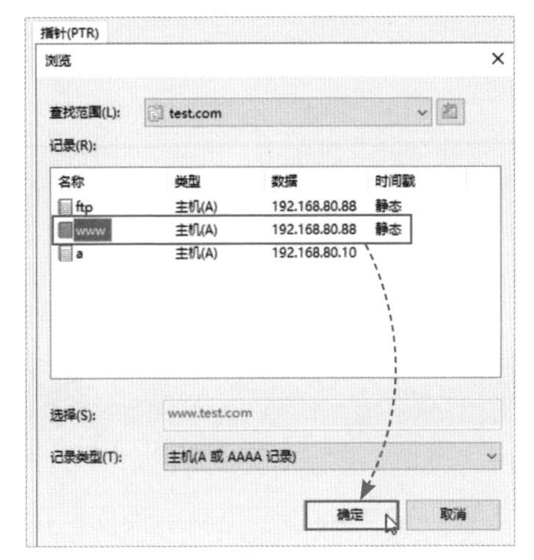

图 7-37

图 7-38

动手练 创建转发器

转发器的主要作用是在本域名服务器无法解析域名的情况下，将域名申请转发到设置好的默认DNS服务器上让其解析。设置步骤如下。

Step 01 在DNS管理器中，选中服务器名称，在右侧双击“转发器”选项，如图7-39所示。

Step 02 在“转发器”选项卡中单击“编辑”按钮，如图7-40所示。

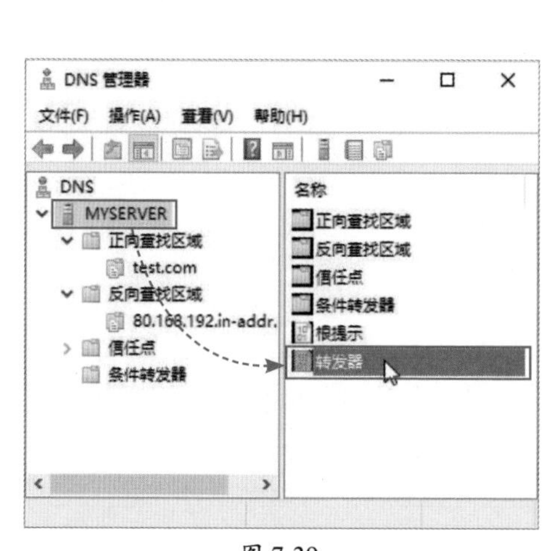

图 7-39

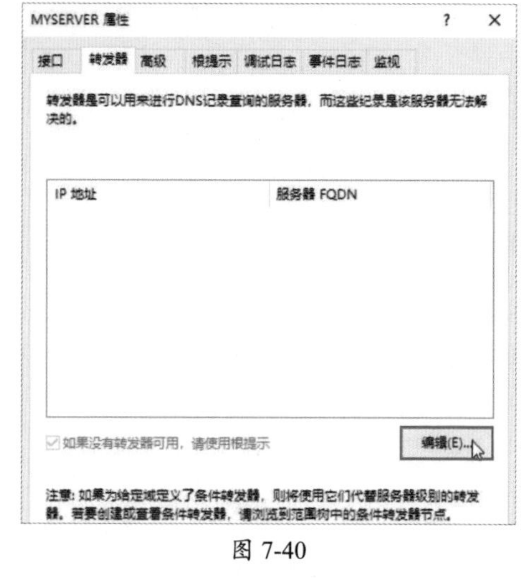

图 7-40

Step 03 输入转发器的IP地址，单击“确定”按钮，如图7-41所示，确定并返回后完成配置。

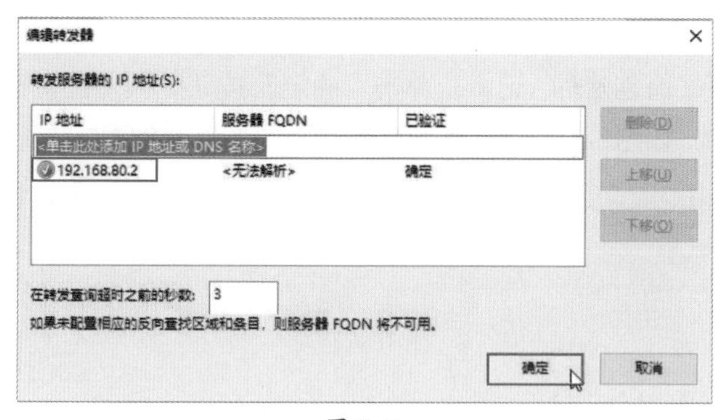

图 7-41

7.3 创建FTP服务

共享一般只适合在局域网中使用，而FTP服务既可以用于局域网，也可以用于互联网远程存储，实现上传、下载等操作。而且FTP服务还可以与Web服务等配合使用，在安全性方面也更高。

7.3.1 FTP服务简介

FTP（File Transfer Protocol，文件传输协议）用来在两台计算机之间传输文件，是Internet中应用非常广泛的服务之一。FTP协议①可根据实际需要设置各用户的使用权限，同时还具有跨平台的特性，即在UNIX、Linux和Windows等操作系统中，都可实现FTP客户端和服务器之间跨平台进行文件的传输。因此，FTP服务是网络中经常采用的资源共享方式之一。FTP协议有PORT和PASV两种工作模式，即主动模式和被动模式。

FTP协议是一种基于TCP的协议，采用客户/服务器模式。虽然现在通过HTTP下载的站点很多，但是由于FTP协议可以很好地控制用户数量和宽带的分配，快速、方便地上传、下载文件，因此FTP已成为网络中文件上传和下载的首选服务器。FTP服务的功能是实现完整文件的异地传输，特点如下。

- FTP使用两个平行连接：控制连接和数据连接。控制连接在两台主机间传送控制命令，如用户身份、口令、改变目录命令等；数据连接只用于传送数据。
- 在一个会话期间，FTP服务器必须维持用户状态，即和某一个用户的控制连接不能断开。另外，当用户在目录树中活动时，服务器必须追踪用户的当前目录，这样，FTP就限制了并发用户数量。
- FTP支持文件沿任意方向传输。当用户与某远程计算机建立连接后，用户可以获得一个远程文件，也可以将一个本地文件传输至远程机器。

7.3.2 FTP服务的搭建

FTP服务包含在“Web服务”中，要安装FTP服务，就要先安装Web服务。具体步骤如下。

Step 01 在“服务器管理器”界面单击“添加角色和功能”链接，如图7-42所示。

Step 02 在“选择服务器角色”界面勾选“Web服务器”复选框，如图7-43所示。

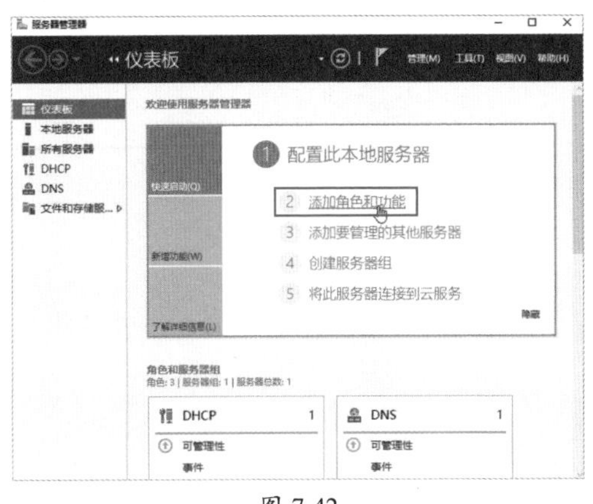

图 7-42

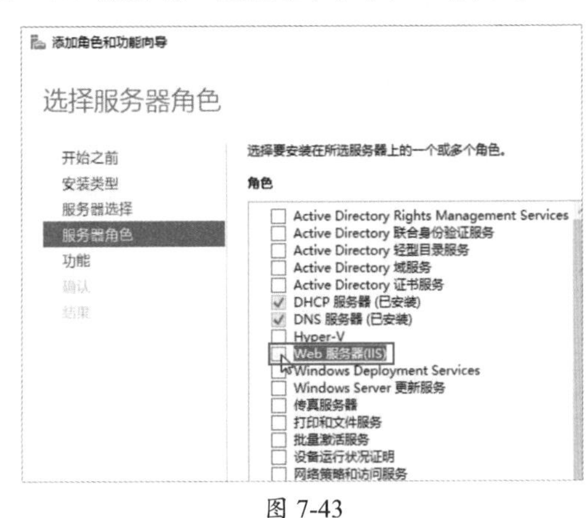

图 7-43

① 为便于读者理解，本章用FTP协议指代FTP。

Step 03 查看默认安装的工具，单击“添加功能”按钮，如图7-44所示。

Step 04 将向导前进到“角色服务”界面，勾选“FTP服务器”以及其中的“FTP服务”和“FTP扩展”复选框，完成后，单击“下一步”按钮，如图7-45所示。

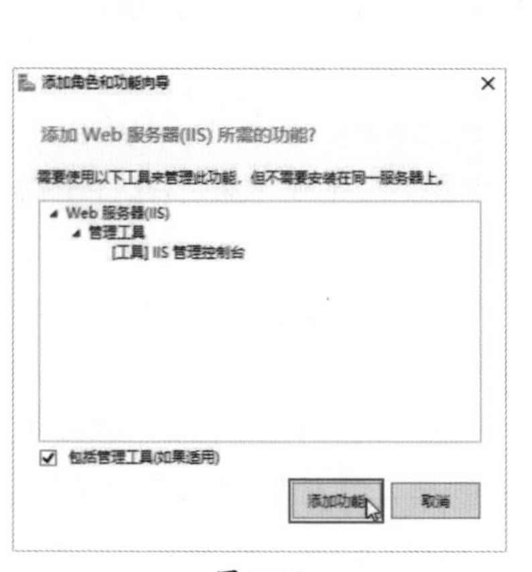

图 7-44

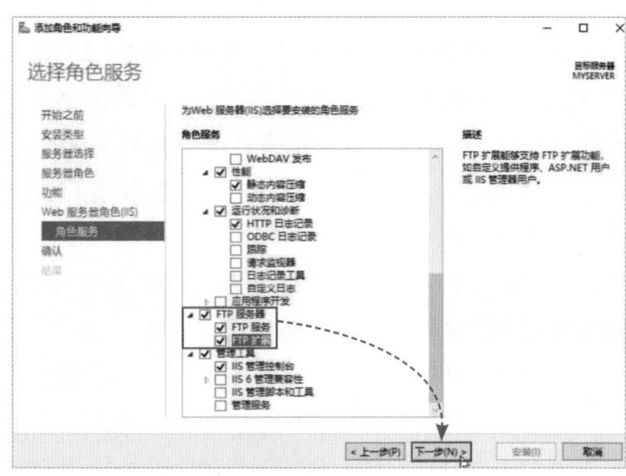

图 7-45

Step 05 完成配置后启动安装，安装完毕后会弹出成功信息，单击“关闭”按钮，如图7-46所示。

图 7-46

7.3.3 FTP服务初始化配置

FTP服务在安装完毕后，需要进行基础配置，FTP和Web服务使用了同一个管理器。下面介绍FTP服务的创建及配置过程。

Step 01 在“服务器管理器”界面单击“工具”下拉按钮，在下拉列表中选择“Internet Information Services（IIS）管理器”选项，如图7-47所示。

Step 02 在管理器中展开服务器项目，在“网站”选项上右击，在弹出的快捷菜单中选择“添加FTP站点”选项，如图7-48所示。

图 7-47

图 7-48

Step 03 设置站点的名称、FTP的主目录，完成后单击“下一步”按钮，如图7-49所示。设置监测的IP地址，端口号保持默认，选中“无SSL”单选按钮，单击“下一步”按钮，如图7-50所示。

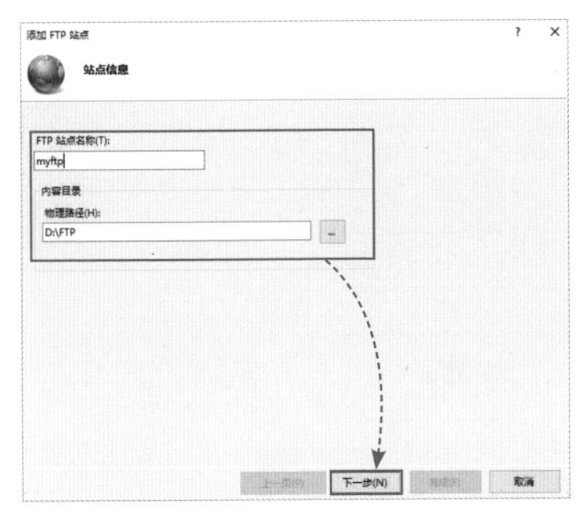

图 7-49

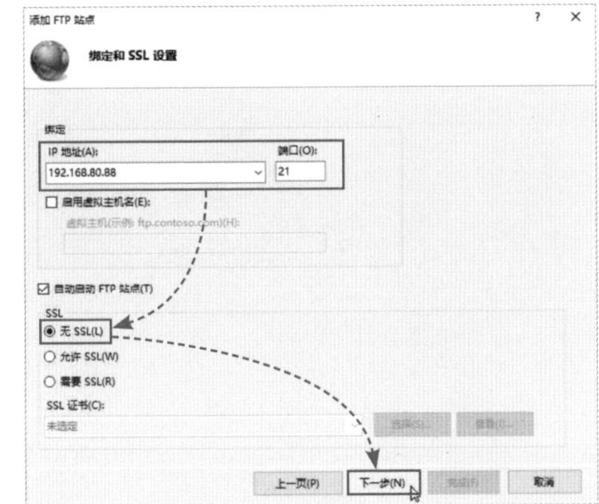

图 7-50

Step 04 选择身份验证的方式，勾选“匿名”和“基本”复选框，允许“所有用户”访问，授予“读取”和“写入”的权限，单击“完成”按钮，如图7-51所示。完成后，可以在“网站”中查看到该FTP站点，如图7-52所示。

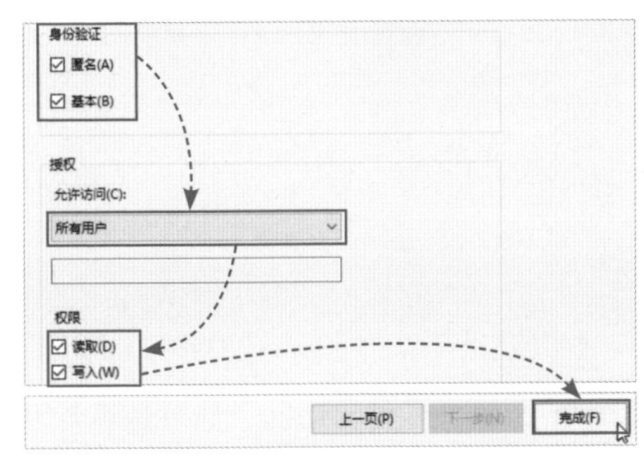

图 7-51

图 7-52

动手练 FTP服务器的访问

FTP服务器的访问方式主要有以下几种。

1. 浏览器访问

在浏览器地址栏中，以输入“ftp://IP地址”的形式来访问，如图7-53所示。

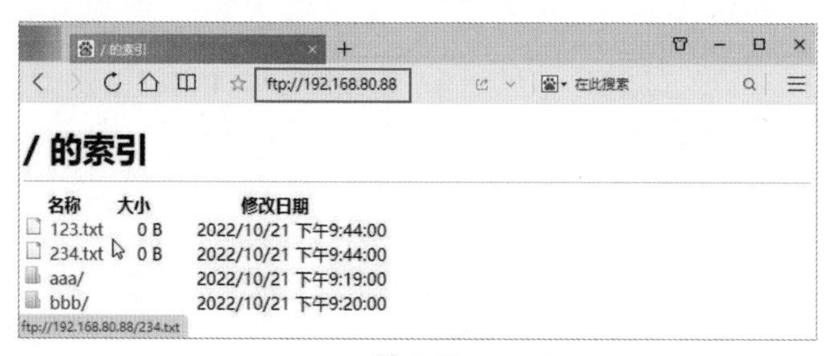

图 7-53

如果不允许匿名访问，会弹出身份校验窗口，需要使用服务器上指定的用户来访问，如图7-54所示。

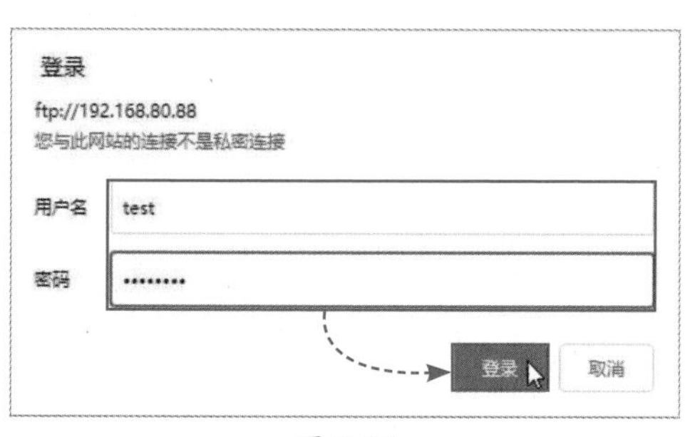

图 7-54

2. 使用资源管理器访问

打开“此电脑”，在资源管理器中输入“ftp://IP地址”，也可以访问FTP目录，如图7-55所示。如果不允许匿名访问，则需要登录后才能访问。

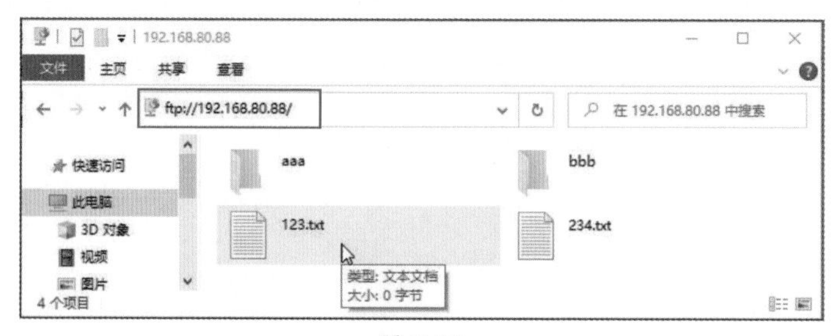

图 7-55

3. 使用命令访问

可以启动Windows命令提示符界面，使用命令“ftp IP地址”访问，如果是匿名用户，输入用户名密码（默认都为ftp）即可访问，如图7-56所示。如果将匿名访问关闭，则需要使用用户名密码访问。

```
C:\Windows\system32\cmd.exe - ftp  192.168.80.88
Microsoft Windows [版本 10.0.19045.2130]
(c) Microsoft Corporation。保留所有权利。

C:\Users\YSY>ftp 192.168.80.88
连接到 192.168.80.88。
220 Microsoft FTP Service
200 OPTS UTF8 command successful - UTF8 encoding now ON.
用户(192.168.80.88:(none)): ftp
331 Anonymous access allowed, send identity (e-mail name) as password.
密码:
230 User logged in.
ftp> dir
200 PORT command successful.
125 Data connection already open; Transfer starting.
10-21-22  01:44PM                    0 123.txt
10-21-22  01:44PM                    0 234.txt
10-21-22  01:19PM       <DIR>          aaa
10-21-22  01:20PM       <DIR>          bbb
226 Transfer complete.
ftp: 收到 187 字节，用时 0.00秒 62.33千字节/秒。
ftp>
```

图 7-56

使用第三方工具访问

除了以上介绍的方法外，还可以使用第三方的FTP客户端软件访问，如FlashFXP，通过设置好IP地址、用户名和密码，一键就可以登录到服务器中。而且这种软件改进了存储的策略，可以断点续传，可以更加高效地传递文件。

7.3.4 FTP的高级设置

FTP在使用时，可以根据需要修改参数，满足用户更多的需要。

1. 设置身份验证方式

进入到IIS管理器中，展开左侧的“网站”项目，单击创建的FTP站点，在右侧单击“FTP身份验证”按钮，如图7-57所示。

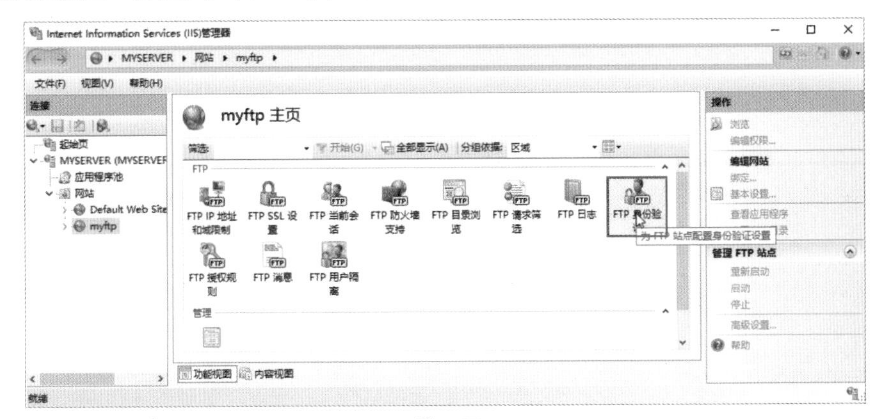

图 7-57

在弹出的界面中查看当前的身份认证方式，如果不允许匿名访问，则在“匿名身份验证”选项上右击，在弹出的快捷菜单中选择“禁用”选项，如图7-58所示。

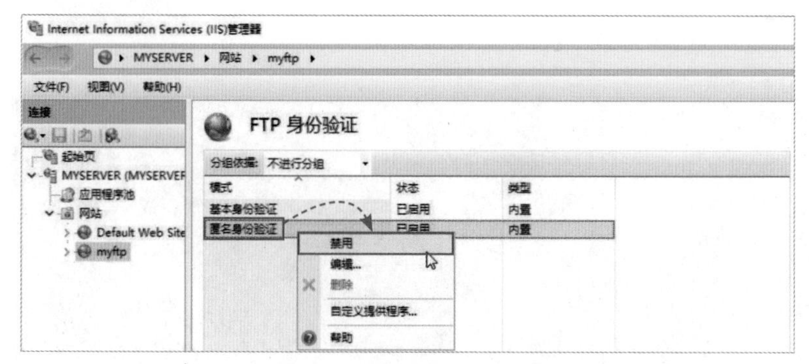

图 7-58

2. 修改FTP目录浏览样式

单击图7-57中的“FTP目录浏览”按钮，可以设置目录的浏览方式，如图7-59所示。

图 7-59

3. 修改FTP主目录

单击图7-57右侧的“基本设置”链接，可以在弹出的对话框中设置主目录的物理路径，如图7-60所示。

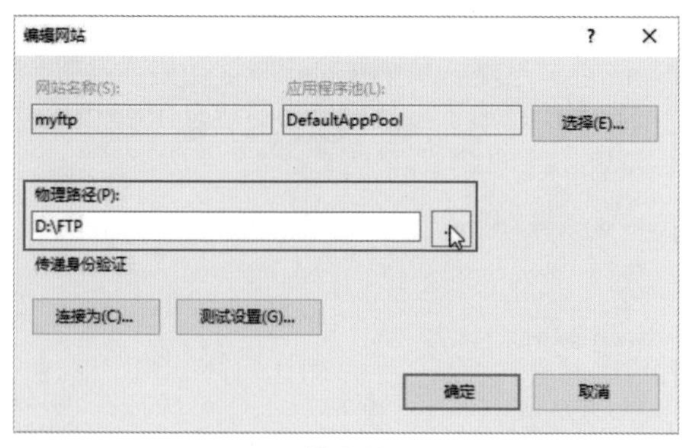

图 7-60

还可以设置FTP限制、SSL设置、防火墙设置、查看日志等操作。

7.4 创建Web服务

Web服务也就是常说的网页服务，基于B/S模式，其已成为网络的主流技术。Web服务是因特网的核心。使用Windows Server 2022可以方便地创建Web服务器。

7.4.1 Web服务简介

Web服务也称为万维网（World Wide Web，WWW）服务，主要功能是提供网上的信息浏览服务。Web是Internet的多媒体信息查询工具，也是发展最快和目前使用最广泛的服务。正是因为有了万维网，才使得近年来Internet迅速发展，且用户数量飞速增长。Web服务器使用HTTP（超文本传输协议）和其他协议响应通过万维网发出的客户端请求。Web服务器的主要工作是通过存储，处理和向用户交付网页来显示网站内容。

Web服务器可用于提供静态或动态内容。静态是指按原样显示的内容，而动态内容可以更新和更改。静态Web服务器由计算机和HTTP软件组成。动态Web服务器由Web服务器和其他软件（如应用程序服务器和数据库）组成。应用程序服务器可用于将任何托管文件发送到浏览器之前更新这些文件。当从数据库中请求内容时，Web服务器可以生成内容。

7.4.2 IIS简介

在搭建Web服务方面，最常见的软件是微软公司的IIS（Internet Information Services，互联网信息服务）以及Apache软件基金会的开放源码的网页服务器搭建程序Apache。

IIS是允许在Internet上发布信息的Web服务，是目前最流行的Web服务产品之一，很多著名的网站都是建立在该平台上的。IIS提供了一个图形界面的管理工具，称为Internet管理器，可用于监视配置和控制Internet服务。

IIS是一种Web服务组件，包括Web服务器、FTP服务器、NNTP服务器和SMTP服务器，分别用于网页浏览、文件传输、新闻服务和邮件发送等方面。IIS使得在网络（包括互联网和局域网）上发布信息成了一件很容易的事。IIS提供ISAPI（Intranet Server API）作为扩展Web服务器功能的编程接口；同时，它还提供一个Internet数据库连接器，可以实现对数据库的查询和更新。

7.4.3 Web服务的搭建与测试

在前面搭建FTP服务时，实际上已经完成了Web服务的搭建，如图7-61及图7-62所示，因为FTP服务就包含在Web服务中。因为IIS中的功能非常多，默认勾选的都是基础功能，在后期如果需要其他功能，还可以在“添加服务器角色”中再勾选需要的功能复选框。

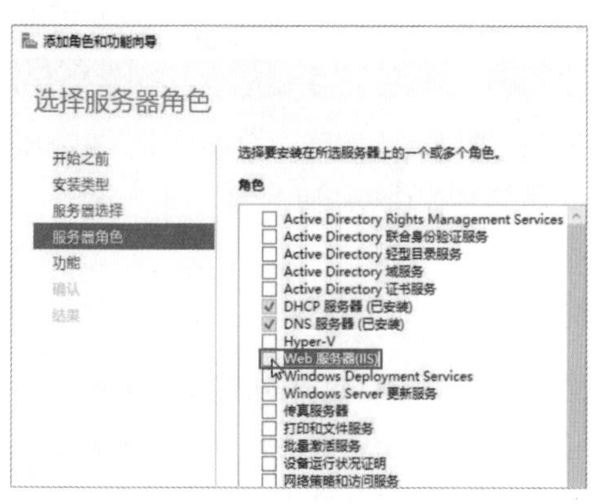

图 7-61

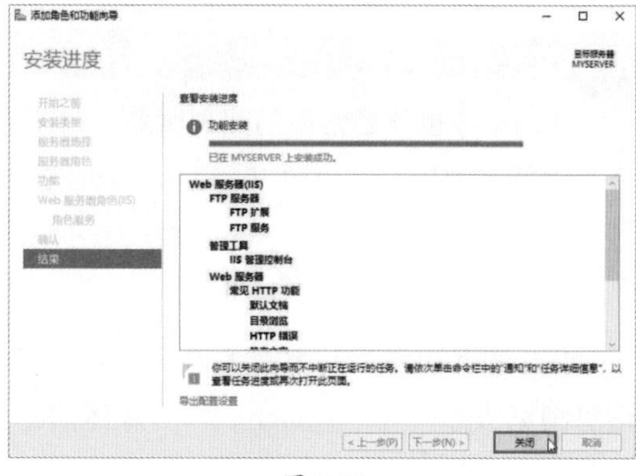

图 7-62

安装完毕后就可以使用IP地址在局域网中进行访问，如果有DNS服务器，还可以使用域名访问该服务器，如图7-63所示。

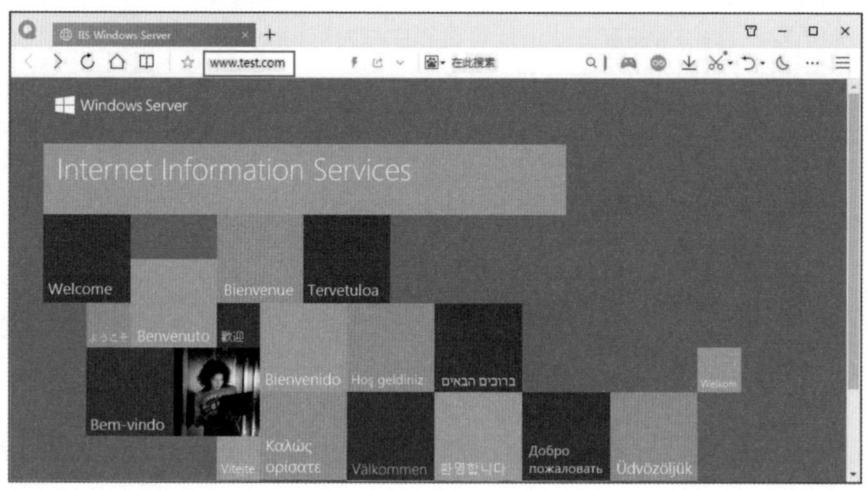

图 7-63

动手练 Web服务的配置

Web服务器的配置非常灵活，根据不同的需求可以使用不同的配置方案。

1. 新建站点

和FTP的站点类似，Web服务也通过“站点”对配置进行管理。

Step 01 单击“工具”下拉按钮，在下拉列表中选择“Internet Information Services（IIS）管理器”选项，如图7-64所示。

Step 02 展开左侧的服务器，从“网站”下拉列表中找到默认的“Default Web Site”选项，右击，在弹出的“管理网站”级联菜单中选择“停止”选项，如图7-65所示。

图 7-64

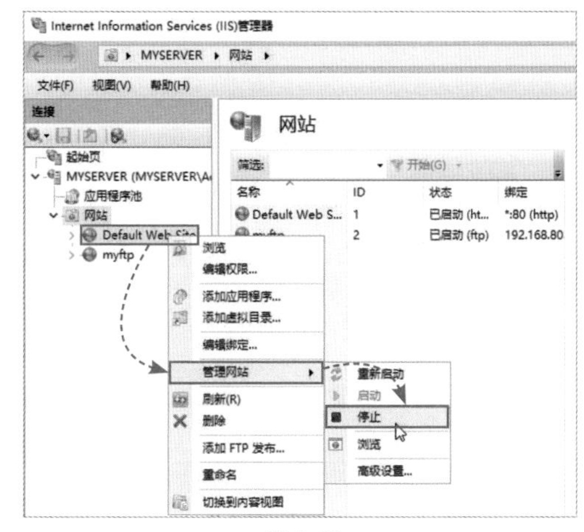

图 7-65

Step 03 在“网站”选项上右击，在弹出的快捷菜单中选择“添加网站”选项，如图7-66所示。

Step 04 在输入网站名称、物理路径、绑定的类型、监控的IP地址和端口号后，单击“确定”按钮，如图7-67所示。

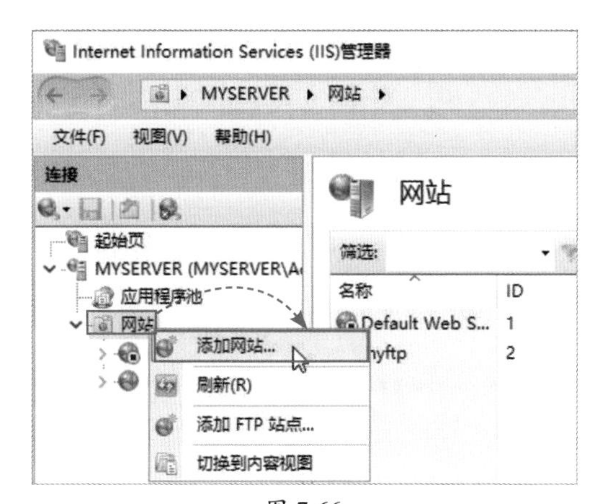

图 7-66

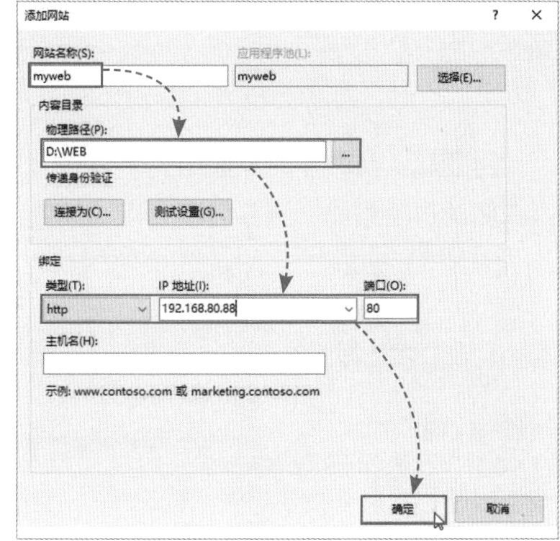

图 7-67

进入目录中，新建一个txt文档，输入内容“test my web”，保存后，将该文档重命名为“index.html”。在局域网其他设备的浏览器中输入服务器的IP地址，就可以查看刚设置的主页内容，如图7-68所示。

图 7-68

2. 修改默认文档

默认文档指的是IIS在网站主目录中，检测到页面文件后，作为网站主页读取并显示的页面文件。默认文档的文件名、类型等是可以自定义的。下面介绍设置的方法。

Step 01 进入IIS管理器，选择需要设置的Web站点，在右侧双击“默认文档”按钮，如图7-69所示。

图 7-69

Step 02 在展开的界面中，可以查看当前所有的默认文档的名称及扩展名。可以通过右侧的选项添加、删除名称，以及设置识别的顺序，如图7-70所示。

图 7-70

3. 修改高级设置

在站点设置界面右侧单击“高级设置”链接，如图7-71所示。在弹出的“高级设置”界面中可以设置物理路径、限制等内容，如图7-72所示。

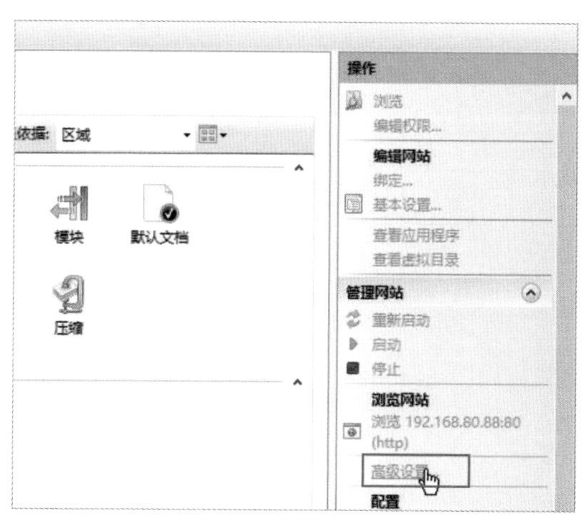

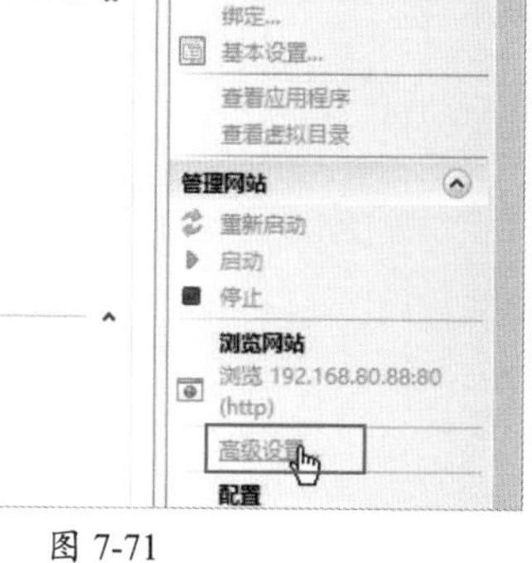

图 7-71

图 7-72

7.4.4 虚拟目录的配置

虚拟目录是网站中经常需要配置的功能，下面介绍虚拟目录及实现方法。

1. 虚拟目录简介

正常情况下，可以在网站的主目录中存在多个文件夹，通过“http://IP地址（或域名）/虚拟目录名/”来访问虚拟目录中的网页文件。通过这种方法，可以对网站中的文件、图片、视频、网页内容等进行分类，方便阅读、查找以及管理。

当然，虚拟目录不仅仅局限在网站主目录中，还可以是同一台计算机中的其他目录中、其他分区中、其他硬盘中，甚至是局域网其他计算机中。在用户访问时，上述的目录从逻辑上归属于该网站，这些目录或者文件夹统称为虚拟目录。虚拟目录的优点如下。

- 分类存储，便于后期的维护及二次开发。
- 当数据移动到其他位置时，不会影响Web站点的逻辑结构。

2. 创建虚拟目录

创建虚拟目录的方法如下。

Step 01 在IIS管理器中展开站点，在站点上右击，在弹出的快捷菜单中选择“添加虚拟目录”选项，如图7-73所示。

Step 02 设置虚拟目录的别名、物理路径，完成后单击“确定”按钮，如图7-74所示。

图 7-73

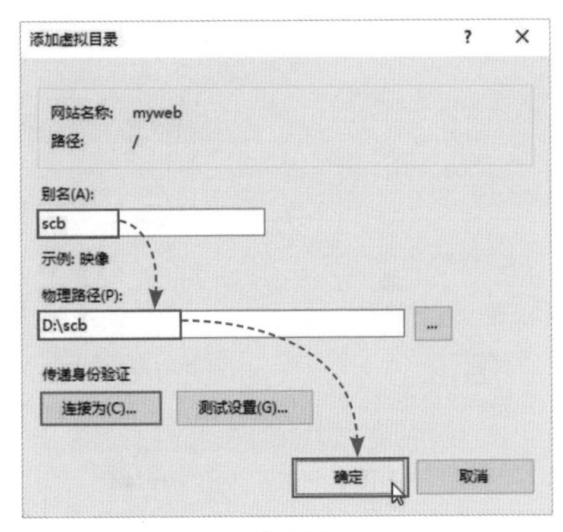

图 7-74

在该目录中创建一个主页文件，重命名后，使用其他计算机访问该虚拟目录，则会弹出图7-75所示的页面。

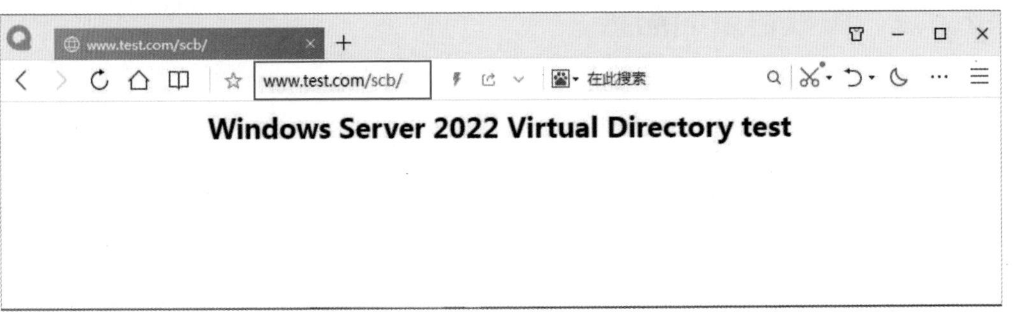

图 7-75

7.4.5 虚拟主机的配置

虚拟主机的作用是在一台服务器上运行多个网站，这些网站都叫虚拟主机。可以通过以下三种方式实现虚拟主机。

- **使用不同的IP地址：** Web服务器监控不同的网卡，根据访问的IP地址的不同，分别返回不同的网站主页。
- **使用相同的IP地址，不同的端口号：** 只有一块网卡，那么可以通过访问不同端口号来返回不同的网站主页。如收到80端口的请求，返回A网站的主页；收到8080端口的请求，返回B网站的主页。
- **使用相同的IP地址，相同的端口号，但不同的主机名：** 通过不同的主机名监控，如“www.test.com”和“ftp.test.com”返回不同的网站主页面内容。

1. 使用不同的IP地址

首先需要在服务器上配置两块不同的网卡，分别监测不同的IP地址。这里为了测试方便，在同一块网卡上虚拟出另一个IP地址。在网卡的IPv4设置界面中单击“高级”按钮，如图7-76所示。在“IP设置”选项卡的“IP地址”板块中单击“添加”按钮，输入IP地址、子网掩码，单击“添加”按钮，如图7-77所示，增加一个虚拟IP地址192.168.80.66。确定并返回后进入IIS的配置界面。

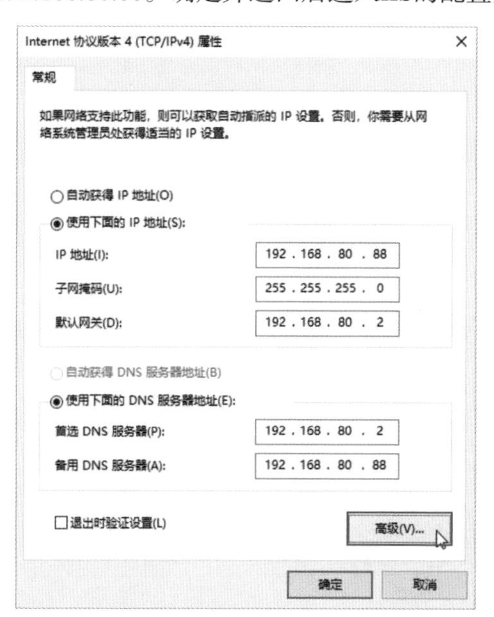

图 7-76

图 7-77

按照同样的方法，创建一个新的站点myweb1，监控的IP地址为192.168.80.66，如图7-78所示。在该站点的主目录中创建一个测试页面文件，如图7-79所示。

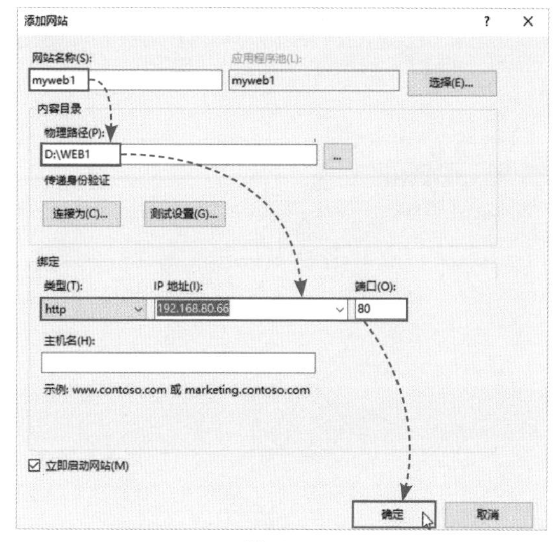

图 7-78

图 7-79

使用两种IP访问，可以获取不同的页面内容，如图7-80所示。

图 7-80

2. 使用不同的端口号

服务器也可以监控不同的端口号，针对不同的端口号返回不同的页面。

Step 01 保持主站点myweb的配置不变，选择刚才新建的myweb1站点，右击，在弹出的快捷菜单中选择“编辑绑定”选项，如图7-81所示。

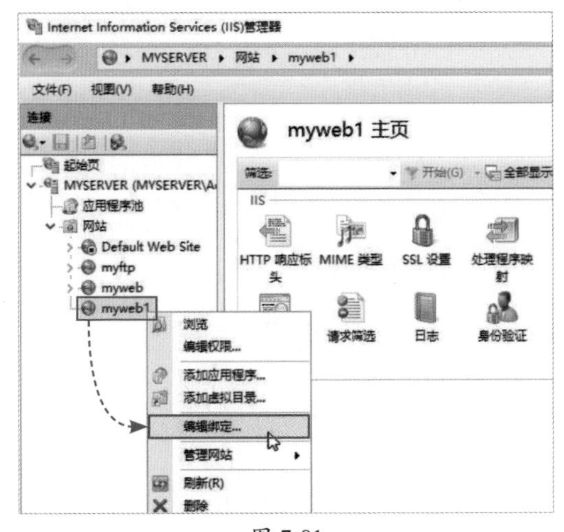

图 7-81

Step 02 选择刚才创建的绑定信息，单击“编辑”按钮，如图7-82所示。

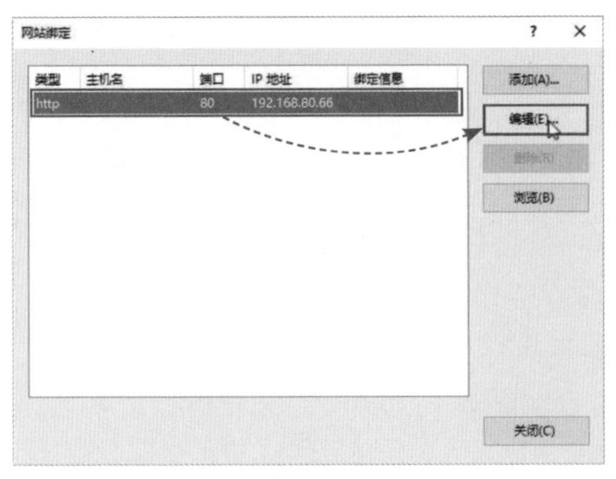

图 7-82

Step 03 将IP地址变为主站的IP地址“192.168.80.88”，端口号修改为“8080”，完成后单击“确定”按钮，如图7-83所示。

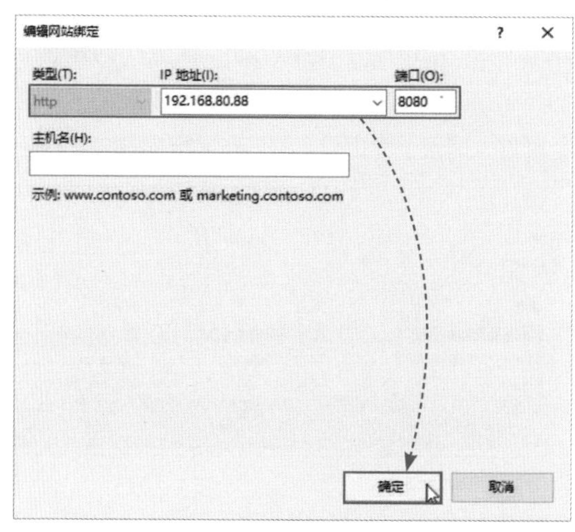

图 7-83

Step 04 确定并返回后，修改该主页文件内容，如图7-84所示。

图 7-84

接着通过“192.168.80.88”（默认为80端口，可以加上:80）以及“192.168.80.88:8080”来测试是否可以根据不同的端口号访问不同的网站主页，如图7-85所示。

图 7-85

动手练 使用不同的主机名

使用不同的主机名的方法需要DNS服务器的支持，网站根据用户访问时发送的请求包中的主机名的内容来确定其访问的是哪个网站，并返回该网站的页面内容。在实际的互联网环境中，这种方法的使用广泛。在本地进行测试时，需要在DNS中设置好A记录，如图7-86所示，指向同一台Web服务器即可。

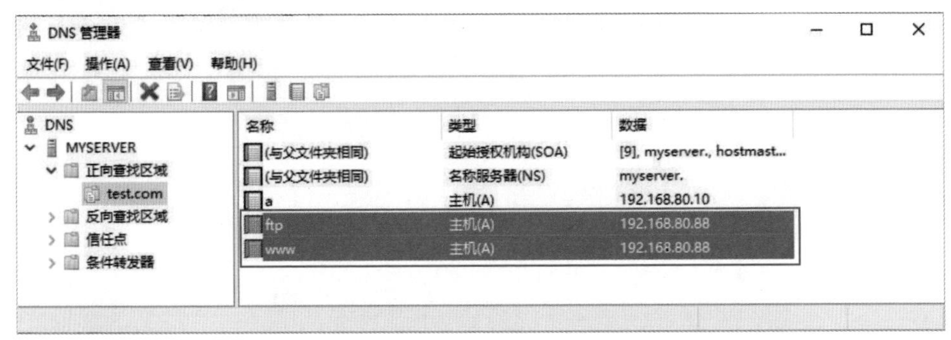

图 7-86

Step 01 进入两个网站的“编辑网站绑定”界面，输入不同的主机名，如图7-87及图7-88所示。

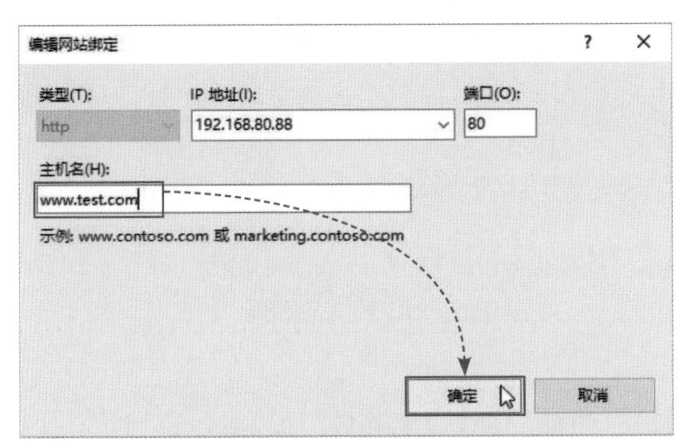

图 7-87

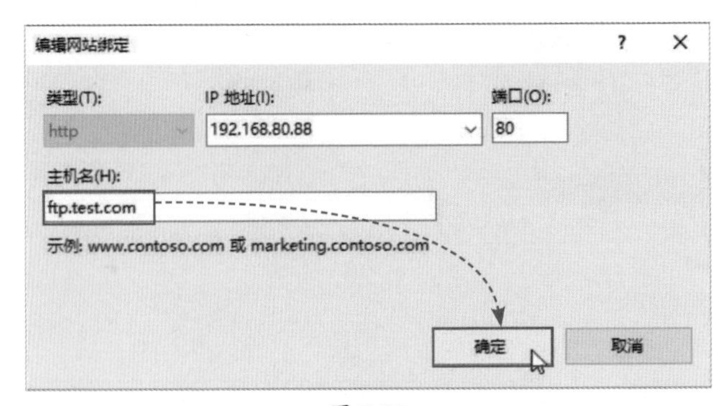

图 7-88

Step 02 修改新站点的网页测试内容，如图7-89所示。重启该站点后，通过不同的主机名访问得到不同的网站内容，如图7-90所示。

图 7-89

图 7-90

配置了监控主机名后，IP地址的监控就失效了，通过IP地址访问会报404错误。利用前面介绍的虚拟主机，也可以在单个服务器发布多个网站，不过路径上需要带上虚拟主机的目录。在IP地址、端口号、主机名都固定的情况下，只能通过在一个时间段停止一个站点，让另一个站点生效的方式对外定时发布两个或多个网站。

知识延伸：局域网共享服务的搭建

如果家庭局域网要共享计算机上的文件夹，可以按照下面的步骤进行。

Step 01 启动共享：进入网络和共享中心，选中“无密码保护的共享”单选按钮，将所有的共享启动网络发现，单击“保存更改”按钮，如图7-91所示。这样其他设备不用输入账号和密码就可以访问共享。

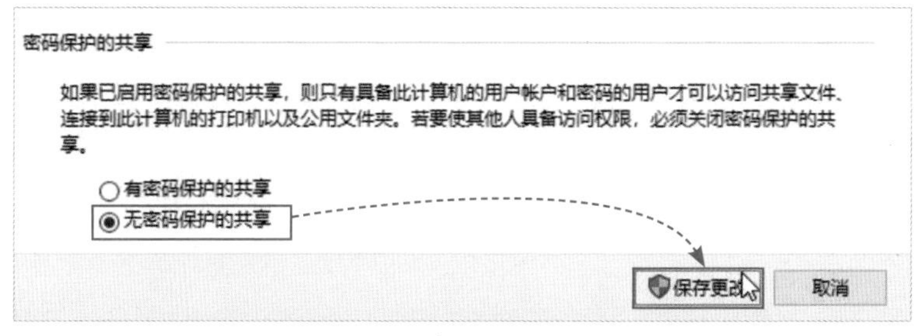

图 7-91

Step 02 找到需要共享的文件夹，添加共享用户，并设置权限后，单击“共享”按钮，启动共享，如图7-92所示。

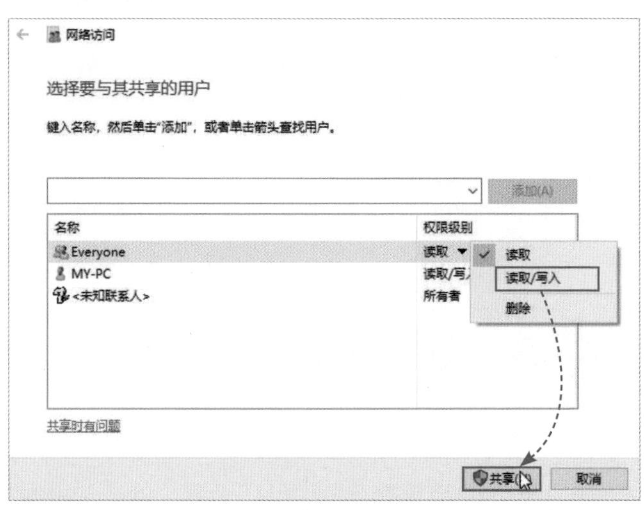

图 7-92

Step 03 设置权限问题：如果共享还不成功，用户需要在“安全”选项卡中查看NTFS权限的设置，如图7-93所示。

如果客户机访问不了计算机的共享文件，或在“网络”中找不到设备，可以在客户机“程序和功能”界面中安装并启动Windows的SMB功能，如图7-94所示。

图 7-93

图 7-94

第8章 局域网安全防范

网络安全问题一直是人们关注的。随着互联网的发展，以及网络应用的爆发式增长，使得网络安全问题更加突出。现在网络安全问题已经跨越了国界，成为了世界范围的难题，世界各国的人们都在关注。网络安全问题造成的灾难、网络威胁的表现形式、局域网安全技术产生的主要原因以及主要的安全手段等知识将在本章进行介绍。

重点难点

- 网络安全威胁与安全体系
- 局域网安全技术
- 局域网安全措施

8.1 网络安全概述

局域网的安全是网络安全的重要组成部分，两者密不可分，下面介绍网络安全相关知识。

8.1.1 网络安全特性

网络安全是指网络系统的硬件、软件及其系统中的数据受到保护，不因偶然的或者恶意的原因而遭受破坏、更改、泄露，系统可连续、可靠、正常地运行，网络服务不中断。

从技术角度来说，网络信息安全与保密的目标主要表现在系统的可靠性、可用性、保密性、完整性、不可抵赖性、可控性等方面。

1. 可靠性

可靠性是网络信息系统能够在规定条件下和规定时间内完成规定的功能的特性。可靠性是系统安全的基本要求之一，是所有网络信息系统的建设和运行目标。网络信息系统的可靠性测度主要有三种：抗毁性、生存性和有效性。

2. 可用性

可用性是网络信息可被授权实体访问并按需求使用的特性，即网络信息服务在需要时，允许授权用户或实体使用的特性，或者是网络部分受损或需要降级使用时，仍能为授权用户提供有效服务的特性。可用性是网络信息系统面向用户的安全性能。可用性还应该满足身份识别与确认、访问控制、业务流控制、路由选择控制、审计跟踪等要求。

3. 保密性

保密性是网络信息不被泄露给非授权的用户、实体或过程，或供其利用的特性，即防止信息泄露给非授权个人或实体，信息只为授权用户使用的特性。保密性是在可靠性和可用性的基础上保障网络信息安全的重要手段。最常使用的手段是数据的加密技术。

4. 完整性

完整性是网络信息未经授权不能进行改变的特性，即网络信息在存储或传输过程中保持不被偶然或蓄意地删除、修改、伪造、乱序、重放、插入等破坏和丢失的特性。完整性是一种面向信息的安全性，它要求保持信息的原样，即信息的正确生成和正确存储和传输。

5. 不可抵赖性

不可抵赖性也称不可否认性，在网络信息系统的信息交互过程中，确信参与者的真实统一性。利用信息源证据可以防止发信方不真实地否认已发送信息，利用递交接收证据可以防止收信方事后否认已经接收到的信息。

6. 可控性

可控性是对网络信息的传播及内容具有控制能力的特性。

8.1.2 网络安全的主要威胁

网络威胁根据技术原理分析，主要包括以下几个方面。

1. 网络欺骗

网络欺骗包括常见的ARP欺骗、DHCP欺骗、DNS欺骗、生成树欺骗等。网络欺骗的主要过程是利用欺骗手段将黑客控制的设备伪装成网关或DNS服务器，然后悄无声息地截获局域网中其他设备发送的数据包，不管是监控或者篡改都非常简单。如果是DNS欺骗，则可以将某访问定向到黑客设置的钓鱼网站中，如图8-1所示，没有经验的用户中招概率极高。

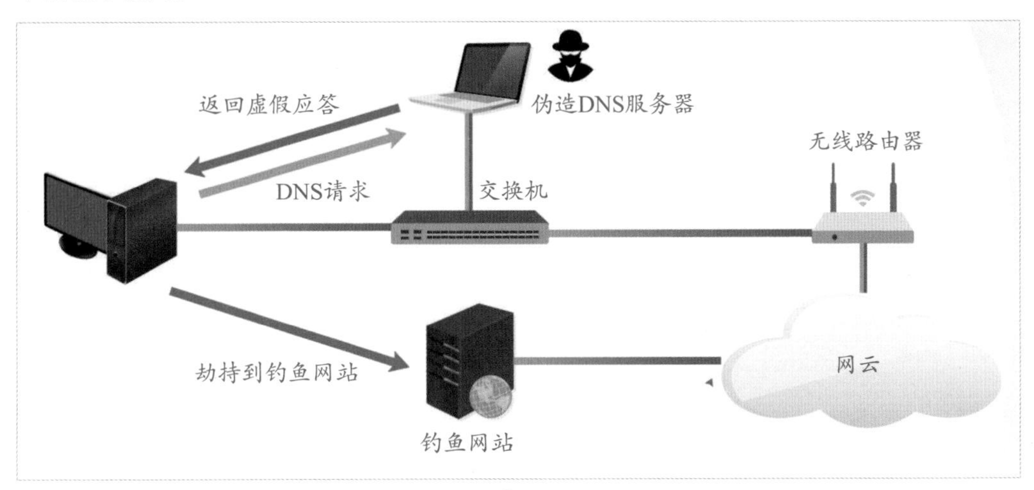

图 8-1

2. 拒绝服务

网络上的服务器侦听各种网络终端的服务请求，然后给予应答并提供对应的服务。每一个请求都要耗费一定的服务器资源。如果在某一时间点有非常多的请求，服务器可能会响应缓慢，造成正常访问受阻，如果请求达到一定量，又没有有效的控制手段，服务器会因为资源耗尽而宕机，这也是服务器固有的缺陷之一。当然，现在有很多应对手段，但也仅仅是保证服务器不会崩溃，而无法做到在防御的情况下还不影响正常的访问。拒绝服务攻击包括SYN泛洪攻击（图8-2）、Smurf攻击、DDoS攻击等。

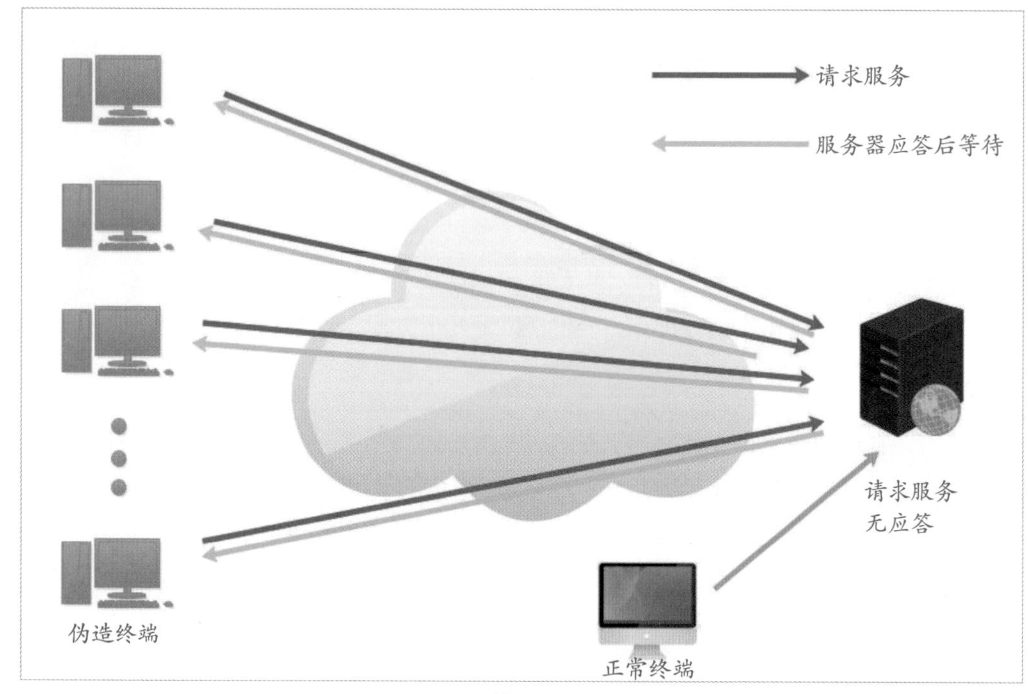

图 8-2

3. 缓冲区溢出

在计算机中有一个叫“缓冲区”的地方，用来存储用户输入的数据，缓冲区的长度是事先设定好的，且容量不变。如果用户输入的数据超过了缓冲区的长度，那么就会溢出，而这些溢出的数据会覆盖在合法的数据上。通过这个原理，可以将病毒代码通过缓冲区溢出，让计算机执行并传播，如以前大名鼎鼎的“冲击波”病毒（图8-3）、“红色代码”病毒等。另外可以通过溢出攻击得到系统最高权限，接着通过木马将计算机变成“肉鸡”。

图 8-3

4. 病毒木马

现在病毒和木马的界线已经越来越不明显了，而且在经济利益的驱使下，单纯破坏性的病毒越来越少，基本上被可以获取信息，并可以勒索对方的恶意程序所替代。随着智能手机和App市场的繁荣，各种木马病毒也在向手机端泛滥。App权限滥用、下载被篡改的破解版App等，都可能造成用户的电话簿、照片等信息的泄露，所以各种聊天陷阱以及勒索事件频频发生。

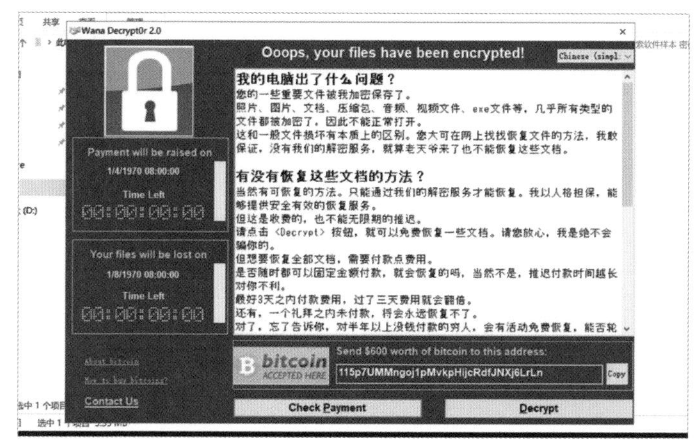

图 8-4

5. 密码破解

密码破解攻击也叫“穷举法”，利用软件不断生成满足用户条件的组合来尝试登录。例如一个四位纯数字的密码，可能的组合数量有10000次，那么只要用软件组合10000次，就可以得到正确的密码。无论多么复杂的密码，理论上都是可以破解的，主要的限制条件就是时间。为了增加效率，可以选择算法更快的软件，或者准备一个高效率的字典，按照字典的组合进行查找。

为了应对软件的暴力破解，发明了验证码。为了对抗验证码，黑客又对验证码进行了识别和破解，然后又出现了更复杂的验证码、多次验证、手机短信验证、多次失败锁定等多种验证及应对机制。所以暴力破解的专业性要求更高，入门级黑客只能尝试没有验证码的网站的破解，或者使用其他的渗透方法。

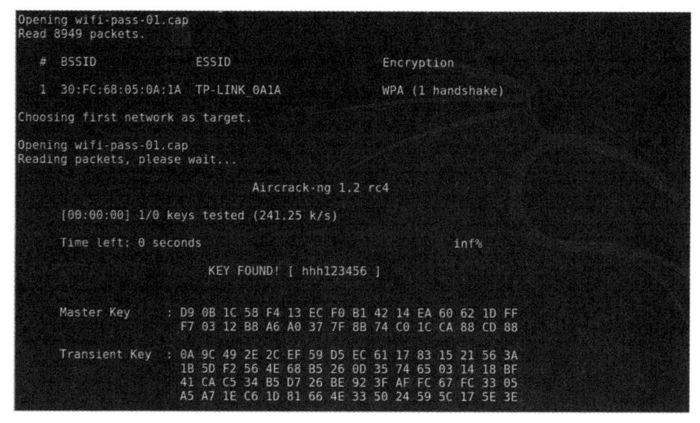

图 8-5

6. 钓鱼网站

网络中的“钓鱼”属于专业术语，指创建与官网类似的页面，诱导用户输入账户名和密码来获取用户信息，如图8-6所示。然后利用盗取的信息登录真正的官网，进行各种非法操作。除了网页钓鱼外，还有短信钓鱼，以手机银行失效或过期为由，诱骗客户登录钓鱼网站而盗取用户资金等。

图 8-6

7. 漏洞攻击

无论是程序还是系统，只要是人为设置的就会有漏洞。漏洞的产生原因包括编程时对程序逻辑结构设计不合理、编程中的设计错误、编程水平有限等。一个固若金汤的系统，加上一个漏洞百出的软件，整个系统的安全就形同虚设了，如图8-7所示。另外，随着技术的发展，以前很安全的系统或协议，也可能逐渐暴露出不足和矛盾，这也是漏洞产生的原因之一。黑客可以利用漏洞对系统进行攻击和入侵。

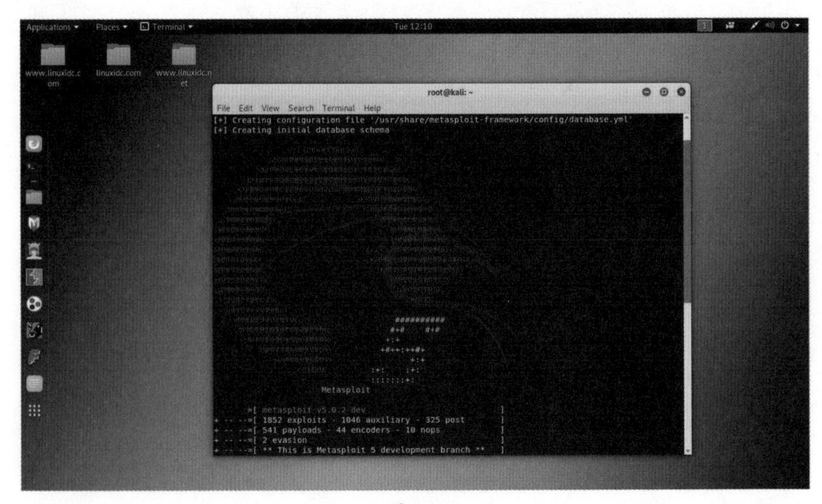

图 8-7

8.1.3 网络安全体系模型

网络必须有足够强的安全措施，否则该网络将是个无用，甚至会危及国家安全的网络。无论是在局域网还是在广域网中，都存在着自然和人为等诸多因素的潜在威胁和网络的脆弱性。因此，网络的安全措施应是能全方位地针对各种不同的威胁和网络的脆弱性，这样才能确保网络信息的保密性、完整性和可用性。

PDR模型体现了主动防御思想的一种网络安全模型。PDR模型包括protection（保护）、detection（检测）、response（响应）3部分。

- **保护：** 保护是采用一切可能的措施来保护网络、系统以及信息的安全。保护通常采用的技术及方法包括加密、认证、访问控制、防火墙以及防病毒等。
- **检测：** 检测可以了解和评估网络和系统的安全状态，为安全防护和安全响应提供依据。检测技术包括入侵检测 、漏洞检测以及网络扫描等技术。
- **响应：** 应急响应在安全模型中占有重要地位，是解决安全问题的有效办法。解决安全问题就是解决紧急响应和异常处理问题，因此，建立应急响应机制，形成快速安全响应的能力，对网络和系统而言至关重要。

8.1.4 计算机网络安全体系

在计算机网络安全体系中，将安全体系划分为几个层次，分别对应不同的安全措施。

1. 物理层安全

物理层的安全性包括通信线路的安全、物理设备的安全、机房的安全等。物理层的安全主要体现在通信线路的可靠性（线路备份、网管软件、传输介质），软硬件设备安全性（替换设备、拆卸设备、增加设备），设备的备份，防灾害能力，防干扰能力，设备的运行环境（温度、湿度、烟尘），不间断电源保障，等等。

2. 网络层安全

网络层的安全问题主要体现在网络方面的安全性，包括网络层身份认证，网络资源的访问控制，数据传输的保密与完整性，远程接入的安全，域名系统的安全，路由系统的安全，入侵检测的手段，网络设施防病毒，等等。

3. 应用层安全

应用层的安全问题主要由提供服务所采用的应用软件和数据的安全性产生，包括Web服务、电子邮件系统、DNS等。此外，还包括病毒对系统的威胁。

另外，应用层的安全问题还来自网络内使用的操作系统的安全。主要表现在三方面，一是操作系统本身的缺陷带来的不安全因素，主要包括身份认证、访问控制、系统漏洞等；二是对操作系统的安全配置问题；三是病毒对操作系统的威胁。

4. 管理层安全

管理层的安全性包括安全技术和设备的管理、安全管理制度、部门与人员的组织规则等。管理的制度化极大地影响着整个网络的安全，严格的安全管理制度、明确的部门安全职责划分、合理的人员角色配置都可以在很大程度上降低其他层的安全漏洞。

网络安全体系设计原则

①木桶原则；②整体性原则；③安全性评价与平衡原则；④标准化与一致性原则；⑤技术与管理相结合原则；⑥统筹规划分步实施原则；⑦等级性原则；⑧动态发展原则；⑨易操作性原则。

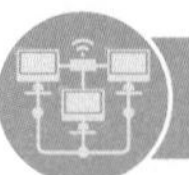

8.2 局域网安全技术

由于局域网安全涉及面非常广，在提高网络安全性方面，需要提前部署各种防御措施。下面介绍一些常见的网络安全防御机制。

8.2.1 加密技术

加密技术是网络传输采取的主要安全保密措施，是最常用的安全保密手段，利用技术手段把重要的数据变为乱码（加密）传送，到达目的地后再用相同或不同的手段还原（解密）。加密技术的应用是多方面的，但最广泛的还是在电子商务和VPN上的应用，深受广大用户的喜爱。

加密技术包括两个元素：算法和密钥。加密技术是将普通的文本（或者可以理解的信息）与一串字符（密钥）通过一种特殊算法进行组合，产生不可理解的密文的步骤。密钥是用来对数据进行编码和解码所必需的特定字符串组合。数据加密技术分为两类：对称加密（私人密钥加密）和非对称加密（公开密钥加密）。对称加密以数据加密标准（Data Encryption Standard，DES）算法为典型代表，非对称加密通常以RSA（Rivest Shamir Adleman）算法为代表。对称加密的加密密钥和解密密钥相同，而非对称加密的加密密钥和解密密钥不同，加密密钥可以公开，解密密钥需要保密。

8.2.2 数字签名与数字证书

数字签名用来校验发送者的身份信息。在非对称算法中，如果使用了私钥进行加密，再用公钥进行解密，如果可以解密，说明该数据确实是由正常的发送者发送的，间接证明了发送者的身份信息，而且签名者不能否认，或者说难以否认。这种技术可以作为身份验证的手段，也称为数字签名。

哈希算法(Hash Algorithm)又称散列算法、散列函数、哈希函数，是一种从任何一种数据中创建小的数字“指纹”的方法。哈希算法将数据打乱混合，重新创建一个哈希值。常见的哈希算法如MD5、SHA，没有加密的密钥参与运算，而且也是不可逆的。哈希算法的特点如下。

- **正向快速：** 原始数据可以快速计算出哈希值。
- **逆向困难：** 通过哈希值基本不可能推导出原始数据。
- **输入敏感：** 原始数据只要有一点变动，得到的哈希值差别会很大。
- **冲突避免：** 不同的原始数据很难得到相同的哈希值。

哈希算法主要用来保障数据真实性（即完整性），即发信人将原始消息和哈希值一起发送，收信人通过相同的哈希函数来校验原始数据是否真实。

哈希算法

哈希算法主要有MD4、MD5、SHA等。目前使用较多的是SHA-2，包括SHA-224、SHA-256、SHA-384、SHA-512，分别输出224、256、384、512位。

8.2.3 访问控制

访问控制技术主要通过访问控制策略来放行或拒绝网络流量和网络访问的行为。一般由防火墙来实现，也可以通过操作系统的安全策略来实现。

其中，防火墙的策略可以分为两种，第一种定义禁止的网络流量或行为，允许其他一切未定义的网络流量或行为。第二种定义允许的网络流量或行为，禁止其他一切未定义的网络流量或行为，如常见的禁止ping本机，可以将ICMP设为“禁用”。

而操作系统，尤其是文件系统安全性方面，主要是根据账户控制其权限，包括文件访问、系统功能等，如共享文件需要登录账户才能访问、只有管理员权限才能运行某些修改系统参数的命令等。

8.2.4 入侵检测系统

与防火墙的被动式防御不同，主动检测技术会主动检测那些在防护过程中遗漏的入侵行为，发现新的安全问题的成因，进而提高网络的整体安全性。入侵检测技术是指通过对系统、应用程序的日志及网络数据流量的分析，完成防火墙无法完成的安全防护功能。

顾名思义，入侵检测就是对入侵行为的发觉。而入侵是指试图破坏计算机或网络系统的保密性、完整性、可用性，或者企图绕过系统安全机制的行为。

入侵检测是通过对计算机网络或计算机系统中若干关键点信息的收集和分析，从中发现网络或系统是否有违反安全策略的行为和被攻击迹象的一种安全技术，是防火墙等边界防护技术的合理补充，提高了信息安全基础结构的完整性。

8.3 局域网安全措施

在日常使用局域网的过程中，需要了解并使用一些常见的安全防御措施来提高局域网的安全性。

8.3.1 ARP绑定

ARP绑定可以解决各种欺骗问题。所谓ARP绑定，就是将IP地址与MAC地址进行绑定，可以在交换机上绑定，如图8-8所示。

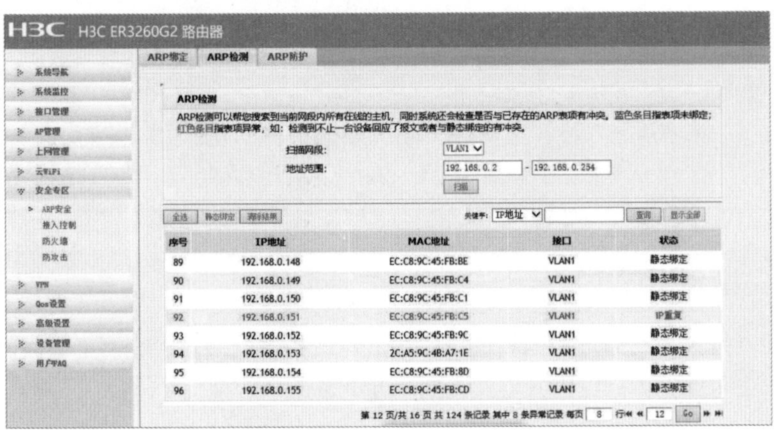

图 8-8

8.3.2 更新补丁

针对漏洞，在操作系统中可以打补丁。如在Windows中，用户可以在“更新和安全”界面中更新补丁程序。其他的软件需要安装对应的补丁程序。如果需要扫描漏洞，可以使用第三方软件，如比较常见的Nessus，如图8-9所示。

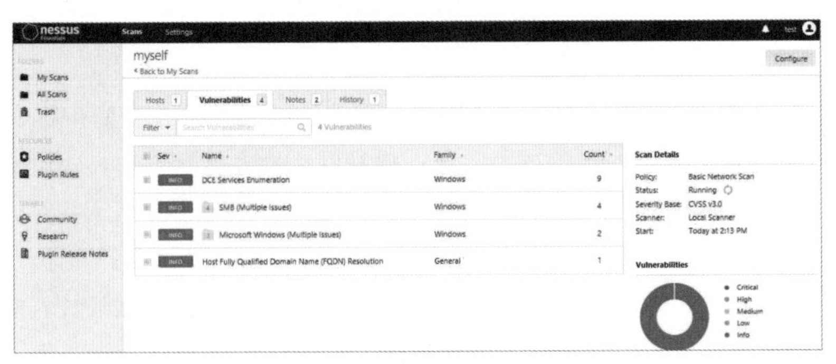

图 8-9

8.3.3 关闭端口

在Windows中，如果发现有可疑程序占用了端口，如图8-10所示，可以查找端口对应的应用程序，并在任务管理器中结束使用该端口的程序。

```
C:\Users\MY-PC-NOTEBOOK>netstat -noa|findstr 443
  TCP    0.0.0.0:443            0.0.0.0:0              LISTENING       6856
  TCP    192.168.1.121:1078     8.36.80.215:443        ESTABLISHED     16220
  TCP    192.168.1.121:1185     113.31.106.190:443     ESTABLISHED     16404
  TCP    192.168.1.121:1239     101.91.60.49:443       CLOSE_WAIT      5952
  TCP    192.168.1.121:1265     101.91.60.49:443       CLOSE_WAIT      5952
  TCP    192.168.1.121:1266     101.91.60.49:443       CLOSE_WAIT      5952
  TCP    192.168.1.121:1267     101.91.60.49:443       CLOSE_WAIT      5952
  TCP    192.168.1.121:1274     180.163.25.202:443     CLOSE_WAIT      5952
  TCP    192.168.1.121:1461     59.63.237.215:443      CLOSE_WAIT      5952
  TCP    192.168.1.121:1594     61.129.7.17:443        CLOSE_WAIT      5952
  TCP    192.168.1.121:1617     40.119.211.203:443     ESTABLISHED     5352
  TCP    192.168.1.121:1657     106.75.225.172:443     ESTABLISHED     5156
  TCP    192.168.1.121:2013     113.96.237.36:443      CLOSE_WAIT      5952
  TCP    192.168.1.121:2113     104.21.23.124:443      ESTABLISHED     16968
  TCP    192.168.1.121:2139     104.21.23.124:443      ESTABLISHED     16968
  TCP    192.168.1.121:2155     101.91.63.141:443      ESTABLISHED     12248
  TCP    192.168.1.121:2157     104.16.8.157:443       TIME_WAIT       0
  TCP    192.168.1.121:2159     104.16.110.238:443     TIME_WAIT       0
  TCP    192.168.1.121:2161     104.20.130.175:443     TIME_WAIT       0
  TCP    192.168.1.121:2163     104.21.88.129:443      ESTABLISHED     16968
  TCP    192.168.1.121:2699     180.163.25.114:443     CLOSE_WAIT      5952
  TCP    192.168.1.121:2733     52.96.57.2:443         ESTABLISHED     13528
  TCP    [::]:443               [::]:0                 LISTENING       6856
```

图 8-10

8.3.4 使用安全代理

如果需要使用代理，不管是局域网本地代理还是公网上的代理，一定要确保代理服务器的安全性，并且在传递时要保证数据的加密达到一定的安全等级。因为数据都会经过代理服务器，如果代理服务器对数据进行收集和破解，那么用户的隐私就会完全暴露，所以在挑选代理服务器时一定要小心谨慎。

8.3.5 注意可疑进程

进程是程序在计算机中运行的实例。一个程序可能包含多个进程，一个进程也可能服务于多个程序。用户可以使用软件Process Explorer查看及在线检测是否是可疑进程，如图8-11所示。如果确实是可疑进程，查看该进程对应的程序存放位置，然后结束进程，删除可疑程序，再使用杀毒软件进行全盘扫描。

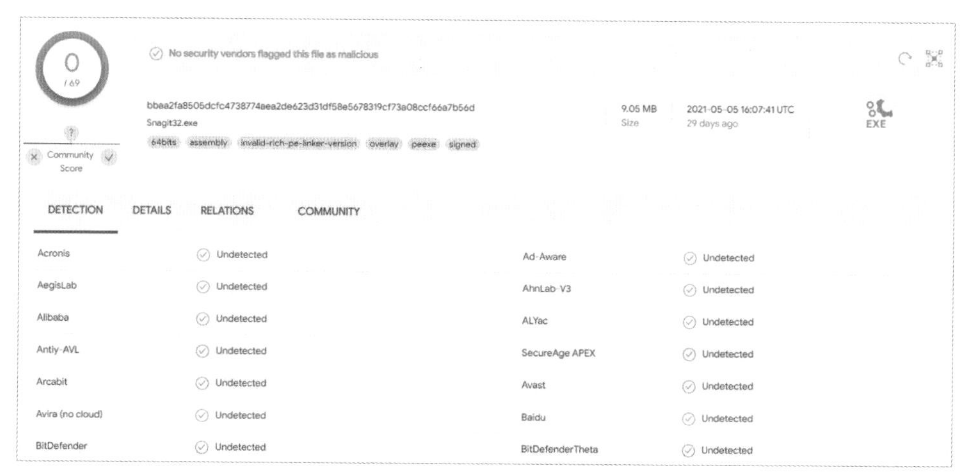

图 8-11

8.3.6 定期查看日志

日志是记录系统中硬件、软件和系统问题的系统组件，同时还可以监视系统中发生的事件。用户可以通过日志来查找错误发生的原因，或者寻找受到攻击时攻击者留下的痕迹。日志包括系统日志、应用程序日志和安全日志。

如果发现有可疑的日志条目，需要对其进行分析，查看端口并及时杀毒，以防有后门程序运行。如果发现某个时间段的日志被清除了，很大程度上是黑客所为，建议重新安装系统并排查局域网的出口设备。

8.3.7 网站攻击防御

网站一般的攻击方式有流量攻击、域名攻击、恶意扫描、网页篡改以及数据库攻击。建议在网站或主机上配置入侵检测系统，如常见的Easyspy（图8-12）、Abelssoft Hack Check等。布置好之后，可以使用第三方工具进行抗压测试。另外在网站的入口处配置防御策略，包括不准ping、同IP的访问不能大于N个、流量大于某个值会自动启动保护模式等，以防止服务器宕机或其他情况发生。

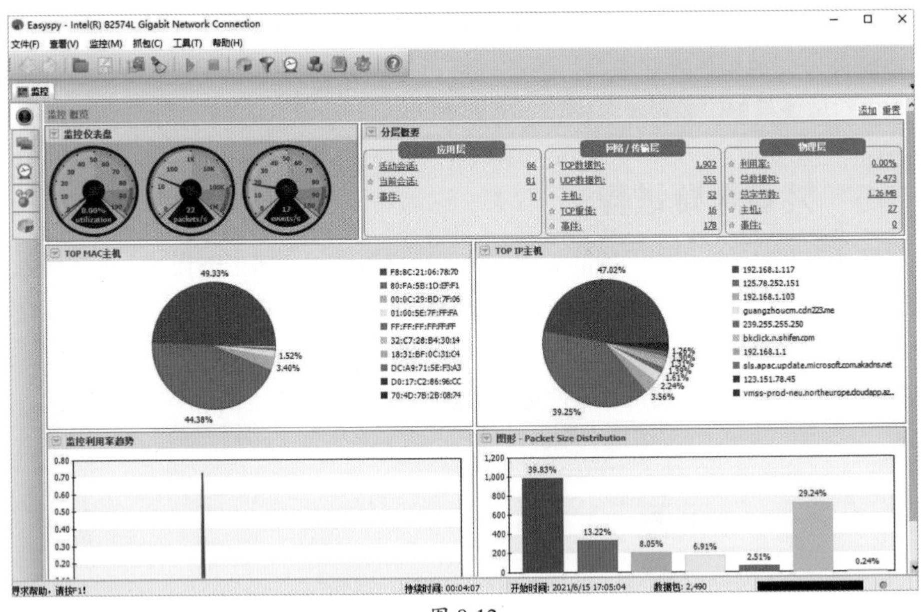

图 8-12

8.3.8 无线局域网攻击防御

无线局域网也会收到各种欺骗的攻击，处理方法和有线局域网相同。另外无线终端禁止安装类似密码共享的软件，这样无线密码泄露出去更容易被别人连接，影响无线局域网的性能和安全性。最安全的措施就是将无线终端的MAC地址和IP绑定，只允许绑定的设备上网。

可以提高密码强度、隐藏SSID号、通过黑名单禁止设备再次连接（图8-13）、提高管理员密码强度、开启后台访问控制、关闭端口转发。另外其他无线设备也要配置强密码和强加密方式，以防止未授权用户连接无线AP、无线摄像机等。

图 8-13

8.3.9 手机终端的安全防护

手机终端面临的威胁主要是病毒木马、恶意App、非法Root、被开启调试模式，以及其他的网络威胁。手机的主要防御方法包括使用屏幕锁、账号锁功能，开启丢失查找模式，手机杀毒软件杀毒，如图8-14所示，从正规网站下载App，安装时给予最小权限，如图8-15所示，等等。

图 8-14

图 8-15

8.3.10 账户安全策略

无论是Windows还是Linux系统，账户都代表着控制权限、文件所有权、设置配置的权限等。账户的安全对操作系统来说非常重要。

对于Windows 10系统，可以进入“本地用户和组”中查看当前系统中的账户，这里还可以添加及删除账户，如图8-16所示。

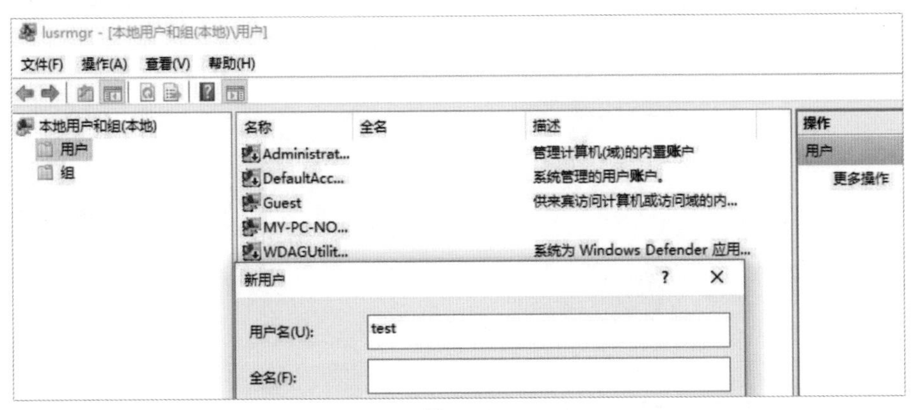

图 8-16

8.3.11 提防开机启动及陌生服务

一些木马程序和后门程序常常以服务的形式存在于计算机中，随着开机一同启动。经常检查开机启动项目是个好习惯，用户可以在“任务管理器”的“启动”选项卡中查看所有的开机启动项目。如果有可疑的启动项，可以在选项上右击，在弹出的快捷菜单中选择“禁用”选项，如图8-17所示。

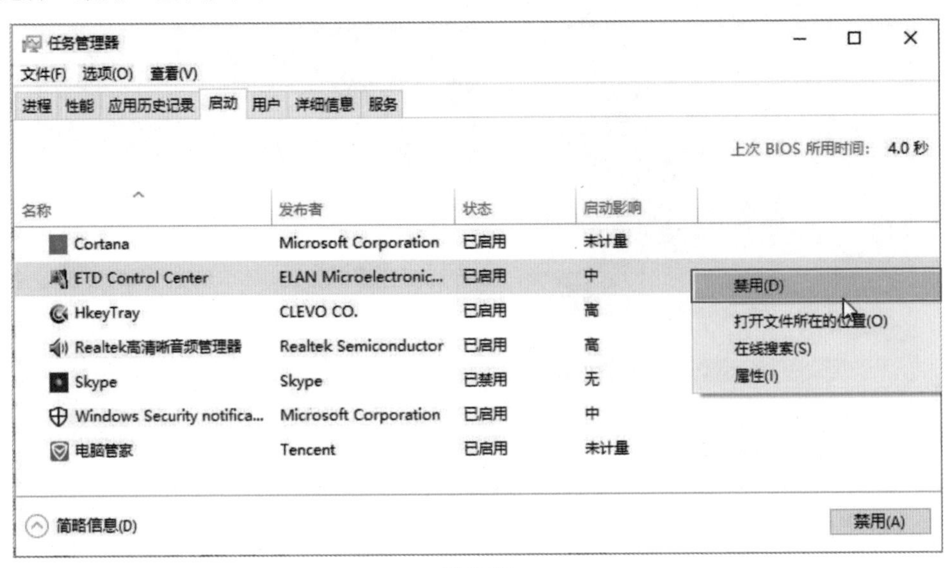

图 8-17

如果要查询可疑的服务，可以在“运行”中输入命令“services.msc”来打开“服务”界面，从中查找是否有可疑的服务项，如图8-18所示。

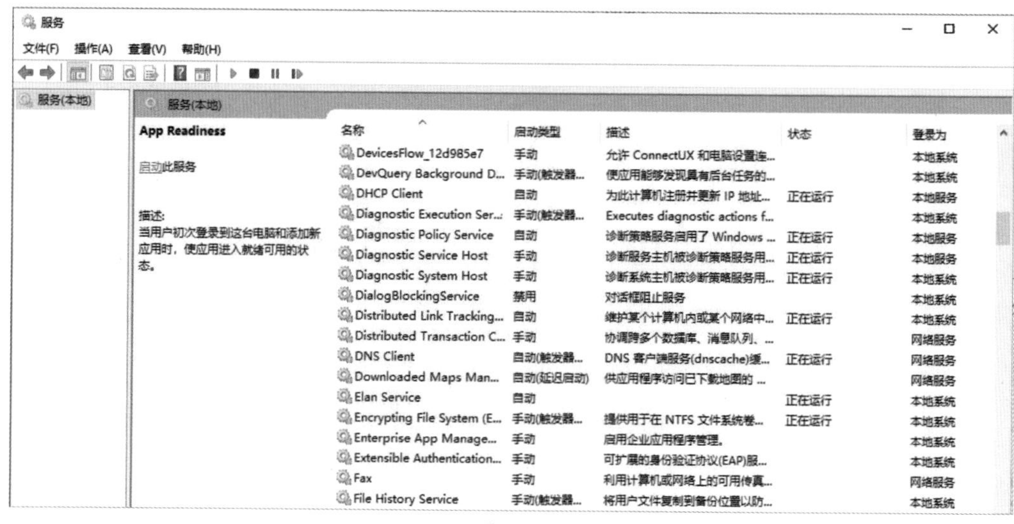

图 8-18

8.3.12 防火墙的ACL设置

防火墙的功能是控制数据包的转发，预防网络攻击。防火墙控制数据包的原理是根据ACL表，在表中规定符合某种规则的数据包应该怎样处理。如果要提高局域网的安全性，防火墙的ACL就必须要设置得科学严谨，并且在效率与安全中做到平衡。因为过于复杂的规则必定会消耗防火墙的处理能力，降低数据包转发的效率，从而增大数据包的延时，所以在配置ACL规则时一定要适度，如图8-19所示。

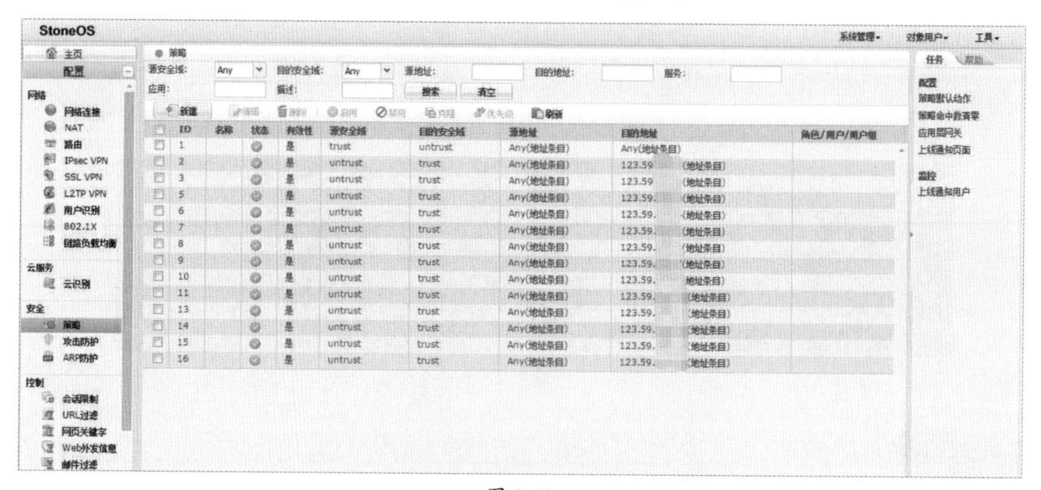

图 8-19

知识延伸：关闭可疑进程

使用“netstat -ano”命令可以看到计算机中所有通信的端口，如图8-20所示。

```
C:\Windows\system32\cmd.exe
TCP    192.168.1.120:2153     101.91.60.49:443       CLOSE_WAIT      8276
TCP    192.168.1.120:2339     115.227.12.25:443      CLOSE_WAIT      27260
TCP    192.168.1.120:4351     115.227.12.25:443      CLOSE_WAIT      27260
TCP    192.168.1.120:4903     101.226.211.235:443    ESTABLISHED     10920
TCP    192.168.1.120:5236     101.226.95.241:80      CLOSE_WAIT      8276
TCP    192.168.1.120:7165     101.226.144.67:80      TIME_WAIT       0
TCP    192.168.1.120:9219     101.91.60.49:443       CLOSE_WAIT      8276
TCP    192.168.1.120:9226     58.221.31.64:443       CLOSE_WAIT      8276
TCP    192.168.1.120:9229     8.210.7.121:443        ESTABLISHED     21128
TCP    192.168.1.120:9244     61.151.229.81:80       TIME_WAIT       0
TCP    192.168.1.120:9246     183.47.103.43:36688    TIME_WAIT       0
TCP    192.168.1.120:9248     61.151.229.81:80       TIME_WAIT       0
TCP    192.168.1.120:9251     61.151.229.81:80       TIME_WAIT       0
TCP    192.168.1.120:9255     61.151.229.81:80       TIME_WAIT       0
TCP    192.168.1.120:9879     42.192.254.2:443       ESTABLISHED     5768
TCP    192.168.1.120:9898     123.56.240.10:5938     ESTABLISHED     1000
TCP    192.168.1.120:10360    180.109.192.45:443     ESTABLISHED     8276
TCP    192.168.1.120:10380    101.89.42.193:443      CLOSE_WAIT      8276
TCP    192.168.1.120:10388    101.91.60.49:443       CLOSE_WAIT      8276
TCP    192.168.1.120:10405    101.91.5.52:443        CLOSE_WAIT      8276
```

图 8-20

如果发现有可疑端口，可以使用“tasklist | findstr 进程号”命令查看该端口号对应的程序名称，如图8-21所示。

图 8-21

接下来可以使用“taskkill /F /T /PID 进程号”命令结束该进程，如图8-22所示。

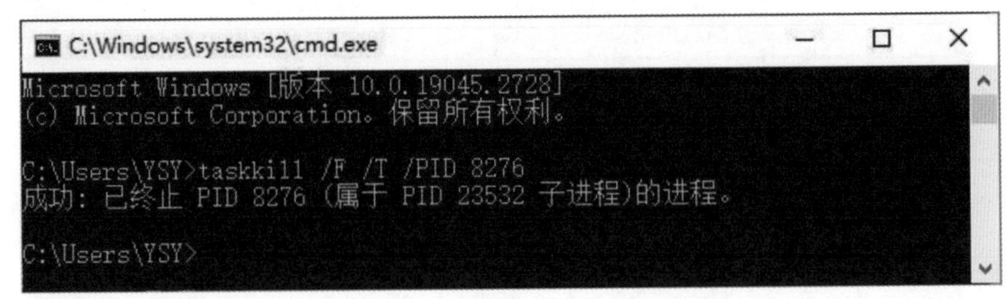

图 8-22

知识点拨

参数说明

“/F”：强制终止进程。“/T”：终止进程及其子进程。“/PID”后跟进程号，按照进程号结束进程。“/IM”后跟进程的名称，可以使用通配符。

第9章 局域网的管理与维护

局域网管理不是一蹴而就的，而是一个漫长的、动态的过程，目的是保障局域网始终处在一个良好的、高效的运行状态中。本章将介绍局域网管理、常见故障与排查以及局域网维护方面的知识。

重点难点

- 局域网管理
- 常见故障与排查
- 局域网维护

9.1 局域网的管理

在局域网管理中，除了需要具备专业的网络基础知识外，还需要了解各种网络管理工具的使用。

9.1.1 管理体系

局域网的管理是采用某种技术和策略对局域网中的各种网络资源进行检测、控制和协调，并在网络出现故障时及时进行报告和处理，从而实现尽快维护和恢复，保证网络正常高效运行，达到充分利用网络资源的目的，并保证网络向用户提供可靠的通信服务。局域网的管理体系包括以下几个方面。

1. 网络管理工作站

网络管理工作站是整个网络管理的核心，通常是一个独立的、具有良好图形界面的高性能工作站，并由网络管理员直接操控。所有向被管设备发送的命令都是从网络管理工作站发出的。通常由以下3部分构成。

- **网络管理程序：**工作站的关键构件，运行时成为网络管理进程。具有分析数据、发现故障等功能。
- **接口：**主要用于网络管理员监控网络运行状况。
- **管理信息库：**从所有被管对象的MIB中提取信息的数据库。

2. 被管设备

局域网中有很多被管设备，包括设备中的软件，可以是主机、路由器、打印机、集线器、交换机等。每一个被管设备中可能有许多被管对象。被管对象可以是被管设备中的某个硬件，也可以是某些硬件或软件的配置参数的集合。被管设备有时也称为网络元素或网元。

3. 管理信息库

大规模且复杂的网络环境中，网络管理需监控来自不同厂商的设备，这些设备的系统环境、信息格式可能完全不同。因此，对被管设备的管理信息的描述需要定义统一的格式和结构，将管理信息具体化为一个个被管对象，所有被管对象的集合以一个数据结构给出，这就是管理信息库。管理信息库里面包括数千个被管对象，网络管理员通过直接控制这些对象来控制、配置或监控网络设备。

4. 代理程序

每一个被管设备中都运行着一个程序，以便和网络管理工作站中的网络管理程序进行通信，这个程序称为网络管理代理程序，简称代理（Agent），代理程序对来自工作站的信息请求和动作请求进行应答，当被管设备发生某种意外时用trap命令向网络管理工作站报告。

5. 网络管理协议

网络管理协议（Network Management Protocol，NMP）是网络管理程序和代理程序之间通信的规则，是两者之间的通信协议。

9.1.2 管理功能

局域网的网络管理功能包括以下几个方面。

1. 故障管理

故障指的是造成网络无法正常工作的差错。故障管理主要是对被管设备发生故障时的检测、定位和恢复，包括故障检测、故障诊断、故障修复、故障报告。

- **故障检测：**通过执行网络管理监控过程和生成故障报告来检测整个网络系统存在的问题。
- **故障诊断：**通过分析网管系统内部各个设备和线路的故障和事件报告，或执行诊断测试程序来判断故障产生的原因，为下一步修复做准备。
- **故障修复：**通过网管系统提供的配置管理工具，对产生的故障进行修复，以自动处理和人工干预相结合的方式尽快恢复网络运行。
- **故障报告：**完成网络系统故障以日志形式记录，包括报警信息以及诊断和处理结果等。

2. 配置管理

配置管理用于识别网络资源，手机网络配置信息，对网络配置提供信息并实施控制，包括网络实际配置和配置数据管理。网络实际配置：负责监控网络配置信息，使网管人员可以生成、查询和修改硬件、软件的运行参数和条件（包括各个网络部件的名称和关系、网络地址、是否可用、备份操作和路由管理等）。配置数据管理：负责定义、收集、监视、控制和使用配置数据（包括管理域内所有资源的任何静态和动态信息）。

3. 性能管理

性能管理主要用于评价网络资源的使用情况，为网管人员提供评价、分析、预测网络性能的手段，从而提高网络的运行效率，包括性能数据的采集和存储、性能门限的管理、性能数据的显示和分析等。性能数据的采集和存储：完成对网络设备和链路带宽使用情况等数据的采集及存储。性能门限管理：为提高网络管理的有效性，特定时间内为网络管理者选择监视对象、设置监视时间、提供设置和修改性能门限的手段。网络性能不理想时，通过对资源的调整来改善网络性能。性能数据的显示和分析：根据管理者的要求定期提供多种反映当前、历史、局部调整性能的数据及各种关系曲线，并产生数据报告。

4. 安全管理

安全管理主要管理硬件设备的安全性能，如用户登录特定的网络设备时进行身份认证等，还具有报警和提示功能。安全管理包括操作者级别和权限管理、数据的安全管理、操作日志管理、审计和跟踪。操作者级别和权限：完成网络管理人员的增、删以及相应的权限设置（包括操作时间、操作范围和操作权限等）。数据的安全管理：完成安全措施的设置，以实现网络管理数据的不同处理权限。操作日志管理：完成对网络管理人员的所有操作（包括时间、登录用户、具体操作等）的详细记录，以便将来出现故障时能跟踪发现故障产生的原因并追查相应的责任。审计和跟踪：主要使网络管理系统上的配置数据和网元配置数据统一。

5.（Accounting Management）计费管理

计费管理主要记录用户使用网络资源的情况，根据一定策略来收取相应费用。计费数据可帮助用户了解网络的使用情况，为资源升级和资源调配提供依据。

9.1.3 管理协议

常见的局域网管理协议是SNMP(Simple Network Management Protocol，简单网络管理协议）。应用比较广泛。

1. SNMP简介

SNMP是众多网络监控协议的一种，其特殊性在于其设计用于在中央报警主站（SNMP管理器）与每个网络站点的SNMP远程（设备）之间传输消息，这样就能在网络上的多个设备与监控工具之间建立无缝的通信通道。

SNMP监控帮助IT管理员管理服务器和其他网络硬件，如调制解调器、路由器、接入点、交换机以及连接网络的其他设备。有了关于这些单独设备的更加清晰的视图，IT管理员可以准确掌握关键指标，如网络和带宽使用情况，或者可以跟踪运行时间和流量以优化性能。

SNMP 架构基于“客户端/服务器”模型。监控网络时，服务器是负责汇聚和分析网络上的客户端信息的监控器。客户端是服务器监控的连接网络的设备或设备组件，包括交换机、路由器和计算机。

知识点拨

SNMP术语

- **对象标识符(OID)**：OID是用来标识设备及其状态的地址。
- **管理信息基础(MIB)**：管理员利用MIB将数字OID转换为文本OID。
- **SNMP Trap**：Trap检测到重要事件时，代理主动将消息发送到管理站点。
- **SNMP 轮询**：轮询指网络管理站点按照定期间隔简化询问设备状态更新。

2. SNMP管理软件

SNMP管理软件可以帮助用户更好地监控网络设备的关键性能指标，如服务器CPU和内存使用情况。如果使用情况超过正常阈值，软件可以发送警报，这样IT管理员可以帮助网络避免潜在问题或停机。SNMP管理工具的另一个重要功能是执行主动轮询，包括从设备检索管理信息基础变量，以确定故障行为或连接问题。

9.1.4 管理命令

在日常进行网络管理时，使用系统自带的命令可以快速排查一些特定网络故障，下面介绍一些常用的命令。

1. ping

ping命令非常常用，用来检测网络的逻辑链路是否正常，ping命令的用法如下：

```
ping [-t] [a] [-n count] [-l size] [-f] [-I TTL] [-v TOS] [-r count] [-s count] [[-j host-list] | [-k host-list]] [-w timeout]
```

常用的参数如下。

-t：用当前主机不断向目的主机发送测试数据包，直到用户按“Ctrl+C”组合键终止。

-a: ping主机完整域名，先解析域名IP地址，再ping该主机。

如测试网关的线路是否正常，可以使用命令“ping 网关IP”，如图9-1所示。如测试DNS解析是否正常，可以使用命令“ping 域名”，可以加上参数“-t”，一直ping，如图9-2所示。使用Ctrl+C组合键终止连续ping。

图 9-1

图 9-2

（1）通过ping的返回值发现故障。

如果无法ping通，可以查看此时的返回值来分析网络故障产生的原因。

- **Unknown host（不知名主机）：** 该主机名不能被命名服务器转换成IP地址。故障原因可能是命名服务器有故障或名字不正确，或者系统与远程主机之间的通信线路故障。

- **Network unreachable（网络不能到达）：** 表示本地没有到达对方的路由，可检查路由表来确定路由配置情况。
- **No answer（无响应）：** 说明有一条到达目标的路由，但接收不到它发给远程主机的任何分组报文。这种情况可能是远程主机没有工作、本地或远程主机网络配置不正确、本地或远程路由器没有工作、通信线路有故障、远程主机存在路由选择问题等。
- **Time out（超时）：** 连接超时、数据包全部丢失。故障原因可能是到路由的连接问题或者路由器不能通过、远程主机关机或死机、远程主机有防火墙，禁止接收数据包等。

（2）特殊IP的ping。

可以通过ping一些特殊IP地址来检测计算机或网络故障。常见IP地址如下。

- **ping 127.0.0.1：** 不通，表示TCP/IP安装或运行存在问题。从网卡驱动和TCP/IP着手。
- **ping 本机IP：** 不通，说明计算机配置或系统存在问题，可拔下网线再试，如果可以ping通，说明局域网IP冲突了。
- **ping局域网IP：** 收到回送，说明网卡和传输介质正常。出现问题，说明子网掩码不正确、网卡配置故障、集线设备出现故障、通信线路出现故障。
- **ping网关：** 网关路由器接口正常，数据包可以到达路由器。
- **ping外网IP：** 通，表示网关工作正常，可以连接对端或者Internet。
- **ping localhost：** localhost是系统保留名，是127.0.0.1的别名，计算机都应该能将该名称解析成IP地址，如果不成功，说明主机host文件出现问题。
- **ping完整域名：** 能ping通，说明DNS服务器工作正常，可以解析到对方IP，该命令也可以获取域名对应的IP地址。如果不通，可以从DNS方面检查问题。

2. ipconfig

使用Ipconfig命令可以查看和修改网络中的TCP/IP的有关配置，如IP地址、网关、子网掩码、MAC地址等。还可以重新获取DHCP分配的IP等相关信息。该命令的用法为：

```
ipconfig [/all /renew[adapter]/release[adapter]][/displaydns][/flushdns]
```

常用的参数如下。

- **/all：** 显示网络适配器完整TCP/IP配置信息。除了不带参数，只显示IP地址、子网掩码、默认网关等信息外，还显示主机名称、IP路由功能、WINS代理、物理地址、DHCP功能等。适配器可以代表物理接口（如网络适配器）和逻辑接口（如VPN拨号连接等）。

- **/renew[adapter]：** 表示更新所有或特定网络适配器的DHCP设置，为自动获取IP地址的计算机分配IP地址，adapter表示特定网络适配器的名称。
- **/release[adapter]：** 释放所有或指定的适配器当前的DHCP设置，并丢弃IP地址设置。
- **/display dns：** 显示DNS客户解析缓存的内容，包括本地主机预装载的记录以及最近获取的DNS解析记录。
- **/flush dns：** 刷新并重设DNS客户解析缓存内容。

如果要查看当前IP地址等详细信息，可以使用“ipconfig/all”命令，如图9-3所示。如果要重新从DHCP服务器获取IP，可以使用“ipconfig/renew”命令，如图9-4所示。

图 9-3

图 9-4

3. tracert

tracert用于跟踪路径，可记录从本地至目的主机所经过的路径，以及到达时间。利用此命令可以准确地知道究竟在本地到目的地之间的哪一环节上发生了故障。每经过一个路由，数据包上的TTL值递减1，当TTL值为0时，说明目标地址不可达。命令用法为：

```
tracert[-d] [-h maximum_hops] [-j hostlist] [-w timeout]
```

常用的参数如下。

- **-d：** 不解析主机名，防止Tracert试图将中间路由器的IP地址解析成主机名，起到加速作用。
- **-w timeout：** 设置超时时间（单位：ms）。
- **-h maximum_hops：** 指定搜索到目标地址的最大条数，默认为30个。

如果要检测用户计算机到达百度的服务器经过哪些路由器，可以使用“tracert www.baidu.com”命令，如图9-5所示。有些路由器由于策略的问题不会给予反馈，会显示请求超时。

```
C:\Windows\system32\cmd.exe
Microsoft Windows [版本 10.0.19044.1766]
(c) Microsoft Corporation。保留所有权利。

C:\Users\YSY>tracert www.baidu.com

通过最多 30 个跃点跟踪
到 www.a.shifen.com [180.101.49.12] 的路由:

  1    <1 毫秒   <1 毫秒   <1 毫秒 192.168.1.1
  2    20 ms     5 ms    10 ms   28.1
  3     2 ms     2 ms     2 ms   235.149
  4     7 ms     7 ms     7 ms   .165
  5    11 ms    11 ms    10 ms   5.2
  6     *        *        *
  7     8 ms     8 ms     8 ms   6.50
  8     *        *        *     请求超时。
  9     *        *        *     请求超时。
 10     *        *        *     请求超时。
 11     9 ms     9 ms     9 ms  180.101.49.12

跟踪完成。

C:\Users\YSY>
```

图 9-5

4. route print

通过“route print”命名可以查看计算机中的路由表，查看网络中数据包的流向，如图9-6所示。

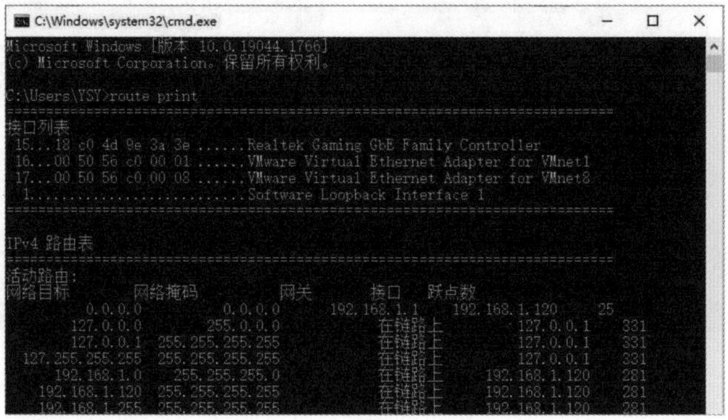

```
C:\Windows\system32\cmd.exe
Microsoft Windows [版本 10.0.19044.1766]
(c) Microsoft Corporation。保留所有权利。

C:\Users\YSY>route print
===========================================================================
接口列表
 15...18 c0 4d 9e 3a 3e ......Realtek Gaming GbE Family Controller
 16...00 50 56 c0 00 01 ......VMware Virtual Ethernet Adapter for VMnet1
 17...00 50 56 c0 00 08 ......VMware Virtual Ethernet Adapter for VMnet8
  1...........................Software Loopback Interface 1
===========================================================================

IPv4 路由表
===========================================================================
活动路由:
网络目标        网络掩码          网关       接口   跃点数
          0.0.0.0          0.0.0.0      192.168.1.1    192.168.1.120     25
        127.0.0.0        255.0.0.0            在链路上         127.0.0.1    331
        127.0.0.1  255.255.255.255            在链路上         127.0.0.1    331
  127.255.255.255  255.255.255.255            在链路上         127.0.0.1    331
      192.168.1.0    255.255.255.0            在链路上     192.168.1.120    281
    192.168.1.120  255.255.255.255            在链路上     192.168.1.120    281
    192.168.1.255  255.255.255.255            在链路上     192.168.1.120    281
```

图 9-6

9.1.5 常见管理软件

对于局域网网络的管理，除了使用命令外，还经常使用一些网络管理软件进行网络扫描、分析、安全审计。下面介绍一些常见的软件及其作用。

1. 局域网扫描软件

局域网扫描软件可以扫描局域网的设备和主机，可以通过扫描结果查看局域网的拓扑结构，可以通过扫描了解对方的操作系统等信息。这种软件比较多，比较常用的专业软件是Nmap。

Nmap（Network Mapper）是一款开放源代码的网络探测和安全审核的工具，其设计目标是快速地扫描大型网络。Nmap以新颖的方式使用原始IP报文来发现网络上的一些主机，主机提供什么服务（应用程序名和版本），服务运行什么操作系统（包括版本信息），它们使用什么类型的报文过滤器或防火墙，以及一堆其他功能。虽然Nmap通常用于安全审核，许多系统管理员和网络管理员也用它来做一些日常的工作，例如选择查看整个网络的信息、管理服务升级计划，以及监视主机和服务的运行。Nmap在Windows中的版本叫Zenmap，如图9-7所示。

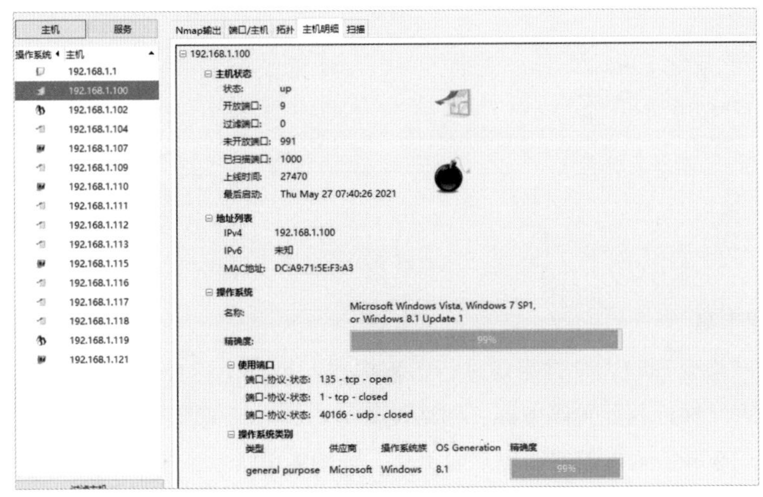

图 9-7

2. 数据嗅探工具

嗅探也叫抓包，嗅探工具获取网络上流经的数据包，通过读取数据包中的信息，获取源IP和目标IP、数据包的大小等信息。常用的嗅探工具如Wireshark，如图9-8所示。Wireshark是一款UNIX和Windows上的开源网络协议分析器，它可以实时检测网络通信数据，可以检测其抓取的网络通信数据快照文件，可以通过图形界面浏览这些数据，可以查看网络通信数据包中每一层的详细内容。Wireshark拥有许多强大的特性，如包含强显示过滤器语言和查看TCP会话重构流的能力；更支持上百种协议和媒体类型。

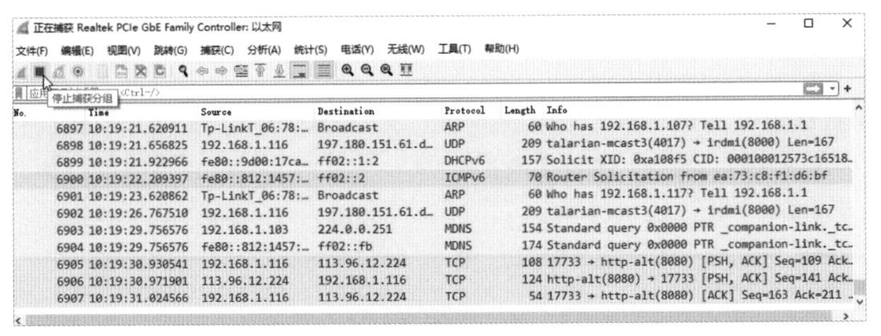

图 9-8

3. 漏洞扫描工具

系统漏洞是由多方面的因素造成的，尽早发现漏洞，并修补漏洞才是避免威胁产生的最有效的手段。系统漏洞扫描工具有很多，比较专业的是Nessus，如图9-9所示。Nessus是目前全世界使用最多的系统漏洞扫描与分析软件。Nessus提供完整的计算机漏洞扫描服务，并随时更新其漏洞数据库。Nessus可同时在本机或远端上遥控，进行系统的漏洞分析扫描，其运作效能随着系统的资源而自行调整，并可自行定义插件。

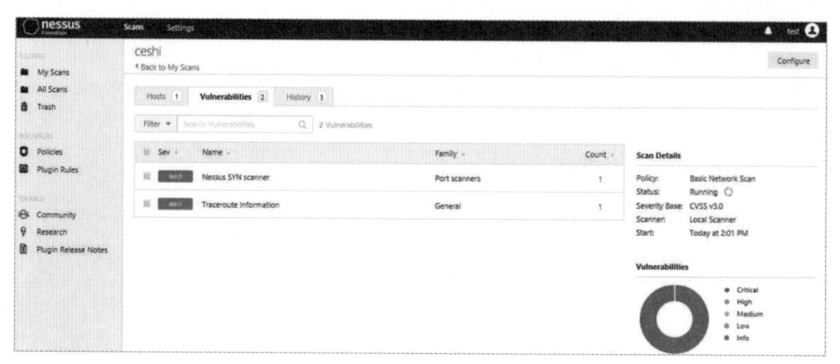

图 9-9

4. 远程管理工具

在进行网络管理时，常常需要进行远程操作。可以使用Telnet、SSH等协议，通过各种网络管理软件远程配置服务器、网络设备等。如果管理服务器需要使用远程桌面连接，可以使用Windows自带的远程桌面工具，如图9-10所示，或者第三方的TeamViewer或者ToDesk等软件，如图9-11所示。

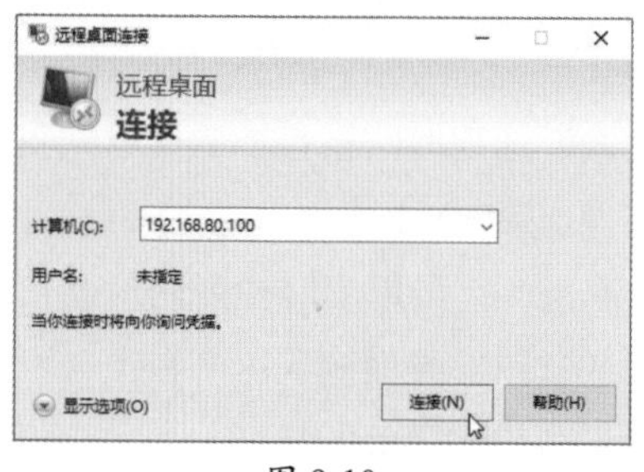

图 9-10

图 9-11

5. SNMP管理及监控软件

管理及监控软件都是基于SNMP（简单网络管理协议）。SNMP重要的原因在于，它能够帮助企业细致、快速、准确地了解网络上发生的情况。作为网络监控的行业标准协议，SNMP是IT管理员跟踪网络通信的最佳方法之一，是少数几个能够以如此详细的水平了解数据传输的方式之一。使用SNMP监控，管理员可以查看实际数据包信息，获得不断变化的网络通信的实时概览，以及特定瓶颈的深度信息。

常见的Solar Winds公司的NPM（Network Performance Monitor）软件如图9-12所示，该软件是一款强大的监控软件，配备多种不同SNMP管理软件模块，具备SNMP扫描工具，可以帮助IT管理员监控网络设备。扫描工具可以执行SNMP扫描和发现，即使是最复杂的大型网络，也能收集详细信息。此外，NPM软件有一个SNMP陷阱接收器监控工具，因此管理员可以收到陷阱和事件的即时通知，以便在关键事件期间更快地解决问题。陷阱接收器软件可侦听受监控网络上的设备生成的SNMP陷阱。发生事件后，工具记录陷阱的详细信息和其他有用的详细信息，如时间、IP 地址、主机名、陷阱类型等，可以关联和分析这些详细信息，实现更优化的网络安全和性能做法。NPM中的SNMP监控工具旨在帮助IT专业人员轻松监控网络故障、可用性和网络设备性能。用户可以轮询网络设备上的 IB，获得宝贵的性能指标，然后通过可自定义的仪表板和图表显示。这种通过可视化获得的自主性让IT管理员可以优化网络，以便企业为最终用户提供业务关键应用程序和服务。

图 9-12

9.2 局域网的维护

局域网维护是一种日常维护，包括局域网的设备管理（如交换机、路由器、防火墙、服务器等）、操作系统维护（系统打补丁，系统升级）、网络安全（病毒防范）等。在网络正常运行的情况下，对网络基础设施的管理包括确保网络传输的正常、掌握公司或者网吧主干设备的配置及配置参数变更情况、备份各个设备的配置文件。定期对网络设备网络线路进行维护和排查，可以提前发现问题，解决故障。

9.2.1 日常维护内容

在网络维护中，重点需要维护的内容如下。

- 硬件测试、软件测试、系统测试、可靠性（含安全）测试。
- 网络状态监测和系统管理。
- 网络性能监测及认证测试（工程验收评测）。
- 网络故障诊断和排除，灾难恢复方案。
- 定期测试和文档备案，故障报告、参数登记、资料汇总统计分析等。
- 网络性能分析、预测。
- 故障预防，故障早期发现。
- 维护计划、手段以及实施效果的评测、改进和总结回顾，规章制度的制定。
- 选择合适的网络评测方法：综合可靠性和网络维护的目标作评定。
- 人员培训、工具配备等。

9.2.2 维护的主要方法

日常的局域网维护有一些需要注意的方法：

1. 常规检测和专项检测

常规检测指一般性的定期测试，主要检测分析网络的主要工作状态和性能是否符合要求；专项检测是指在处理故障时，或在进行网络性能详细分析评测时进行的有针对性的专门测试。

2. 定期维护和不定期维护

定期维护是指为了保证网络持续地正常工作，防止网络出现重大故障或重要性能下降而进行的定期、定内容的网络测试和维护工作，并定期监测能反映网络基准状态的各项参数；在针对系统故障或出现异常时，以及非重要参数的监测时，实施的维护和监测工作则是不定期维护的重要内容。

3. 事前维护和事后维护

事前维护是指预防性维护，包括定期维护和不定期维护、视情况维护等内容；事后维护是在完成系统修复、故障诊断等工作后进行的维护，也包括系统升级、结构调整、应用调整、协议调整后的维护。

9.2.3 常见故障产生的原因

局域网产生故障的原因有很多，常见的故障产生原因如下。

- **网络配置问题：** IP、网关、DNS设置、共享参数、服务器配置参数、域配置不当等。
- **网络通信协议的配置问题：** 没有安装协议、网卡绑定不当，网卡、RIP、OSPF、NAT配置不当等。
- **网卡本身及安装设置问题：** 网卡故障、接触不良等。
- **网络传输介质问题：** 如网线断路、网线和传输标准不匹配等。
- **网络交换设备问题：** 供电不足、质量问题、接口问题、添加/删除硬件造成的设备之间的冲突。
- **计算机病毒引起的问题。**
- **误操作引起的问题。**
- **硬件损坏引起的问题。**
- **病毒及木马引起的问题。**
- **软件之间冲突的问题：** 软件依赖关系产生的问题。
- **驱动程序的问题：** 与操作系统不兼容、驱动没安装好。
- **操作系统来源不当产生的问题：** 盗版及精简系统带来的问题。

9.2.4 故障的排查方法

局域网故障的排查循序可以按照OSI七层模型进行，从物理链路的检查开始向上排查。如物理层的网线、网络接口、接线器或交换机的物理故障，再从网卡、协议方面入手进行排查，最后从各种应用、服务着手。故障的排查方法如下。

1. 复现故障

当处理由操作员报告的问题时，对故障现象的详细描述显得尤为重要。如果仅凭操作员的一面之词，有时还很难下结论，这时就需要管理员亲自操作一下刚才出错的事件，并注意出错信息。例如，在使用Web浏览器进行浏览时，无论输入哪个网站都返回“该页无法显示”之类的信息，使用ping命令时，无论ping哪个IP地址都显示超时连接信息等。诸如此类的出错消息会为缩小问题范围提供许多有价值的信息。

2. 列举原因

作为网络管理员，应当考虑导致无法查看信息的原因可能有哪些，如网卡硬件故障、网络连接故障、网络设备故障、TCP/IP设置不当等。不要着急下结论，可以根据出错的可能性把这些原因按优先级别进行排序，先后排除。

3. 缩小范围

对所有列出的可能导致错误的原因逐一进行测试，而且不要根据一次测试，就断定某一区域的网络是运行正常或是不正常。另外，也不要在认为已经确定了的第一个错误上停下来，应测试完为止。

注意事项 设备工作指示灯

除了测试之外，千万不要忘记去看一看网络设备面板上的LED指示灯。通常情况下，绿灯表示连接正常，红灯表示连接故障，不亮表示无连接或线路不通。根据数据流量的大小，指示灯会时快时慢地闪烁。

4. 隔离错误

经过一番测试后，基本上知道了故障的部位，对于计算机的错误，可以开始检查该计算机网卡是否安装好，TCP/IP是否安装并设置正确，Web浏览器的连接设置是否得当等一切与已知故障现象有关的内容。然后就是排除故障。

5. 故障分析

处理完问题后，作为网络管理员，还必须搞清楚故障是如何发生的，是什么原因导致了故障的发生，以后如何避免类似故障的发生，拟定相应的对策，采取必要的措施，制定严格的规章制度。

9.2.5 故障排查常用工具

在排查故障时，除了使用经验和设备本身的提示灯外，还可以使用一些工具来辅助进行故障排查。常用的工具如下。

- **网线检测仪：** 主要用来检测网线是否正常，是否有断路。网线检测仪如图9-13所示。
- **寻线仪：** 除了实现网络检测仪的功能外，还可以在复杂的机房环境中，快速找到需要的跳线或网线。有些高级寻线仪还可以检测断路点，非常方便。常见的寻线仪如图9-14所示。

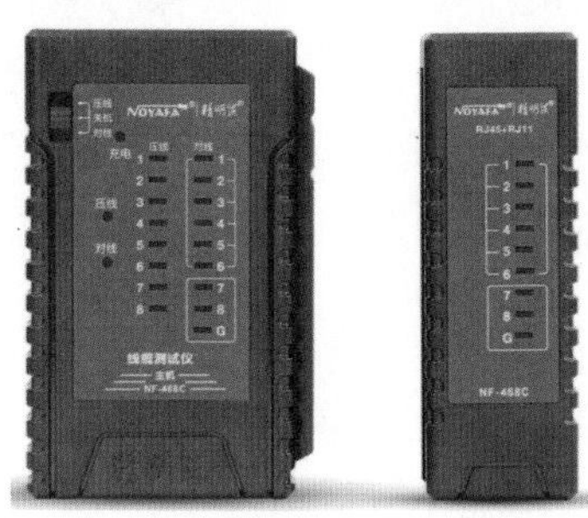

图 9-13

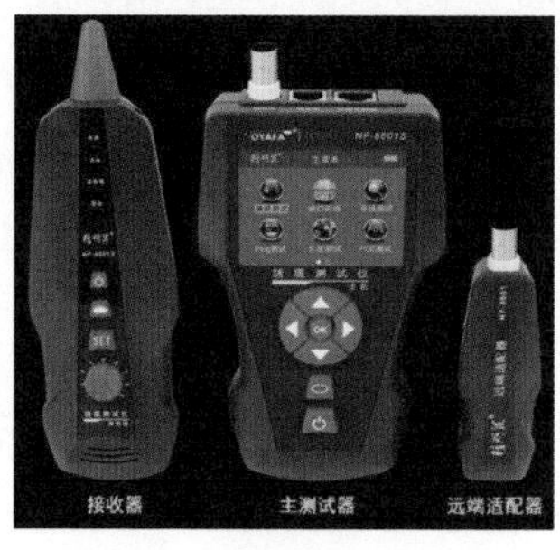

图 9-14

- **红光笔：** 用来检测光纤线路是否有断点，以及寻找光纤的功能，红光笔如图9-15所示。
- **光功率计：** 用来检测光纤的衰减情况，如图9-16所示。

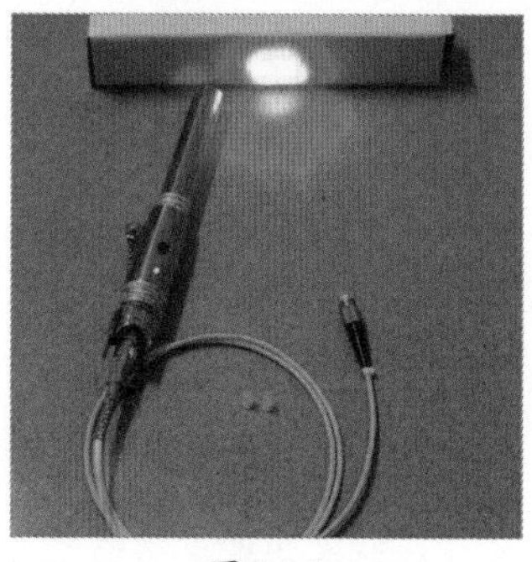
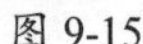

图 9-15

图 9-16

- **检测命令：** 如9.1.4节提到的ping、ipconfig、tracert等命令，在网络故障检测时也经常使用。

9.2.6 数据的灾难恢复

数据的灾难恢复是指当电子数据存储设备发生故障或遭遇意外灾难造成数据意外丢失时，通过相应的数据恢复技术体系，达到找回丢失数据、降低灾难损失的目的。无论从安全还是从局域网管理与维护方面考虑，数据的灾难恢复必须都要重点考虑，而灾难恢复最有效的解决途径就是冗余备份。

数据备份是容灾的基础，是指为防止系统出现操作失误或系统故障导致数据丢失，而将全部或部分数据集合从应用主机的硬盘或阵列复制到其他的存储介质的过程。传统的数据备份主要采用内置或外置的存储介质进行冷备份。但是这种方式只能防止操作失误等人为故障，而且其恢复时间很长。随着技术的不断发展和数据的海量增加，不少企业开始采用网络备份。网络备份一般通过专业的数据存储管理软件结合相应的硬件和存储设备实现。

比较常见的如服务器使用Windows Server备份及还原、专业的企业级磁盘、使用磁盘冗余阵列技术，终端计算机可以使用还原点备份还原、镜像备份还原、第三方软件备份还原等。网络设备的配置文件需要定期导出备份到指定位置等。

知识延伸：局域网常见故障及排除

在局域网的日常使用时经常会产生各种故障，下面介绍一些在局域网中经常遇到的故障以及解决方法。

（1）共享故障。

局域网共享问题造成无法访问对方的设备，此时可以使用ping命令检测对方主机是否可以通信，如果无法通信，需要检查网络设备、网卡、网线以及对方的防火墙。如果可以ping通，而无法访问到共享，需要检查对方的设备是否开启了共享，是否在高级共享中启用了网络发现协议，是否启用了文件和打印机共享。

共享或其他的访问被拒绝，需要检查防火墙设置，可以先关闭防火墙，再进行测试。如果仍不能访问，可以检查Windows的账户权限以及NTFS权限是否给予了访问的权限。

（2）网络冲突。

网络冲突故障主要是IP地址冲突产生的问题，如果局域网体量较小，可以通过排查和更换IP来解决。如果网络较大，建议使用DHCP自动获取，或者划分子网来缩小可能产生冲突的范围。

（3）无线设备故障。

无线网络设备产生故障，需要先查看无线终端到无线设备通信是否正常，再检测无线设备到其他设备，包括网关是否正常。如果无线使用的是AC控制器，则需要检查无线AC设置是否出现问题。此时可以查看其他AP是否正常，如果同时不正常，无线AP或交换机出现问题的可能性较大。如果是单个AP出现问题，可以使用AP的重置功能，将AP的参数重置后重新进行参数设置即可。

（4）网络出现阻塞。

首先检查是否因为网络通信量的激增导致了网络阻塞，是否同时有很多用户在传输大量的数据，或者是网络中用户的某些程序在用户不经意的情况下发送了大量的广播数据到网络上。对于这种现象，只能尽量避免局域网中的用户同时或长时间地发送和接收大量的数据，否则就会造成局域网中的广播风暴，导致局域网阻塞。

如果上述现象没有发生，就需要检查网络中是否存在设备故障。设备故障造成局域网速度变慢主要有两种情况，一种是设备不能够正常工作，导致访问中断；另一种是设备出现故障后由于得不到响应而不断向网络中发送大量的请求数据，从而造成网络阻塞，甚至网络瘫痪。遇到这种情况，只有及时对故障设备进行维修或者更换，才能彻底解决故障根源。

如果网络设备工作正常，那么极有可能是病毒造成的网络速度下降，严重时甚至造成网络阻塞和瘫痪。例如计算机中的蠕虫病毒，受感染的计算机会通过网络发送大量数据，从而导致网络瘫痪。如果网络中存在病毒，需用专门的杀毒软件对网络中的计算机进行彻底杀毒。

（5）交换机发生环路。

频繁改动网络很容易引发网络环路，而由网络环路引起的网络堵塞现象常常具有较强的隐蔽性，不利于故障的高效排除。对于高端交换机（如思科、H3C），只要在物理端口上应用一个spanning-tree命令（生成树协议）即可。如果是普通的交换机，出现环路时就得一根根地找。重要的是组建网络时一定要有线标，这对以后的维护工作非常重要。

（6）ARP攻击。

对于ARP攻击需要双向绑定地址，路由器上绑定，客户机上也绑定。绑定的方法有很多，可以命令绑定，也可以软件绑定（360自带）。如果路由器上没有这个功能就只能安装ARP防火墙，360自带的也可以，最终目的是找出感染ARP病毒的机器，然后进行清理。

（7）DNS错误。

如果可以ping通网关，但无法上网，此种情况DNS出现故障的可能性较大，一方面可能未配置或未从DHCP服务器获取到IP地址，需要用户手动配置DNS地址，或者检查路由器的DNS是否工作正常。另一方面可能DNS配置错误，也需要手动检查并修改配置。如果局域网不允许上网，用户可以在公网上找到安全的网页代理服务器来进行网页访问的代理。

（8）光纤猫工作异常。

Power电源指示灯正常加电会长亮，如果出现问题，需检查电源。局域网工作灯LAN灯正常情况会亮起，当有数据时会闪烁，如果熄灭，需要检查用户端的网线及计算机网卡。

LOS指示灯：和光纤猫上Link指示灯功能类似，用来表示光链路的链接状态。红色闪烁表示设备未收到光信号；熄灭表示设备已收到光信号。可以手动插拔来排除故障。

PON指示灯：用来表示PON链路状态以及OLT注册状态。绿灯长亮表示设备已经注册到OLT；绿灯闪烁表示设备注册有误；熄灭表示设备未注册到OLT。如果注册出现问题，需要运营商的工作人员前来处理。

附录A：计算机网络常用英文术语

英文简称	英文全称	中文名称
AP	Wireless Access Point	无线接入点
AC	Wireless Access Point Controller	无线控制器
ARP	Address Resolution Protocol	地址解析协议
ACL	Access Control List	访问控制列表
broadcast address		广播地址
broadcast storm		广播风暴
b/s	bit per second	比特/秒
B/s	Byte per second	字节/秒
bit		位
byte		字节
CDN	Content Delivery Network	内容分发网络
CSMA/CD	Carrier Sense Multiple Access/ Collision Detection	载波监听多点接入/碰撞检测
DHCP	Dynamic Host Configuration Protocol	动态主机配置协议
DNS	Domain Name Server	域名服务器
delay		时延
Ethernet		以太网
FDM	Frequency Division Multiplexing	频分复用
firewall		防火墙
FTP	File Transfer Protocol	文件传输协议
ISO	International Organization for Standardization	国际标准化组织
OSI/RM	Open System Interconnection / Reference Model	开放式系统互联参考模型
network jitter		网络抖动
packet loss		丢包
LAN	Local Area Network	局域网
MAN	Metropolitan Area Network	城域网
WAN	Wide Area Network	广域网
Internet		因特网

（续表）

英文简称	英文全称	中文名称
TCP	Transmission Control Protocol	传输控制协议
IP	Internet Protocol	因特网互联协议
SAP	Service Access Point	服务访问点
SLIP	Serial Line Internet Protocol	串行线路国际协议
PPP	Point to Point Protocol	点对点协议
MAC	Media Access Control	媒体访问控制
subnet mask		子网掩码
datagram		数据报
TTL	Time To Live	生存时间
UDP	User Datagram Protocol	用户数据报协议
UTP	Unshielded Twisted Pair	非屏蔽双绞线
STP	Shielded Twisted Pair	屏蔽双绞线
network interface card		网络接口卡
switch		交换机
Router		路由器
PoE	Power over Ethernet	有源以太网
WLAN	Wireless Local Area Network	无线局域网
mesh		无线网格网络
WPA	WiFi Protected Access	WiFi保护接入
MIMO	Multi Input Multi Output	多入多出
server		服务器
VLAN	Virtual Local Area Network	虚拟局域网
STP	Spanning Tree Protocol	生成树协议
RIP	Routing Information Protocol	路由信息协议
OSPF	Open Shortest Path First	开放最短路径优先
WWW	World Wide Web	万维网
HTTP	Hyper Text Transfer Protocol	超文本传输协议
IIS	Internet Information Services	互联网信息服务
VPN	Virtual Private Network	虚拟专用网
KEY		密钥
SNMP	Simple Network Management Protocol	简单网络管理协议

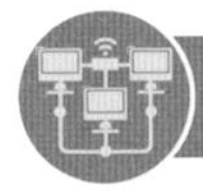

附录B：常见疑难问题及解决方法

1. 以太网按照传输速度，通常怎样划分？

- **标准以太网。**10Mb/s的吞吐量，最常见的4种类型为10Base5、10Base2、10Base-T、10Base-F，传输介质为粗缆、细缆、双绞线和光纤。基本已经被淘汰了。
- **快速以太网。**100Mb/s的速度，IEEE 802.3u标准，现在正在向千兆以太网过渡。
- **千兆以太网。**1000Mb/s的速度，IEEE 802.3ab的双绞线标准以及IEEE 802.3z的光纤标准。现在购买的设备建议至少支持IEEE 802.3ab的标准。
- 万兆以太网。10Gb/s的速度，IEEE 802.3ae标准。

2. 超五类网线能不能组建千兆局域网？

超五类网线的带宽最高可以达到千兆，但是受线材的质量和传输距离的影响非常大，从稳定性上考虑，基本上只能达到100Mb/s的速度。如果要达到1000Mb/s，需要八根线完全符合超五类双绞线的标准，且传输距离要控制在2～3m间。

3. 为什么办理了 300Mb/s 宽带，但是测速只有 100Mb/s？

如果要达到200Mb/s及以上的带宽，需要满足以下条件。

- **光纤猫速度支持200Mb/s及以上。**可以拨打运营商客服电话确认，或通过网上搜索光纤猫型号来查看速度。如果不支持，可以让运营商免费更换升级。
- **路由器必须是千兆路由器。**也就是所有接口都必须是千兆。如果不是，需用户购买AC级别路由或者最新的WiFi6路由器。
- **网线必须是六类及以上的网线。**包括光纤猫到路由器，以及路由器到计算机的网线都必须是六类及以上网线。这一点最容易被忽略。虽然有些材质较好的超五类线，也可以达到1000Mb/s。为了稳妥起见，还是选择六类及以上的非屏蔽双绞线。
- 网卡只要不是太老的，都可以支持1000/100/10Mb/s自适应。如果不是，需添加千兆网卡。

4. 带宽非常高，有 500Mb/s，为什么玩游戏感觉很卡？

宽带影响游戏有以下几方面。

- **硬件问题：**包括路由器、网线、光纤猫等。由于性能局限造成数据包传输出现问题，可以更换设备进行测试。如果是硬件问题，更换对应的设备。
- **同时使用人数过多：**一方面是带宽占用较高，用户分配的带宽就较低，可以进入路由器，对所有设备限速。另一方面，使用人数过多，路由器干扰较多，可以更换为有线接入，或更换无线的信道。
- **延迟和丢包：**这和带宽大小并没有关系，有可能10Mb/s带宽的延时比1000Mb/s的带宽的延时低。游戏服务器和运营商的网络之间不是直连，而是从其他运营商那里租借了线路，所以造成游戏延时和丢包率较高。这种情况下，用户可以使用游戏加速器来更换代理。要么只能更换运营商，或者选择游戏大区中对应运营商的服务器。

5. 网桥和交换机都需要广播通信，也会产生广播风暴，为什么还要使用？

按照网桥和交换机的工作原理，第一次通信必然要使用广播。如果找到了目标设备，接下来的通信就无须使用广播。所以正常情况下，广播通信所使用的通信量较低。另外网桥和交换机可以分割冲突域，提高网络性能。还可通过各种技术手段，减少广播风暴的产生以及危害性。所以相比较而言，利大于弊。

6. 交换机会产生广播风暴，那么集线器会不会产生广播风暴呢？

在了解了相关工作原理后，可以知道，交换机工作在数据链路层，因为使用广播通信，所以会有广播风暴。而集线器可以理解成简单的第一层网络设备，所以产生的故障不能说是广播风暴，而是类似广播风暴的链路故障。

7. 为什么路由器每个端口必须处于不同网络，或者说必须分配不同网段的 IP ？

由于一个路由器至少应当连接到两个网络（这样它才能将IP数据报从一个网络转发到另一个网络），因此一个路由器至少应当有两个不同的IP地址。如果路由器两端的网络号是一样的，那么在路由表中，肯定会出现两条到达目的地接口的下一跳地址，也就是有两个门。用户可以自己选择走哪边，但对于路由器来说，就会发生混乱，不知道走哪边。为了确保唯一性，路由器不可能连接两个同时起作用的相同网络，除非关闭掉一条作为冗余。

8. 为什么划分子网后，主机地址数量会减少？

每划分一个子网，必须为子网配备网络号和主机号，剩下的才是主机地址。这样划分一个子网后，就减少了两个以前可以分配给主机的地址。划分越多，减少得越多。

9. A、B 两地点的设备进行通信，需要先获取对方的 MAC 地址吗？

在通信过程中，IP才是端到端的连接所必需的参数，而MAC是点到点的连接才用。在整个过程中，IP是不变的，每一次传递都会改变源MAC和目的MAC地址，这种传递是点到点的，所以A、B两点不需要先获取对方的MAC（获取了也没用）。

10. 为什么要使用三层交换？

三层交换主要是解决局域网不同网络之间的高速通信。如果不采用三层交换，则会使用单臂路由，而单臂路由的性能比较差。为了能在局域网中的多网段之间高速传输数据，就有了三层交换。三层交换的核心是一次路由，多次交换。第一次使用路由功能，并记录下二层信息，而后直接使用二层信息进行转发。

11. 通过 IP 地址，可以直接找到对方地理信息吗？

因为IP地址的短缺，除了付费在运营商处购买的固定IP，家庭或小型公司拨号获得的IP地址都是临时的，也就是在不用时会释放给其他用户。所以除非购买了固定IP，否则每次会使用不同的IP。IP地址不固定，就无法确定固定位置信息。另外很多情况使用的都是内网IP，使用NAT服务进行网络映射，所以很多软件获取的对方IP都是192.168.×.×。这种内网IP根本无法获取地理位置。

现在的IP，在互联网上查询到的都是一个大概的地址，精确到市级。一般每个地区对应的运营商会分配一些固定范围的IP，和手机号码类似。要精确获得地理位置，需要运营商的计费系统、设备系统进行详细的数据存储，包括IP在什么时间分配出去、分配给什么设备、设备的地理位置，这几个参数是必需的。如果运营商没有做记录，没有对应的数据，就无法查询。还有一个前提，就是要有权限查看运营商的数据库。

12. 拥塞控制和流量控制有什么区别？

如果网络出现拥塞，分组将会丢失，此时发送方会继续重传，从而导致网络拥塞程度更高。因此当出现拥塞时，应当控制发送方的速率。这一点和流量控制很像，但是出发点不同。流量控制是为了让接收方能来得及接收，而拥塞控制是为了降低整个网络拥塞程度。

13. 为什么安装了网页服务器程序，但是启动不了？

有可能在用户的机器上已经启动了另外一个Web服务器，并占用了默认的80端口。用户可以使用netstat命令查看是什么进程占用了，并结束相关程序或进程，再启动网页服务器程序，或者更改成一个新的响应端口。

14. 怎么设置一些常用的网站可以快速访问？

可以修改系统的Hosts文件，其作用是将一些常用的网址域名与其对应的IP地址建立一个关联“数据库”，当用户在浏览器中输入一个需要登录的网址时，系统会首先自动从Hosts文件中寻找对应的IP地址，一旦找到，系统会立即打开对应网页，如果没有找到，则系统会再将网址提交给DNS域名解析服务器进行IP地址的解析。通过设置，将域名和对应的IP输入到Hosts文件中，可以快速访问对应的网站，定期检查Hosts文件，可以防止网页被黑客劫持。

Hosts文件一般在“C:\Windows\System32\drivers\etc”中，如果要修改，需要先将其属性中的“安全”设置为“Users可修改”。然后通过记事本修改Hosts文件，将域名和对应的IP输入后，保存即可。也可以使用第三方的一些小工具进行修改。

15. 单频组网和双频组网有什么区别？

单频组网方案主要用于设备及频率资源受限的地区，分为单频单跳及单频多跳。单频组网时，所有的无线接入点Mesh AP和有线接入点Root AP的接入和回传均工作于同一频段，可采用2.4GHz上的信道802.11b/g进行接入和回传。按照产品实现方式及组网时信道干扰环境的不同，各跳之间采用的信道可能是完全独立的无干扰信道，也可能是存在一定干扰的信道（实际环境中多为后者）。此时由于相邻结点之间存在干扰，所有结点不能同时接收或发送，需要在多跳范围内用CSMA/CA的MAC机制进行协商。随着跳数的增加，每个Mesh AP分配到的带宽将急剧下降，实际单频组网性能也将受到很大限制。

双频组网中每个结点的回传和接入均使用两个不同的频段，如本地接入服务用2.4 GHz 802.11 b/g信道，骨干Mesh回传网络使用5.8 GHz 802.11a信道，互不存在干扰。这样每个Mesh AP就可以在服务本地接入用户的同时，执行回传转发功能。双频组网解决了回传和接入的信道干扰问题，大大提高了网络性能。但在实际环境和大规模组网中，回传链路之间由于采用同样的频段，仍无法完全保证信道之间没有干扰，因此随着跳数的增加，每个Mesh AP分配到的带宽仍存在下降的趋势，离Root AP远的Mesh AP将处于信道接入劣势，故双频组网的跳数也应该谨慎设置。

16. PoE 设备的供电有什么标准?

标准PoE供电符合IEEE 802.3af或者IEEE 802.3at（at兼容af）标准，具有握手协议（2～10V检测电压），握手（终端设备支持PoE）之后才会进行升压供电；非标准PoE供电不具有握手协议，不管终端设备是否支持PoE，强制48V或其他电压值输出供电。标准PoE供电：IEEE 802.3af标准，PSE端15.4W，PD端12.95W；IEEE 802.3at标准，PSE端30～36W，PD端25.5W。标准PoE供电设备由PSE芯片智能控制，具有检测功能。非标准PoE供电设备无PSE芯片，直接48V或其他电压值供电给PD端。一般使用4、5、7、8号线供电。

17. 信息盒中的无线路由器信号较弱怎么办?

如果信息盒中的无线信号较弱，可以在客厅布置无线AP。放置在信息盒中的优点是可以直接使用路由器的接口为各个房间的信息点提供服务。缺点是无线路由器本身的无线功能要大打折扣。也可以将从光纤猫出来的网线连接客厅的无线路由器，然后回传一根到信息盒中，用于连接小型交换机，再从小型交换机引到各个房间。连接小型交换机的优点是无线路由器的无线功能能完全使用，缺点是需要加个小型交换机，那么路由器上的有线接口就被浪费了。

18. 无线路由器的信号非常弱怎么办?

无线信号弱，如果是硬件原因，就需要更换为更优的天线传输方案，也可以更换路由器试试。如果使用的是双频路由器，可以切换到2.4G频段，试试信号如何。因为5G频段虽然带宽高，但是穿墙能力较差。当以上方案都不行时，查看是否可以通过有线线路，或者使用电力猫进行信号的传输。电力猫可以使用电力线进行传输，不需要布置新的线路。电力猫配套使用，支持有线及无线共同访问。

19. 在练习网络设备配置时，是否需要使用真实设备？

有条件的用户建议使用真实设备进行配置，这样可以更加贴近现实。没有条件的用户可以使用一些网络设备模拟器软件练习基本配置，再使用真实设备也可以。常用的模拟器软件如下。

（1）Cisco Packet Tracer。

Cisco Packet Tracer是一款由思科公司开发的、为网络课程的初学者提供辅助教学的实验模拟器。使用者可以在该模拟器中搭建各种网络拓扑，实现基本的网络配置。

（2）华为eNSP。

华为eNSP是一款由华为公司研发的虚拟仿真软件，主要针对网络路由器、交换机进行软件仿真，支持大型网络模拟，让用户在没有真实设备的情况下，使用模拟器也能制作网络拓扑并进行试验。

（3）H3C Cloud Lab。

H3C Cloud Lab是一款由华三公司研发的网络云平台，模拟真实设备，为用户提供基本的设备信息，并满足初级用户在没有真实设备的条件下进行设备配置的学习需要。

20. 搭建的 Web 服务器无法访问，原因是什么？

首先关闭防火墙，看本地能否访问。如无法访问可执行以下操作。

- 查看服务器是否指定了监测的网卡，正常情况下会监测所有的网卡，如果指定了具体网卡，就需要使用该网卡的IP地址访问。
- 查看是否绑定了主机头，如果没有DNS解析，是无法通过域名访问的，不设置主机头参数即可。
- 再查看是否设置了访问的端口号，如果设置了80以外的端口号，就需要使用“IP:端口号”的方式访问。
- 如果只能访问默认网站，需要将默认网站关闭。
- 查看网站目录中是否有主页文件，如果没有可以新建一个测试网页。

21. 使用虚拟机在搭建 DHCP 服务器时，为什么获取到的不是 DHCP 服务器设置的 IP 段？

虚拟机的NAT中自带DHCP服务器，当两台DHCP共同作用时，造成获取的IP不是想要的。用户可以调节当前的虚拟机网卡到一个没有DHCP的网络中，然后再测试，应该就没有问题了。

22. 搭建了服务器，只能用远程桌面管理吗？

在局域网中，如果需要远程管理，那么该方案是非常快速的。如果不在局域网中，需要管理服务器，一般的做法是使用第三方的远程管理软件，如TeamViewer、向日葵等，非商业用户基本够用。另外还有一款类似Team Viewer的软件——ToDesk，界面和操作方法与Team Viewer类似，可以实现无人值守、远程传输文件等功能。

23. 可以登录 QQ，但是无法打开网页，怎么办？

可以登录QQ，说明可以联网；无法打开网页，说明DNS设置有误。可以查看本机的IP设置，如果是非DHCP获取，而是手动设置，建议改成自动获取。如果必须手动设置，需要查看并设置为对应运营商的DNS地址，或者设置为路由器IP，这样才能打开网页。可以使用nslookup命令进行检查，也可以使用ipconfig/flushdns命令来清理DNS缓存信息。

24. 局域网经常出现断网或掉线的情况是什么原因？

检查交换机及路由器的网络及无线设置，如果运营商方面没有问题，那很可能出现了网络风暴。当出现断网或掉线的情况，可以使用拔线法进行测试，并配合ping/-t命令检测是哪台主机或者网络设备出现了故障或环路。建议开启生成树协议来防止交换机之间出现环路的情况。

25. 网速突然变慢，怎么处理？

排除网络风暴后，有可能局域网某台主机进行了大量数据的下载及上传。可以使用局域网监控软件，启动网络统计功能，查看具体是哪台设备，然后进行控制即可。控制的手段可以实行限速，并且一定要限制上传速度，上传带宽被占满也会影响整体的网速。如果是访客或者其他蹭网的设备，可以记录MAC地址，将其加入到黑名单中，禁止其联网。

26. Windows 的更新太麻烦了，禁止可以吗？

Windows的更新程序可以在发现系统漏洞后，提供最直接的修补程序，可以保护系统免受利用该漏洞进行入侵的威胁，所以建议用户进行更新，否则可能造成很多难以预计的安全威胁。另外，Windows的更新程序可以为新硬件查找并安装驱动，例如显卡驱动、主板芯片组驱动等，无须安装第三方的驱动工具。Windows的更新程序还可以跨版本更新系统，以及为系统更新小工具，非常实用。

27. 现在很多工具都可以删除系统的密码，是不是非常不安全？

现在很多PE工具都内置了清除或者更改系统密码的工具，而且PE可以跳过系统安全设置，直接使用用户的主机，查看或调取用户的文件。

这里需要明确一点，计算机网络安全包括网络安全以及物理设备的安全两方面，如果物理安全保证不了，也就谈不上网络安全了。物理安全包括设备的使用环境安全和人的安全性，毕竟能接触到物理设备的人才是最不确定的因素。作为用户来说，可以采取一些必要的加密措施保护用户数据。加密软件可以让破解变得非常困难。注意观察系统的状态，一旦发现系统异常，就需要杀毒并检查是否有非法修改文件的情况。